中国水安全出版工程

丛书主编◎夏　军　　副主编◎左其亭

中国农业用水安全

姜文来　王红瑞　刘　洋　雷　波◎著

长江出版传媒
湖北科学技术出版社

内 容 提 要

农业用水安全是国家安全的重要组成部分，本书围绕这个重大主题，在分析国内外农业用水安全进展的基础上，对中国农业用水的时空演变、评价理论与方法、质量、台账进行了研究，探讨了农业用水安全与粮食安全、虚拟水、气候变化、生态安全及农业水价综合改革的关系，提出了中国农业用水计划。本书是国内首部以农业用水安全为论题的专著。

图书在版编目(CIP)数据

中国农业用水安全/姜文来等著.—武汉：湖北科学技术出版社，2021.2
(中国水安全出版工程)
ISBN 978-7-5706-0234-6

Ⅰ.①中…　Ⅱ.①姜…　Ⅲ.①农田水利-安全管理-研究-中国　Ⅳ.①S279.2

中国版本图书馆 CIP 数据核字(2018)第 300672 号

中国农业用水安全
ZHONGGUO NONGYE YONGSHUI ANQUAN

策划编辑：杨瑰玉　严　冰
责任编辑：张娇燕　戴雅琪
封面设计：胡　博
出版发行：湖北科学技术出版社
排版设计：武汉三月禾文化传播有限公司
印　　刷：湖北金港彩印有限公司
开　　本：710×1000　1/16
印　　张：16.5
字　　数：330 千字
版　　次：2021 年 2 月第 1 版第 1 次印刷
定　　价：280.00 元
审 图 号：GS（2021）928号

本书若有印装质量问题，请向出版社市场部调换

中国水安全出版工程
编委会

中国农业用水安全
编委会

（按照姓氏笔画排序）

丛 书 序

水是人类生存和发展不可或缺的一种宝贵资源，关乎人类社会发展的各个方面，从农业到工业，从能源生产到人类健康，水的作用毋庸置疑。水安全状况对财富和福利的产生和分配有着重要影响。同时，人类对水的诸多使用也对自然生态系统造成了压力。水资源是国家的基础性自然资源，也是战略性经济资源，维持着生态环境的良性循环，同时又是一个国家综合国力的组成部分。然而，地球上的淡水资源是有限的，20 世纪 70 年代以来，随着人口增长和经济社会快速发展，人类对水资源的需求急剧增加，越来越多的地区陷入了水资源紧张的局势。

受全球气候变化影响，极端生态事件频发，全球水资源供需矛盾面临的风险愈来愈严峻。与水污染、水灾害、水短缺、水生态联系的流域、跨界、区域和国家水安全及其水安全保障问题，已经成为制约区域可持续发展的重大战略问题，水安全也事关粮食安全、经济安全、生态环境安全和国家安全。水安全问题成为影响经济社会可持续发展和人民安居乐业的瓶颈制约，也因此越来越受到国际国内组织和专家学者的高度重视。2015 年 1 月在瑞士召开的全球第 45 届达沃斯世界经济论坛发布的《2015 年全球风险报告》中，将水危机定为全球第一大风险因素。

目前，我国水资源供需矛盾突出，发展态势十分严峻，面临着洪涝灾害频发，水资源短缺制约经济社会发展，水土流失严重带来生态环境恶化，水污染未能得到有效控制等多重问题。因此，亟须系统阐述我国水安全问题及其成因，并对中国未来尤其近 30～50 年水安全保障问题进行系统分析与判断，提出科学对策与建议；切实加强水资源保护，提高水资源利用效率，加大水污染治理和非常规水资源开发利用，建设水安全保障的科技支撑体系，关系到我国经济社会可持续发展和生态文明建设的大局。

在相关部门和机构的支持下，武汉大学于2012年组建了国内第一家水安全研究院。多年来我们以水资源、水生态环境系统与社会经济发展和资源开发利用为纽带，在水资源、水生态环境学科发展前沿和重大水利水电和生态环境保护治理工程建设应用研究领域，提出水资源开发与流域综合调度管理战略、流域水生态环境保护战略和水旱灾害防治战略，取得了一批具有创新性、实用性和自主知识产权的标志性成果，为加速我国水污染与水旱灾害的综合治理和重大水利水电与节能减排工程建设，满足经济建设与社会发展对水资源、水环境与水生态的需求，保障水安全、能源安全和生态环境安全，实现社会经济可持续发展，提供理论与技术支持。

为了展示和交流我国学者在水安全方面的研究成果，在有关部门资助和支持下，由武汉大学水安全研究院牵头组织“中国水安全出版工程”丛书的编写工作，其中包括邀请国内知名院士和专家指导，邀请工作在一线的中青年专家担任“中国水安全出版工程”丛书中相关专著的主编或副主编，组织相关专家参与该工作。在大家的共同努力下，本丛书即将陆续面世。我相信，这套丛书的出版对于推动水安全问题的研究及我国的水安全保障与决策支持，有着重要的价值与意义。

是为序。

2018年10月

前　　言

农业用水安全是满足社会需求所保障的足够的农业用水数量和质量，它是国家安全、生态安全的重要组成部分，是重要的民生问题，它不仅与乡村振兴休戚相关，更与中华民族伟大复兴中国梦的实现密不可分。因此，研究农业用水安全具有重要的理论与现实意义。

本书围绕中国农业用水安全这一主题展开，共分为十二章。

第一章，绪论。对中国农业用水安全背景、农业用水安全国内外研究进展进行了分析，并对农业用水安全研究进行了述评。

第二章，农业用水概述。界定了农业用水内涵及分类，并对农业用水多功能、农业用水来源进行了较系统的分析。

第三章，中国农业用水时空演变。对中国水资源时空特征进行了分析，系统探讨了中国农业用水的空间演变及时间演变历程。

第四章，农业用水安全评价理论与方法。在界定农业用水安全内涵的基础上，对农业用水安全表征因子、农业用水安全评价方法进行了探讨，分析了中国农业用水安全现状及其存在的问题，评估了中国农业灌溉用水行政区和水资源分区安全，提出了中国农业用水安全的具体目标与任务。

第五章，农业用水与粮食安全。在探讨中国粮食安全战略演变基础上，研究了农业用水与粮食安全的关系，提出保障粮食安全的重要手段是农业综合节水及其技术体系。

第六章，虚拟水与农业用水安全。在对国内外虚拟水研究进展进行分析的基础上，研究探讨了农业虚拟水评估方法，并对中国农业虚拟水流向格局及在虚拟水视角下如何保障农业用水安全进行了研究。

第七章，气候变化与农业用水安全。首先系统分析了气候变化对农业用水影响的研究进展，研究了作物生长季期间气候资源变化特征，探讨了中国气候变化与干旱，并对主要农作物生育期内降水变化进行了系统研究。

第八章，农业用水质量安全。分析了农业用水质量安全现状和存在的问题，探讨了非常规水资源灌溉的影响，提出了农业用水质量安全保障体系。

第九章，农业用水与生态安全。分析了农业用水对生态安全的影响，生态文明视角下农业用水要求，农业用水与生态和谐发展，提出了建立利水型农业体系以保障农业用水安全。

第十章，农业用水台账。首先探讨了农业用水台账制度的必要性和可行性，对农业用水台账制度基本理论进行了研究，提出了农业用水台账制度框架和农业水资源台账制度建设建议。

第十一章，农业水价综合改革。在界定农业水价综合改革内涵的基础上，比较了两次农业水价综合改革的异同，分析了农业水价综合改革的进展情况，并对农业水价综合改革进行了评价，研究了农业水价综合改革精准补贴，提出了持续推进农业水价综合改革的建议。

第十二章，中国农业用水安全保障战略。提出了中国农业用水安全战略的目标、内容及实现路径。

本书各章作者如下：第一章，冯欣、姜文来；第二章，冯欣、姜文来；第三章，姜文来、关鑫；第四章，雷波；第五章，姜文来、栗欣如、雷波；第六章，王红瑞、秦道清；第七章，刘洋；第八章，王红瑞、白琪阶；第九章，冯欣、姜文来；第十章，栗欣如；第十一章，姜文来、伊热鼓；第十二章，姜文来。姜文来负责本书总体框架设计，并对全书进行了统稿、定稿。感谢各位作者贡献的研究成果和在编写过程中的大力配合。

感谢湖北科学技术出版社的杨瑰玉和严冰同志，他们亲自来我办公室约稿，其敬业精神令人钦佩。

感谢罗其友研究员带领的中国农业科学院农业布局与区域发展团队，这个团队以中国农业科学院农业资源与农业区划研究所区域发展研究室为依托，团结奋进，拼搏创新，在区域发展方面科研成果突出，编制了一批国家级、省部级规划，多项咨询报告获得党和国家领导、省部级以上领导批示，目前团队已经成为国家重要农业智库，为农业的发展做出了重要贡献。我为身处这个团队感到非常荣幸。

本书是以中国农业用水安全为论题的专著，由于作者水平有限，若有不妥之处，敬请原谅，欢迎与作者交流。地址：北京市海淀区中关村南大街12号，中国农业科学院农业资源与农业区划研究所；联系电话：010-82109630；邮箱：jiangwl@126.com；QQ：503463675；微信号：kqs3579。

姜文来
2018年12月29日

目　　录

第一章　绪　论

水是生命之源，是人类赖以生存和发展的重要物质资源。在农业生产中，水资源是宝贵的自然资源与环境要素，是农业经济发展的重要支撑条件，毛泽东同志形象地说“水利是农业的命脉”。

第一节　农业用水安全背景

2016 年，中国水资源总量为 3 万多亿 m^3，位居世界第六位，仅次于巴西、俄罗斯、加拿大、美国与印度尼西亚五国，但人均水资源占有量较低，为世界平均值的 1/4，是全球人均水资源贫乏的国家之一。水在农业生产中起着不可替代的作用，2011 年中央一号文件将水定位为“生命之源，生产之要，生态之基”。中国前几年农业用水总量占总用水量 60%以上，灌溉面积超过 6500 万 hm^2，与加拿大、美国、俄罗斯等水资源大国相比，农业用水占比最多且灌溉面积最大。

中国是一个农业大国，同时也是一个灌溉大国。中国的耕地仅占世界的 7%，但灌溉面积占世界的 20.2%。在中国的耕地面积中，灌溉面积占 46.4%，远远高于全世界 16%的平均值。可以说，正是有如此之高的灌溉比例，才使得中国的人均灌溉面积接近世界平均值，也才保证中国能以占世界 7%的耕地，养活占世界 22%的人口。农业用水来源于两个方面，其一是自然降水，即没有经过人工辅助、直接利用的天然降水，如旱作农业区主要依靠天然降水；其二是经过人工补给的灌溉用水，来源于河流、水库、湖泊、池塘、地下水等。

农业用水关系到国家安全、生态安全，关系到百姓的饭碗，也关系到中华民族伟大复兴中国梦的实现。农业用水安全是重要的民生大事，是治国安邦的大事。近年来，国家高度重视农业用水安全，从整体情况来看，我国农业用水尚属安全，但由于区域农业用水安全差别很大，个别区域处于不安全状态。展望未来，我国农业用水安全面临着农转非、气候变化、需求与供给不平衡等诸多挑战，积极应对这些挑战，千方百计保障农业用水安全，成为现阶段治国兴邦的重大课题。

第二节　农业用水安全国内外研究进展

一、农业用水安全定义的研究进展

明确农业用水安全的定义，首先需要了解水安全的概念。从 20 世纪 70 年代开始，水安全问题一直是水科学界及其相关学科领域研究的重要内容，但把水安全定义为一个正式的科学概念，并作为一个体系来认识，源于 2000 年的第二届世界水论坛。

1. 水安全定义的研究进展

查阅中国知网文献，1998 年，中国学者洪阳等以水危机为出发点，对水安全给出了定义，其概括水安全的内涵为：避免由于人类不可持续的社会经济活动，使得水体弱化或丧失正常功能，不能维持其社会与经济价值，进而危及人类对水的基本需要；其广义可指地球上所有生命都能可持续地获得维持或改善其生存和发展所需的用水。对人类系统而言，水安全就是人人获得满足其基本生理或生活需要的用水量；对社会经济系统而言，水安全就是社会经济系统获得能维持其可持续发展的用水量；对环境子系统而言，水安全就是环境子系统获得能维持或改善环境质量的用水量。并且认为水安全的作用层面有三个：个人生理或生活的基本需要；社会、政局的安定；经济的持续发展。当今世界面临的水安全问题主要有三个方面：水资源匮乏、水质污染以及水环境恶化。在此研究的基础上进一步丰富了水安全的内涵，认为水安全的内涵包括自然型水安全，如干旱、洪涝、河流改道等，以及人为型水安全，如水量短缺、水质污染、水环境破坏。同时指出，其外延指的是由水安全引发的其他安全，如粮食安全、经济安全和国家安全等。2000 年，姜文来系统地提出了 21 世纪水资源安全的对策：开展以提高用水效率为中心的技术革命;水资源管理一体化;建立高效有序的水资源管理体制;充分重视水资源战略储备及相应的技术储备;面向国内国际市场,适当开展水资源贸易。

2000 年 3 月,在荷兰海牙召开的第二届世界水论坛及部长级会议的主题是:水的安全,从洞察到行动。世界各国对水安全给予高度的关注。全世界 100 多个国家的首脑或部长和 3000 余名科学家出席了这次会议。会议宣言中提到水安全的含义是:确保淡水、海岸和相关的生态系统受到保护并得到改善,确保可持续发展和政治稳定性得以提高,确保人人都能够得到并有能力支付足够的安全用水以过上健康和幸福的生活,并且确保易受伤害人群能够得到保护以避免遭受与水有关的灾害威胁,但常规模式不是我们的选择。同时,该宣言还明确提出了实现水安全面临的挑战为满足基本需要、保证食物供应、保护生态环境、共享水资源、控制灾害、赋予水以价值、合理管理水资源七大方面。

韩宇平等更强调水安全的动态属性,将水安全理解为:在现在或将来,由于自然的水文循环波动或人类对水循环平衡的不合理改变,或是二者的耦合,使得人类赖以生存的区域水状况发生对人类不利的演进,并正在或将要对人类社会的各个方面产生不利的影响,表现为干旱、洪涝、水量短缺、水质污染、水环境破坏等方面;并由此可能引发粮食减产、社会不稳定、经济下滑及地区冲突等等。成建国等的看法比前人更进步的一点是赋予水安全以人文属性,认为水安全是指这样一种社会状态:人人都有获得安全用水的设施和经济条件,所获得的水满足清洁和健康的要求,满足生活和生产的需要,同时可使自然环境得到妥善保护。他指出水安全的内涵包括三个方面:一是水安全的自然属性,即产生水安全问题的直接因子是自然界水的质、量和时空分布特性;二是水安全的社会经济属性,即水安全问题的承受体是人类及其活动所在的社会与各种资源的集合;三是水安全的人文属性,即安全载体对安全因子的感受,就是人群在安全因子作用到安全载体时的安全感。具体说就是水安全和水资源系统的丰枯等属性有关,和人类社会的脆弱性有关,和人群心理上对水安全保障的期望水平、对所处环境的水资源特性认识以及自身的承载能力等有关。而陈绍金则给出了更为概括的定义,认为水安全就是一个地区(或国家)可承受涉水灾害和水资源可持续利用并确保社会、经济、生态可持续发展的用水量。

2. 农业用水安全定义的研究进展

水资源按利用的对象分类,一般可分为工业、农业、生活、生态用水等。农业用水安全属于水资源利用安全的范畴。基于农业用水在水资源利用中的比例较大,农业用水安全是关系水资源安全最重要的组成部分。叶正伟在海牙会议水资源安全定义的基础上,定义农业月水安全是农业用水能持续、稳定和以合理的价格得到保障。其核心内容包括三个方面:一是充足的数量;二是稳定的供应;三是合理的价格。这一定义没有强调水质保障。为了进一步开展农业用水安全的研究,并使该项研究从思辨阶段转入量化研究阶段,刘布春等进一步完善了农业用水安全定义与内涵。其从农业用水安全概念的构成要素出发,认为农业用水安全应该是水资源的供应充足,能保障农业不受威胁,没有危险、危害和损失。农业用水安全的内涵包括三个方面:一是农业用水安全的自然属性,即农业用水的质、量和时空动态分布持性可持续地保障农业不受威胁,没有危险、危害和损失,其中水质保障是前提,量的有效性受地理、气候、土壤等自然条件的影响和制约;二是农业用水安全的社会经济属性,即农业用水安全的受体是农业,与社会经济有着密切的联系,特别是其自然属性受到社会经济条件、管理策略、利用技术等影响和制约,同时农业用水安全状况也会影响和制约社会经济的发展;三是农业用水安全的人文属性,即人们对在农业用水条件限制下的农业产量、产值的期望值不同,对水资源的质量、数量、获取途径等的需求是有差别的。因此不同的人群在判断农业用水是否安全以及安全程度的高低时也不尽相同,在量化农业用水安全程度时需要区别对待。

二、农业用水安全与气候环境变化的研究进展

1. 气候环境变化下用水安全的研究进展

随着全球气候环境变化研究的不断深入,气候变化对农业用水安全构成的威胁也日趋显现,并直接关系到国家粮食安全问题。20 世纪 70 年代中期,环境中的气候变化对水循环和水资源的影响首先引起了学者们的关注。1977 年,气候变化对供水的影响,成为美国国家研究协会(USNA)会议讨论的问题。1985 年,世界气象组织(WMO)在公开发布的《气候变化对水文水资源影响的报告》和《水文水资源系统对气候变化的敏感性分析报告》中,推荐了相关的检验和评价方法。1987 年,世界气象组织报告中总结了水资源系统对未来气候和现代气候变化的敏感性问题。1988 年,政府间气候变化专业委员会(IPCC)由世界气象组织和联合国环境规划署(UNEP)组建成立,其主要职能为对气候变化做科

学评估,并对全球公开发表评估报告。自1990年起,IPCC已经完成四次评估报告,对气候变化相关研究起到了很大的推动作用。1990年,系统总结气候变化对水文水资源影响研究的专著《气候变化与美国水资源》正式出版。从21世纪开始,全球环境问题对气候、水文、农业的影响更加引人关注。2001年,由国际地球生物圈计划(IGBP)、国际人文计划(IHDP)和世界气候研究计划(WCRP)联合举办的全球变化科学大会在荷兰举行。同时第六届国际水文科学大会也在荷兰举行,会议探讨了全球变化下的水文科学、生态科学、农业科学及粮食安全问题。此后,气候变化和人类活动对水文水资源的影响,逐渐成为国际研究组织和会议的主要议题,如2004年的国际水文科学协会(IAHS)大会,2006年的地球系统科学联盟(ESSP)和全球水系统计划(GWSP)联合会议等。

中国在20世纪80年代后期开始了变化环境影响方面的研究。1988年开展的国家"七五"重大项目"中国气候与海面变化及其趋势和影响研究"的一个重要专题就是研究气候变化对西北、华北水资源的影响。同年10月在武汉召开的人类活动对水文要素影响的研究会议,提出了水利工程和农业措施对水循环影响的重要议题。1993年开展的国家"八五"科技攻关项目"气候变化对国民经济和社会发展的影响及适应对策",采用GCMS情景和随机天气模型作为集总式水文模型的输入,研究了气候变化对中国七大河流和农业用水的影响。1996年开展的国家"九五"科技攻关项目,探索了分布式水文模型的参数网格化,建立了与气候模型嵌套的分布式水文模型。2001—2003年,国家"十五"项目专题"气候变化对中国淡水资源的影响阈值及综合评价",研究了未来气候变化情景下中国水资源的脆弱性。2002年,在北京香山召开了以"全球变化与中国水循环前沿科学问题"为主题的香山科学会议第187次学术讨论会。同年中国科学院水问题联合研究中心、中国自然资源学会等联合举办的"变化环境水资源脆弱性"国际学术研讨会和"变化环境下的水资源研究与应用问题高级研讨班"分别在北京和武汉召开。以上会议集中讨论了变化环境背景下中国水问题研究中出现的一些新理论、新方法及其应用,特别是区域水资源承载力、水资源可持续管理、人类活动强烈干预下的防洪问题、生态水文学、大型调水工程及其环境影响评价等。2008年,南京水利科学研究院主要承担了水利行业重大研究专项"气候变化对中国水安全影响及适应性对策研究",其主要内容侧重于研究气候变化对极端水文气象事件和对典型流域水安全情势及水资源分布的影响。2010年,中国科学院地理科学与资源研究所主要承担了国家重点基础研究发展计划(973计划)项目“气候变化对中国东部季风区陆地水循环与水资源安全的影响及适应对策”,该项目主要研究的课题包括:气候变化背景下未来水文情景预估及不确定性,陆地水文区域气候耦合模拟及水循环变化机理分析,气候变化对北方典型农业及生态脆弱区水资源的影响等。

2. 气候环境变化下农业用水安全的研究进展

国内外广大学者对此进行了广泛研究。政府间气候变化专门委员会(IPCC)在其评估报告中指出,气候变化将显著影响灌溉需水、生活需水变化过程。IPCC结合印度灌溉作物发展规划,采用IPCC A2和IPCC B2气候情景,分析了未来灌溉需水量变化过程,结果显示,受气候变化影响,印度未来灌溉需水量到2020年将增加1%～3%,到2070年将增加2%～7%,并指出在IPCC B2气候情景下灌溉需水量达到最大。德国环境部分析了欧洲大部分国家的气候变化趋势,指出未来气候情况下,供水条件将发生明显改变,同时温度升高将加速土壤蒸发,增加灌溉用水过程,尤其是夏季和冬季的季节性变化,使供需矛盾更加尖锐。加拿大环境保护部分析了气候变化对加拿大水资源的影响,指出气候变化加速作物蒸腾过程,使水资源供需矛盾更加尖锐,并提出适应气候变化的策略。2010年11月,美国水业协会针对全球变暖的趋势和未来气候变化的不确定性,指出当前气候变化背景下需水预测的不足,拟投入巨资深入开展气候变化对需水的影响机理研究。中国在流域水资源综合规划中,也明确提出要充分考虑气候变化带来的影响与挑战,充分考虑各种可能的影响。2007年,Stefan等用DEM模型研究了气候因素和地形因素对山地绿洲灌溉需水量的影响和贡献程度。2011年,Sebastian等用天气发生器和作物模型的方法研究了变化环境对灌溉需水量的影响;利用多种作物模型完成了干旱和半干旱地区的作物需用水模拟和灌溉策略优化,并对各种模型模拟的优劣进行了评价。Raoudha等在2011年于突尼斯凯鲁万地区应用DSSAT模型,研究表明,任何在作物生长期的温度增加和降雨减少,都会导致该地区农业可供水量的减少和农业需水量的增加,对地区农业供需水平衡带来威胁。

国内的研究中,王建生等根据全球气候模式(GCM)输出未来气候变化情景,结合历史资料,建立了流域水文模型及水资源利用综合评价模型,研究了气候变化对京津唐地区水资源数量和时空变化的影响，在预测地区未来经济发展及部门用水量的基础上，分析了气候变化对供水、需水和部门缺水的影响以及经济损失。近年以国内研究环境变化为前提的农业用水安全问题集中于应用国外成熟方法的实证分析。刘晓英等在未来温度上升 1～4℃的情景下，研究了气候变暖对华北地区主要作物需水量的影响，该研究在分析了北京、天津、济南、太原等地的主要作物需水量变化的基础上，提出了作物需水量对气候变化响应的区域差异性，指出同一种作物在不同地域温度升高相同的情景下，其需水量升高有较明显的差异。范英英等应用 Vensim 建立北京市供需水量的系统动力学模型，模拟了社会经济和人口增长下的北京水资源供需平衡，该研究侧重于人类活动因子对供需平衡的影响，忽略了气候变化因子。曹红霞等依据关中地区三十个气象站四十一年的气象资料，对气候变化条件下主要作物需水量和净灌溉需水量进行了相关分析，并研究了冬小麦、夏玉米的作物需水量和气象因子的关系，得到了影响的正负效应和强弱次序，指出作物需水量受众多气象因子的制约，某一气象因子的升高或降低不能完全解释作物需水量的变化趋势。李立等利用时间序列法和灰色关联分析法结合统计学和 GIS 技术，研究了气候变化对灌区作物需水量的影响。结果表明，气温的上升、蒸发能力和日照时数的增大是导致作物需水量增加的主要原因，而气温的上升对作物需水量的影响十分显著。2012 年，王小军等在全面分析中国农业用水现状的基础上，深入了解气候变化对农业用水安全造成的影响，利用联合国粮农组织(FAO)使用的 Penman-Monteith 公式计算作物需水量，利用区域经济、灌溉用水、种植结构等之间的动态反馈关系与系统动力学建模方法，构建了气候变化背景下的灌溉用水响应模型，分析未来不同气候情景下灌区灌溉用水的变化过程；其研究结果显示，随着未来气温升高趋势，灌溉用水亦呈明显升高趋势，不同情景稍有差异，但差别不大，而不同作物间差异较大。

三、农业用水安全与水资源承载力的研究进展

农业用水承载力的理论研究已经比较成熟，人们对水资源承载力概念的认识有着各自的定义，同时也从未间断过对农业用水承载力的研究。美国学者在农业用水承载力方面进行了大量研究。为获得最大灌溉效益，分别在得克萨斯、亚利桑那、加利福尼亚、新墨西哥等州的大型灌区或渠道展开研究，运用线

性规划模型、动态规划模型以及多时期线性规划模型等，对地下水资源、作物制度的确定、水资源的季节分配等方面进行合理优化。其中，Harris 对农业生产区域的农业用水承载力进行了重点研究。Rijiberman 将水资源承载力作为城市水资源安全保障的衡量标准。Zalidis G 在对农业用水承载力进行了合理评价的基础上，为农业用水的有效利用提供了宝贵的资料，推动了水资源的可持续利用。Jyakarishnna 对肯尼亚的克里河流域水资源进行了评价。

国内的研究中，熊黑钢等在总结前人相关经验的基础上，概括了农业用水承载力的概念，指出农业用水承载力是水资源对农业生产和环境保护等用水的最大供给能力。并应用主成分分析法，针对新疆奇台绿洲水资源短缺以及生态环境逐渐恶化等问题，构建了承载力研究体系，通过选取主要指标，采用熵权法进行赋权，建立承载力综合模型，以该地区水资源合理利用为最终目标，为奇台绿洲可持续发展提供了理论支撑。段春青等在前人承载力研究的基础上对承载力进行了新的阐释，分析确定了承载力的四要素，针对灌区农业生产的实际情况，提出了灌区农业用水承载力这一概念，即水资源承载一定规模农业生产的能力大小；同时建立了农业用水承载力计算模型，将农业用水的两个特殊性（即各种作物的被承载能力及作物的供需水过程）考虑其中，最后将其计算模型成功应用于河南省第三濮清南灌区，以此来验证模型的正确性。刘占宝等基于前人对水资源承载能力等概念的研究，对北方大型灌区农业用水特点进行分析，界定了农业用水承载力的概念，然后应用系统动力学的研究方法来确立 SD 模型的变量，并借助 Vensim PLE 软件，建立了灌区水资源供需预测 SD 模型，选定趋势型和节水型两种方案，对灌区规划水平年的供需水量进行预测，最后，在水资源供需平衡的基础上对灌区农业用水承载能力进行了综合评价。

四、农业用水安全评价方法的研究进展

农业用水安全的评价方法与其他评价方法使用的模型相似，其中层次分析法、模糊评价法、人工智能法、系统模拟法等方法在该类研究中使用最频繁。各种方法的评价都有优点与不足，需要在应用中充分考虑农业用水的特殊性，如气候变化、作物承载力及作物需水过程等因素，所以在使用模型方法中改进变量、设计指标成为国内研究农业用水安全评价方法的热点。

刘伟采取层次分析法从水资源、供水、用水、环境与效益四个方面对天津市

农业用水进行了可持续评价和分析。周安康等应用层次分析法建立宝鸡峡灌区农业用水安全的评价体系，并对宝鸡峡农业用水安全进行了评价。张鑫等利用模糊综合评价法，建立了区域地下水资源承载力的综合评价模型，并对关中地区的水资源进行了分析评价。周维博利用模糊综合评判方法对河西走廊灌溉农业用水承载能力进行了评价。金菊良等利用遗传程序设计、BP神经网络模型等对水安全问题中的水质、水量、洪水灾害等问题进行了预测和评价。张巧显等利用复杂大系统动态模拟的方法，从生命安全、经济安全、粮食安全、生态系统安全、环境安全和社会安全出发，建立了中国水安全的模拟模型，并对中国水安全进行了评估。

第三节　农业用水安全研究述评

农业用水是农业生产不可或缺的生产要素，是实现中国农业发展的重要条件保障，水利被称为“农业发展的命脉”。在《人文地理学词典》中，农业用水被定义为用于农作物生长水分的通称，包括土壤水、空气水和降水。在水资源领域，农业用水是指在一定水质要求下所需的一定量的水，用以维持正常的农业生产和生活，它包括农田灌溉、农村生活、农村工业和农林牧渔业用水。虽然表述有所不同，但一般认为农业用水是为农业生产提供的所需要的水资源，即农业生产中水资源的利用。

农业用水安全实质上就是能否保证提供农业生产所需要的水资源，以及其保证的程度。农业用水安全可以在不同层面上进行分析，从供给关系角度出发，可将其内涵分为两层：第一层是水资源供给层面，在现有水利工程设施、资源条件和政策管理条件下，所能提供的农业生产所需的保证一定水质和数量的水资源；第二层是农业用水需求层面的，它包含农业的类型和发展方案定位、灌溉的方式和水平等。在一般情况下，第一层面影响农业用水安全的有灌区水资源时空分布、水利工程设施、水资源政策管理等；第二层面影响农业用水安全的有灌溉的方式方法、节水水平、种植面积和种植结构方案等。从用水安全的保障方式出发，可将其内涵分为三个层次：第一层是质的安全，是农业用水的水质得到保护，减少农药化肥等化工品的使用量，减少河流湖泊的富营养化程度，保障灌溉用水的品质;第二层是量的安全,农业用水是水资源利用的“巨头”,中国水资源分配中占比68%左右,保障粮食安全就需要保障农业用水的“红线”;第三层是效率的安全,面对未来人口压力与社会发展的需求,促进农业用水的使用效率,是有效减少农业用水使用量的主要途径,2015年全国灌溉用水有效利用系数为0.536,与发达国家的0.70～0.80相比还有一定的差距,可见节水农业的技术、灌溉设施的发展对于保障用水安全、粮食安全具有深远的意义。

农业用水安全是一个动态的问题,在变化的环境背景下,对用水安全具有一定影响力的因子都具有参考价值,将其影响因子分为三类:气候变化因子,降水、气温、湿度、辐射和风速等,气候变化因子通过影响水资源和农业需水改变农业用水安全的状况;水资源因子,地表水、地下水、水利工程、其他水源(雨水、污水、微咸水)利用、水资源管理政策等,水资源因子受到气候变化和人类活动的综合影响,其对应的时空分布变化对农业用水安全有直接影响;农业需水因子,农业规模和结构、种植面积、种植结构、人口、灌溉水平、灌区管理水平等。农业需水因子也受到气候变化和人类活动的影响,是农业用水安全的重要影响因素。在未来的农业用水中充分考虑这三类影响因子,破解节水问题,全面提高节水效率和收益,如建设海绵型城市、节水型企业与节水型社会,发展绿色经济,树立现代节水理念,明确农业用水安全的思路、目标与方法,将对中国未来农业用水安全的研究产生重要助力。

第二章　农业用水概述

本章对农业用水进行概述，主要包括农业用水内涵、分类、功能和来源，对农业用水如何计量和效率评估进行了探讨。

第一节　农业用水内涵及分类

一、农业用水的内涵

1. 内涵

农业用水是指农业生产过程中为满足农作物的生命维系和生长发育所需要的水资源，包括大气水、地表水、地下水以及构成动植物体的水，统计中包括农田、林业、牧业的灌溉用水及水产养殖业、农村工副业用水等。其中，农田灌溉用水是农业的主要用水和耗水对象，占农业用水量的90%以上。在狭义上，也可以将农业灌溉用水称为农业用水。也有定义认为，用于灌溉和农村牲畜的用水即为农业用水。

农业用水根据其生产结构可分为两个层次：一个层次是指广义的农业生产，包括农、林、牧、渔、副五个部门；另一个层次是指狭义的农业即种植业，包括粮、经、饲作物种植。目前中国统计部门习惯于将副业用水纳入农村生活用水进行统计，因此相应地，中国农业用水广义上可分为农、林、牧、渔、副用水，狭义上可分为粮、经、饲作物用水。

还有专家认为，农业用水是指农、林、牧、副、渔等部门和乡镇、农场企事业单位以及农村居民生产与生活用水的总称。

2. 中国农业用水现状

随着社会的进步，国家产业结构的调整，人民生活质量的提高，农业用水的状况也在发生着改变，自1949年以来全国农业用水份额、农业用水总量及农业用水效率都在发生变化。

1949年，农业用水占全国总用水量的97.1%，共1001亿m^3；而2014年，农业用水占全国用水总量的63.5%，随着工业用水和生活用水的增加，农业用水的比率整体呈现逐年下降的趋势。2014年全国总供水量为6095亿m^3，其中农业用水为3870亿m^3，与2006年的3783亿m^3、1980年的3716亿m^3和1949年的1001亿m^3相比，呈现上升趋势。2014年，农田灌溉亩均用水量为402m^3，农田灌溉水有效利用系数为0.5；1980年亩均用水量为530m^3，农田灌溉水有效利用系数为0.3左右，作为农业用水的主要组成部分，农田灌溉用水的效率正在不断提高，但目前中国农业用水仍存在短缺、浪费、低效率等问题。

短缺与浪费并存是中国农业用水紧张的重要特性。一方面，农业供水因水资源紧缺而难以增加，与此同时，工业和城市的发展也将进一步削减明显不足的农业灌溉用水，从而使得农业缺水问题日益突出。另一方面，农业用水浪费严重，灌溉及用水效率都很低，据调查，中国地表水灌区每公顷灌水量1200～1500m^3，最高达2258m^3，地下水灌区达900～1050m^3，高出适宜灌水量的1～2倍。

从水资源分布上来看，中国水资源时空分布不均。水资源的时空分布，直接影响了农业用水情况。在空间分布上，全国80%的水资源集中分布在长江及其以南地区，而该地区人口占全国的53%，耕地约占全国的40%。这也直接导致南方地区农业用水浪费、低效，中国南方水稻灌区，由于长期采用深灌、串灌、串排，不但造成水资源大量浪费，而且使大量水、肥流失。长江以北的广大地区人口占全国的47%，耕地占全国的65%，水资源仅占全国的19%。北方地区地表水资源贫乏，为满足农业用水的基本需求，大规模开采地下水，导致华北平原、三江平原等地区地下水严重超采，带来严重的经济、社会及生态问题。降水年际变化大，且多集中在6—9月，占全年降雨量的60%～80%。

二、农业用水的分类

农业用水就是农业生产过程所用的水。农业用水可以根据农业用水的来源、生产部门和用途进行分类。

1. 按照农业用水的来源进行分类

地球上的水包括97.5%的海洋水，2.4%的陆地水和0.001%的大气水。其中陆地上的水包括地表水、地下水、土壤水以及生物体中的水等。其中农业用水主要来自地表水、地下水、大气降水以及污水处理后的再生水，因此我们可以按照农业用水的来源将农业用水分为四类。

降水是地表水、地下水的源泉。地表水灌溉主要来自江、河、湖、泊等，2014年北方6区地表水资源量为3810.8亿 m^3，南方4区为22453.1亿 m^3。南方地区地表水资源丰富，农业用水基本上都来源于地表水，因为水资源丰富、成本较低，导致灌溉效率低、浪费严重。北方地区由于地表水资源匮乏，多采用地下水进行灌溉，以华北平原为例，由于平原地区大部分的河流长期断流，许多地区农林灌溉用水90%以上依赖开采地下水供给。再生水灌溉是缓解农业用水短缺的重要途径，指取用不同水质的再生水代替常规水源（地表水、地下水）作为不同类作物的灌溉用水，20世纪80年代才开始在中国兴起，目前仍存在一些争议。

2. 根据农业生产部门对农业用水进行分类

根据农业广义上的定义，农业包括农、林、牧、副、渔五个部门。我们可以将农业用水划分为农（种植）业用水、林业用水、牧业用水、副业用水、渔业用水五类。

目前中国统计部门习惯于将副业用水纳入农村生活用水进行统计，因此相应地，中国农业用水在广义上也可分为农、林、牧、渔用水。

农田灌溉用水量的逐渐减少及林地、草地和渔业用水量的攀升，表明农林牧渔业比例趋向协调，农业用水结构逐渐向合理方向转化。随着中国粮食作物播种面积比例减小，粮食作物用水占种植业用水总量的比例不断降低。

狭义上的农业即种植业，是以土地为基本生产资料，利用农作物的生物机能将太阳能转化为化学潜能和农产品。包括生产粮食作物、经济作物、饲料作物和绿肥等农作物的生产活动。农业用水的分类也可以此为依据进行分类。

3. 按照农业用水的用途分类

根据农业用水的用途我们可以将农业用水分为灌溉用水、养殖用水以及农副产品加工用水。

灌溉用水包括农田灌溉用水，以及林地和草地灌溉用水，其中主要为农田灌溉用水，灌溉用水中农田灌溉用水的比例非常大，但近年来推动农、林、牧产业结构均衡发展，农、林、牧的产业间用水比例也不断趋于均衡。

相对灌溉用水，养殖业用水占农业用水量比重相对较小，但实际上养殖业用水也非常可观。养殖业包括畜禽养殖和水产养殖。其中，畜禽养殖业用水包括动物的饮水和圈舍的清理，在消耗水资源的同时，也造成了严重的污染，是养殖业不得不重视的问题。水产养殖业，则包括淡水养殖和海水养殖。水产生物长期生活在水中，尤其是淡水养殖，需要定期换水，对水资源的消耗非常大。

目前对于农业用水的统计并没有把农副加工业用水纳入农业用水统计中，但是从农业的定义上来看，农副产品加工业也属于农业产业。在农副产品加工过程中，畜禽产品屠宰加工过程中的清洗、酒的酿造及勾兑、淀粉生产、农产品清洗以及食品生产等都需要消耗大量的水资源。其中，淀粉生产对水的需求量非常大，造成的污染也不容忽视。

第二节　农业用水多功能

一、农田灌溉

由于降雨时空分布不均，中国大部分地区农业对灌溉的依赖性很大，灌溉对中国农业发展具有举足轻重的作用。2014 年农田灌溉用水 3385.5 亿 m^3，灌溉用水量占农业用水量的 91.1%，同时中国 70%的粮食来自灌溉农业，如果没有灌溉，粮食安全难以保障。2014 年灌溉农田达到 9.68 亿亩，占耕地比例的 66.6%。灌溉面积呈现北方灌溉面积多于南方，2014 年长江区、华北区和东北区的灌溉面积最大，共占了全国有效灌溉面积的 63%。

中国水资源总量在全世界排名第六，但因人口众多，人均水资源量仅排在世界的 101 位，严重缺乏水资源。同时，水资源分布不均严重，夏季多冬季少，东部多西部少，丘陵多平原少，由此导致水资源一边浪费一边又同时匮乏。整体来讲，农业灌溉的基本需求难以满足，中国农业灌溉每年平均缺水达 300 亿 m^3 以上，年均受害面积约 2000hm^2，每年因旱灾减产粮食约 200 亿 kg。

同时，中国农业灌溉用水效率很低，中国农业灌溉用水有效利用系数为0.53，而发达国家则达0.7～0.8；中国单方灌溉用水生产粮食为1.69kg，而发达国家则达2.5～3kg。在农业用水严重短缺的同时，如此低效的利用，对于中国农业灌溉来说是一个重要的问题，严重威胁中国粮食安全。近年来，中国也在利用有效节水的灌溉方式，虽然距离发达国家仍有很大差距，但已初见成效。

二、养殖

养殖业包括畜禽养殖和水产养殖。畜禽养殖用水主要为畜禽饮用水。水是维持畜禽生命不可缺少的物质，同时也是畜禽机体的重要组成成分，动物对水的需求量非常大，每天饮水量是进食量的2～3倍。养殖场水源多来自地下水，部分地区用自来水或者净水装置处理后的地表水。近年来，畜禽养殖的用水安全问题也非常严重，畜禽养殖会造成周边地表水及地下水的污染，受污染的水再被畜禽饮用，带来疾病，影响生产。

水产养殖用水是指用于养殖水生动物和水生植物的用水。它包括天然水域养殖（淡水、海水）和池养。中国海岸线长，滩涂面积广阔，发展海洋水产养殖潜力巨大，目前来说海水养殖占海洋水产的比例并不高。天然水域淡水养殖主要是沿河道湖泊圈出水域进行养殖和水库养殖。除此之外，淡水养殖还包括稻田养殖和池塘养殖。目前中国适合稻田养殖的稻田约1000hm^2，已开发约200hm^2，稻田养殖有效利用了土地及水资源，做到一地多用、一水多用，养殖活动还为稻田提供了肥料并除草除虫，是非常值得推广的种养制度。池塘水产养殖对水资源的消耗量非常大，需要定期注入新水或者更换池水。中国台湾池塘养殖尼罗罗非鱼，每生产1kg水产品需要消耗水约21m^3。近年来中国北方地区大菱鲆养殖蓬勃兴起，由于养殖户采用抽取地下海水并使用流水养殖的方式来保证水质，鱼池每日换水量达到全池水量的400%～1000%。在水产养殖耗水的同时，养殖过程中化肥农药的投入对环境造成的污染也是不可忽略的。

三、农转非

水资源“农转非”是指水资源利用方向的变更，主要表现为由农业和农村用水向工业和城镇用水转移，即由农业灌溉用水转向非农用水，为农业灌溉修建的水利工程支援非农用水。随着农业灌溉技术的改善，节水技术的推广，农业用水的需求量降低；同时，随着社会的进步，工业发展，城市人口增加，环境问题日益凸显，非农用水的需求不断增大。农业用水的比率从1949年的97.1%降低到如今的60%，目前很大一部分过去以灌溉、防洪为主的水库逐步转变为城市工业、商业、生活或城市景观用水的水源。

山东莱芜雪野水库的水资源“农转非”案例中，雪野水库向莱芜热电厂和莱芜钢铁公司输送工业用水；山东位山灌区向聊城电厂和环城湖及白洋淀输送工业和生态（景观）用水；2000年，东阳、义乌两市就有偿转让横锦水库部分用水权达成协议，义乌出资2亿元给东阳对横锦水库和灌区进行改造，节约了农业用水，转而义乌获得每年5000万 m^3 水资源的永久使用权，用作工业、生活用水。

保障基本的灌溉用水，是保障中国粮食安全的基本要求，“农转非”的基本前提就是保障基本的灌溉用水，伴随着水资源“农转非”带来的巨大收益，守住灌溉用水安全是非常重要的。像“义乌—东阳”案例一样，水权交易的资金，将来完善水利工程，推进节水灌溉，将节约下来的水转做他用，才是科学的做法。

四、生态服务功能

农业活动具有多功能性，除粮食供应之外，还提供了大量的生态服务功能，具体包括：防洪、水源涵养、防止土壤冲蚀、减少地层下陷、水质净化、土壤净化、大气调节、空气净化、生物多样性保育、地貌景观保育、保健与休闲游憩、文化传统的学习与教育等。

水稻田具有六项主要生态服务功能，即防洪、水资源涵养、防止土壤冲蚀、大气调节、空气净化、保健及休闲游憩。其中，水稻田所需的灌溉用水，有效地为周边生态系统提供了蓄水功能，同时拦截田间径流及泥沙。

水田具有良好的贮水机能，其贮水能力仅次于森林，可视为人工次生湿地。当降水变为径流后，引水灌田或降水直接贮留于水田中，形成一个超大面积的地下水补渗场，把降水、径流转贮于地下水库，以再利用。

同时，水田具有水土保持功能。三峡库区重庆段地处长江上游，是国家级水土流失重点监督区和水土流失重点治理区。为了提高水田产量，已将库区大部分水田改造为梯田。梯田具有较强的水土保持作用，水平梯田将坡长较长的坡面切断，从而切断了坡面径流，改变了径流形成条件，避免了坡面径流汇集现象，在梯田间距内减少土壤侵蚀，并可拦截从梯田间距内产生的径流和冲蚀的泥沙。

灌溉在改善环境方面发挥着重要的作用。通过灌溉洗盐，中国东北和西北大片的盐碱地变成了高产田。同时在中国的西北，大面积的荒漠通过灌溉的引入而变成了绿洲。使用再生水和微咸水灌溉，可以有效过滤水中的微量元素及盐分，净化水资源，使得流向生态环境中的水资源降低危害，为整个生态系统提供有效的生态屏障。

第三节　农业用水来源

一、地表水

地表水灌溉是利用河川、湖泊以及汇流过程中拦蓄起来的地表径流进行灌溉。利用地表水灌溉，需要修建引水、蓄水或提水等不同取水方式的灌溉系统。地表水灌溉又分为自流灌溉、提水灌溉和水库灌区灌溉，水源多来自江、河、湖、泊等。

中国地表水资源总量很大，2014 年全国地表水资源量 26263.9 亿 m^3。冰山融水是中国河流水资源的重要来源之一，冰川年融水量为 5047.6 亿 m^3，多分布于江河源头；中国湖泊面积广阔，总面积为 8 万 km^2，多分布于青藏高原及长江中下游地区，淡水湖泊面积 3.6 万 km^2；全国各类型水库 8.4 万座，拥有丰富的水资源。这些河流、湖泊及水库为周边农田提供灌溉水源，长江流域地表水资源可以满足农业用水的需求，但是黄河、海河及辽河流域的农业用水还需要依赖地下水资源。

中国南方地区水资源丰富，耕地面积约占全国的 40%，却占有全国约 80% 的水资源量，水量充沛，同时降水充沛，集中了全国 71.4% 的降水，南方地区灌溉的主要来源就是地表水资源和降水，农业地下水用水量仅为全国的 5%，对地表水资源的开发利用率仅为 14%，导致南方地区农业用水效率低，浪费严重。而北方地区平均利用率则为 18%，海河区、黄河区和辽河流域则达到 76%、63% 和 59%，这样的利用率仍然难以满足需求，还要依赖大量的地下水开采。

二、地下水

地下水灌溉分为井灌、泉水灌溉与截潜流灌溉，主要集中在中国北方地区。

中国地域辽阔，地形复杂，全国的水资源时空分布极其不均，中国北方地区降水量占全国的28.6%，水资源量占全国的16.5%，却拥有全国的56.5%的耕地，同时受季风气候影响，降水集中在7、8月，地表水供应难以满足灌溉需求，所以不得不开采地下水资源进行农业灌溉。随着灌溉农田的逐渐增加，以及灌溉农田的北移，抽取地下水灌溉农田的用水量也不断提升。1998年全国农业地下水用量仅为608亿 m^3，2011年为663亿 m^3，到2014年全国农业地下水用水量为732亿 m^3，占全国农业用水量的18.9%、全国地下水开采量的65.5%。农业地下水的利用主要集中在北方地区，北方农业地下水用量占全国农业地下水用水量的95%，也因为对农业地下水的高度依赖，造成了北方地区地下水超采严重，带来了许多问题。

2014年，全国地下水开采总量为1117亿 m^3，占总供水量的18.3%。近30年来，中国地下水开采量以每年25亿 m^3 的速度递增，全国地下水超采严重，共有21个省(自治区、直辖市)平原区存在地下水超采区，总面积近30万 km^2，地下水超采量约170亿 m^3。其中河北省为超采最严重的省份，平原区超采面积达7.07万 km^2，约占全国的24%，超采量达59.65亿 m^3，约占全国的35%。

北方地区地下水开采量不断增加，已经造成黄淮海平原、松辽平原及西北内陆盆地的山前平原等地地下水位不断下降。华北平原已形成三大深层地下水漏斗区，而全国则有超过100个漏斗形成。地下水超采造成了严重的生态影响，多地出现地面沉降、海水倒灌、水质恶化、地面生态景观变化，同时对农业灌溉也产生了一定影响。

三、降水

中国气候特点是季风气候显著，大陆性气候范围广，雨热同期，气候类型复杂多样。在季风气候影响下，中国降水的季节变化是夏秋多、冬春少。各地区降水主要集中在夏季(6—8月)，在东部季风区，随着夏季风向北扩张，愈往北或愈深入内陆，雨量愈加集中。北方夏季降水量占全年的65%～75%，南方不到50%。而冬季中国大部分地区受到来自大陆的冬季风影响，降水少。受大气环流（季风）的影响，中国的降水分布由东南沿海向西北内陆递减。东南沿海＞1000mm，秦岭—淮河一线800mm，西北非季风区＜400mm，南疆中部＜50mm。海陆位置对降水的影响，海陆位置即距海的远近不同，使得陆地受到海洋的影响程度也就不同，因此降水量分布就会产生差异，从而产生自沿海向内陆递减的分布规律。

降水是地表径流的重要来源，也是地下水补给的主要来源，是影响农业用水的重要因素，因为降水量的不同，中国从西北到东南分为三个灌溉区。以西北非季风区400mm降水线为界，西北部地区为灌溉区，该地区年降水量低，且季节分布明显，难以满足作物的基本需求，这一地区农作物生长基本依靠农业灌溉；400mm降水线与1000mm降水线之间的秦岭—淮河一线为补充灌溉区，该地区受季风气候影响严重，降水分布非常不均匀，一年内不同季节灌溉需水量差别大，雨季水量较大，需做好农田排水措施，旱季则需要进行农业灌溉，保障农作物生长；1000mm降水线以南的东南沿海地区为水稻灌溉区，该地区降水丰富，雨季旱地作物不需要灌溉，但是水稻田蓄水量较大，需要进行灌溉，旱季则需要对旱作物进行补充灌溉，该地区做好农田排水是农业生产的重要内容。

四、再生水

随着水资源短缺不断加重，工业用水量不断增加，以及城市不断增加，对再生水进行利用，已经是一个必然的趋势。再生水灌溉是指工业废水和生活污水经过无害化处理后，直接或间接地用于农田灌溉、园林灌溉以及地下水库回灌等。100多年前，人们就已经开始将处理过的污水进行农田灌溉，美国、日本、以色列、印度等许多国家都有利用再生水进行灌溉的历史。

农业灌溉是再生水利用的主要形式，澳大利亚的Werribee农场从1897年开始利用再生水灌溉，美国再生水回用量中42%的水量用于农业灌溉，以色列100%的生活污水和72%的城市污水得到了回用，农业灌溉用量占污水处理总量的46%。近几年，污水资源化循环利用成为缓解中国水资源短缺的主要途径之一，特别是中国北方区域，农业灌溉缺水日趋严重，再生水灌溉得到越来越多的重视。预计到2030年，中国缺水量将达130亿m^3，再生水可利用量将达到767亿m^3。

目前，中国再生水灌溉面积占全国总农田灌溉面积的7.3%，主要分布在中国北方水资源严重短缺的黄淮海辽四大流域，约占全国再生水灌溉面积的85%，大部分集中分布在相应大中城市的近郊区或工矿区，其中包括北京、天津武宝宁、辽宁沈抚、山西惠明、新疆石河子等全国五大污灌区。

再生水灌溉缓解了中国北方地区用水的紧缺，经过处理的污水，降低了对农田安全的危害，还可以为缺少氮、磷等元素的土壤补给元素。再生水用于灌溉的过程相当于一个深层净化处理系统，水中的养分和盐分在被吸收的同时，渗入土壤剖面的再生水也逐步被净化。但是长期使用再生水灌溉仍存在很多隐患和危害，目前国内外对此都有很多研究。

(1)再生水灌溉对土壤质量的影响。一般来说土壤都具有一定的自净能力，但土壤的自净力是有限的，长期再生水灌溉会使污染物在土壤中积累，造成土壤污染，使 pH 值、盐分等发生变化，出现土壤板结、肥力下降、土体结构和功能失调，破坏了土壤生态平衡，土壤污染后进一步对地下水和农作物造成污染。

再生水表面活性剂含量较高时对土壤入渗性能与毛管张力有显著影响。长期再生水灌溉对土壤孔隙铝和镁的含量造成影响，造成土壤密实度增加，破坏土壤的良性结构，对营养物的吸持能力下降。

再生水灌溉一般不会导致土壤 pH 值上升，但也有研究表明，再生水灌溉会导致土壤 pH 值有轻微上升，主要原因是再生水中含有丰富的营养元素和盐分导致 pH 值增加。

再生水灌溉条件下土壤氮素的利月效率有效提高。再生式灌溉的条件下土壤中硝化氮的含量增加，同时土壤含氧量降低，更加有利于发生硝化反应，硝化反应增强 2～50 倍。

以城市生活污水为主要来源的再生水，其重金属含量通常较低，中短期的再生水灌溉不足以引起土壤重金属的明显累积。

(2)对地表及地下水资源的影响。在再生水灌溉情况下，径流一方面把土壤残留污染物带出农田、流汇水域，另一方面再生水灌溉退水，也将部分排入水域，加之再生水灌溉区域中，氮、磷等营养物质更为丰富，因此，灌区径流对地表水体有很大的影响。

由于再生水灌溉相关的管理不完善、水质不达标等因素，土壤及作物受到污染，污染物在土壤中向下迁移进而污染地下水。再生水灌溉的过程中，因为水中含有大量的 Na^{+}，灌溉水在补给地下水的过程中发生置换反应，导致地下水盐度增加；再生水灌溉导致地下水中硝氮含量增加；再生水中含有多种病原微生物，再生水中的这些病原菌也可能到达地下水，威胁饮水安全。但是，再生水灌溉对地下水的污染取决于地区地下水埋深浅和包气带渗透性，再生水灌溉包气带弱透水层厚度达到 6～8m 及以上可以有效防止氮、磷对地下水的污染。

五、微咸水

微咸水即矿化度为 2～5g/L 的含盐水。中国微咸水资源分布广泛，东起淮河、秦岭、巴颜喀拉山，西至喜马拉雅山沿线以北的干旱、半干旱地区，北起辽东半岛，南至两广沿海，尤其分布在易发生干旱的华北、西北以及沿海地带。据统计，中国地下微咸水资源约为 200 亿 m^3/a，其中可开采量达 1/3，绝大部分存在于地下 10～100m 处，宜于开采利用。

农业灌溉方面现有利用咸水的方式主要表现为：咸水灌溉、咸水结冰灌溉和咸水冰、海冰覆盖灌溉。

咸水灌溉可分为咸水直接灌溉、咸水与淡水混合灌溉及咸水与淡水交替灌溉（轮灌），其中轮灌效果优于其他方式。宁夏、甘肃、内蒙古、陕西、河南、河北、山东、新疆、辽宁等省区都进行过微咸水灌溉的试验，获得高产。使用合适矿化度的微咸水结合有效的灌溉措施，能够达到小麦和玉米增产作用。

河北滨海平原地区冬季咸水结冰灌溉不仅可以提高春季土壤水分，同时还可以抑制春季返盐，为春季农作物的播种出苗创造了适宜的土壤水分和低盐环境。但咸水结冰灌溉增加土壤盐分，农作物要求耐盐程度较高。

咸水冰、海冰覆盖灌溉是利用当地海水、苦咸水在冬季冻结过程中的自然脱盐作用，同时结合海冰堆放重力脱盐效果，使采集堆放海冰在自然重力作用下产出符合国家灌溉水标准的淡水，还可通过覆盖等方式提高淡水产出率，渤海湾采集堆放海冰通过覆盖处理后淡水产出率可达 57.9%。

第四节　农业用水计量及效率评估

面对水资源的严重短缺以及农业对水资源的巨大消耗，对农业用水的计量及其效率的评估，成为保障中国水资源安全及农业用水安全的重要内容。

一、农业用水计量方法

中国农业用水的计量起源于 20 世纪 30 年代，20 世纪 30—60 年代是中国农业用水计量的起步阶段，在这一时期出现了少数的灌区尝试使用断面量水、流速仪量水或建筑物量水。发展到 20 世纪 80 年代大部分灌区都开始进行量水。20 世纪 90 年代，灌区管理和量水工作不断发展重视，测流范围扩大，测流精度提升，国家将量水新技术的开发作为“九五”攻关内容之一，使中国的量水方法在形式、适用性、精度等方面有了逐步的提高。

1. 计量设备计量

目前，中国已有 100 多种农业用水计量设备。

（1）灌溉渠系上设有各种类型的配套建筑物，如水闸、渡槽、倒虹吸、涵管、跌水等。这些建筑物的过流符合一定的量水水力学条件，即可用作量水。主要原理是通过测量过水建筑物上下游的水位，根据不同流态的流量计算公式，选用适当的流量系数，推求出过水流量和累计水量。

（2）利用水尺量水。在断面稳定、没有回水影响的渠段内，设置水尺观测水位，利用定好的水位流量关系，求得流量，简便易行，设备费用低，容易为群众接受。

（3）特设量水设备测流。特设量水设备一般由行进渠槽、量水建筑物和下游段三个部分组成，如量水堰、量水槽等。其通过量水建筑物主体段过水断面的科学收缩，使上下游形成一定的水位差，从而得到较为稳定的水位流量关系。

（4）利用水表、电磁流量计、超声波流量计等仪器自动计量。其结构简单、量测直观、计量简便，同时能累计水量。

（5）自动量水，在骨干渠系上建立灌区自动化量测系统。该系统由微机、传感器、控制电路、传输机构等组成，其原理是通过传感器对量水建筑物或量水设备上、下游水位进行及时采样，根据数学模型实现对流量的计量，并累积水量。

2. 估算方法

（1）典型点法。典型点法就是在种植结构、灌溉方式习惯、用水类型相同或相近区域，选取 2～3 个典型点作为此区域的代表，并以点为单位对区域进行农业灌溉用水量监测，按照取点的测量结果，计算其代表区域的农业灌溉用水量，再推算整个地区农业灌溉各类水的用水量。不同地域的典型点，可代表该区域的农业灌溉情况(包括灌溉亩次、亩均灌水量、用水类型等)。运用典型点法进行农业灌溉用水量估算,需要进行大量的实地勘察及调研,该方法更加适合用于对地表水的估算。

(2)电水转换法。中国北方地区灌溉严重依赖地下水,导致近年来北方地区地下水超采,而农业灌溉造成的地下水开采量却一直难以计量,统计数据不够科学,无法科学地管理水资源。在河北沧县进行了电水转换法估算农业灌溉地下水开采量的试验,从农业灌溉抽水井机泵效能即耗电量与抽水量转化角度推算了全县农业灌溉地下水开采量,以期利用机井耗电量达到监测农业地下水开采量的目的。

首先,根据地下水开采量和种植结构差异,将区域按地下水埋深度划分(不同埋深,导致机井的扬程不同,需要分开来测算)。

之后,对出水量和耗电量进行测量。确定井口直径和配套抽水机泵的功率,测试区域内,井口直径相同,抽水机泵功率相同。选取正在灌溉的抽水井进行测试,机井配套的电表可以直接读取小时耗电量,同时在机井出水口利用多普勒流量计测量出水量。

最后,进行结果分析。

根据电水转换系数(K)和机井总耗电量(D)推算地下水开采量,即地下水开采量:

$$W = K \cdot D \tag{2-1}$$

深井潜水泵的功率与流量、扬程之间的关系:

$$N = 2.73QH/\eta \tag{2-2}$$

式中,N 为功率(kW);Q 为流量(m^3/h);η 为泵的效率(一般取 0.8);H 为扬程(m)。

上面的公式可以看出,扬程(H)即地下水埋深一定时,无论泵的功率大小,消耗一单位电所抽取水量是相同的,也就是电水转换系数是一定值。实际测量中,受井泵磨损和灌溉出水口距离等因素限制,K 值会出现交叉,提高机井测试量可以提高测试量,但 K 值基本呈现扬程大(埋深大)时出水量小,扬程小(埋深小)时出水量大的状况。同时,在耗电量的计算上,在月际上可能会有误差,但全年计算则可以有效避免误差。

电水转换法依据机井潜水泵的耗电量和实际测定的电水转换系数推算地

下水开采量，基础数据扎实可靠，因此计算结果具有较高的精度，能够满足最严格水资源管理制度中对总量控制的要求。且耗电量和转换系数易于取得，该方法简单且易于操作。

(3)油耗转换法。与电水转换法相似，根据段时间内的农业用水耗油量推算用水量。

二、农业用水效率评估

目前国内对于灌溉用水效率的评价指标普遍采用灌溉水有效利用系数表示。灌溉水有效利用系数是指灌入田间可被作物利用的水量与渠首引入的总水量之比。灌溉水有效利用系数是一个表现灌区用水效率高低、灌区管理水平及工程技术水平和农作物种植结构合理性的综合性指标。

国内经常使用的灌溉用水效率指标还有作物水分利用效率、水分生产率和灌溉水利用效率。

灌溉用水效率评价指标包含的几个方面见图 2-1。渠系水利用系数：灌溉渠系水的净流量与毛流量的比值；耕地有效灌溉率：有效灌溉面积与耕地面积的比值；单位面积灌溉用水量：单位面积农田的灌水量；田间水利用系数：实际灌入田间的有效水量与末级固定渠道放出水量的比值；粮食作物种植比例：粮食作物播种面积与总的作物播种面积的比值；每立方米灌溉水粮食产量：粮食产量与灌溉用水量比值。

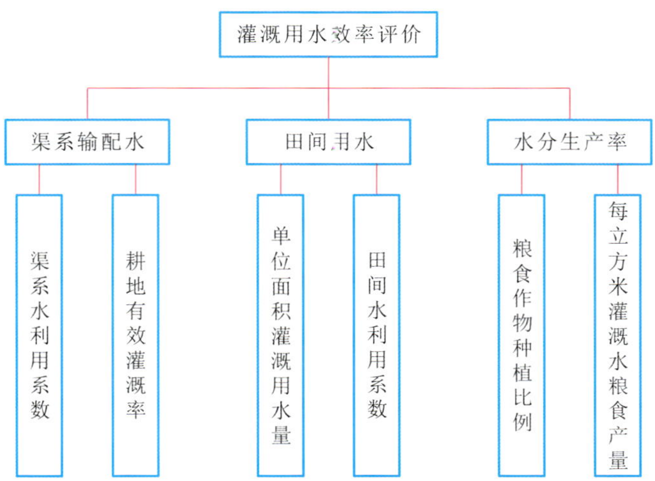

图 2-1　灌溉用水效率评价指标

1. 农业用水效率评估方法

Molden 基于水平衡框架对各种要素进行复杂的测定，利用水分生产率（在确定的作物和耕作条件下，单位水资源量可以得到的作物产量或产值，表达了水的产出效率）、水分消耗百分率和水分有益消耗百分率对灌溉用水效率进行综合评价。

Angus 等研究植物某一部分在特定时段内 CO_2 吸收与蒸散比例来评价灌溉用水效率。

Tyteca 通过技术上可行的最小水资源使用量与实际使用水量之比描述灌溉用水效率。

李浩鑫等采用基于循环修正的组合评价法对灌溉用水效率进行评价，解决了单一评价方法结果不一致的问题。即基于主成分分析和 Copula 函数的灌溉用水效率评价方法，采用主成分分析法提取主成分因子，将评价指标体系中复杂的多变量组合成一组新的互相无关的综合变量，使新变量尽可能多地保留原始变量信息，从而建立 PCA-Copula 评价方法。

有学者利用数值模拟技术，通过水量平衡模拟和作物产量模拟从而对灌溉用水效率进行测算和评价。

冯保清利用首尾测算分析法，选择典型灌区，对典型灌区的灌水量进行测算，即按照灌溉面积、灌溉设施和用水方式划分大、中、小型及纯井水灌溉区，在每个灌溉区内，根据不同作物种类、灌溉方式、田块平整度及土壤类型等特点进行典型田块的选择，对样点的灌溉数据进行测算，获得灌溉系数，再根据典型点对整个大区域内的灌溉系数进行加权核算。

2. 影响灌溉效率的因素

农业灌溉用水的效率受多个因素共同影响，灌溉系统的水权结构、灌溉水市场的组成状况和发育程度、农业节水技术的采用程度以及灌区水资源管理制度都是影响灌溉效率的重要因素。

（1）自然条件。受季风条件及水资源空间分布规律影响，部分地区水资源丰富，用水成本就会降低，取水便捷，灌溉用水充足，这些地区灌溉水有效利用系数一定会偏低；相反，一些地区降水稀少，水资源稀缺，就需要更多的灌溉水，水资源稀缺提高了灌溉水的用水成本，就会促使利用更好的节水灌溉技术，更加高效的水资源管理方式，从而提高灌溉水有效利用系数。中国南北方地区水资源时空分布差异非常大。南方约占80%的水资源，40%的灌溉面积，亩均水资源量2738m^3，而北方地区仅为亩均415m^3，所以南方地区灌溉水有效利用系数为0.51，北方地区则为0.57。

（2）受水权制度所影响。水权是影响农户灌溉行为的重要因素，明晰的水权可以有效地提高农业灌溉用水的效率。现代水权制度的改革，引入了市场机制和经济手段，有效提高了灌溉效率。非集体所有制的灌溉技术效率明显优于集体所有制，地下水灌溉的过程中，个体机井与集体机井相比，机井的管理效率更高。明晰水权来提高灌溉效率的内在机制是与水权变革所引起的种植结构的调整密切相关的。机井个体化促进了农民种植经济价值更高的作物，同时提高了灌溉的经济效率。

（3）灌溉水市场对灌溉效率的影响。灌溉水权的私有化、明晰化推动了灌溉水资源的市场化，水资源的稀缺性促进了水市场的完善和发展，良好的灌溉水市场是灌溉效率提高的重要因素。地下水市场的发育具有提高灌溉系统利用效率和用水公平性，促进地下水有效利用，提高作物单产，改善无机井农民生计，增加农业劳动力需求等功能。水资源稀缺所引发的用水需求成了灌溉水市场发育的强大驱动力，灌溉水市场服务的增多也有利于提高作物单位用水的生产率，主要表现在产出能力和经济价值上。

（4）灌区灌溉管理制度对灌溉效率的影响。有效的灌溉管理制度可以在有限水资源条件下实现灌溉水源配置的效率最大化。

随着中国北方灌区，特别是黄河流域的灌溉水资源稀缺程度的逐渐加深，新的灌区灌溉管理制度改革也在逐渐推进，其主要措施是将灌溉系统（主要是村级渠道系统）的管理权责从国家或集体部门转移给当地用水者，通过建立相应的激励机制和鼓励农民的参与来提高灌溉系统的运行绩效和水资源的利用效率。

在灌区水资源管理制度改革中，激励机制的建立和农民参与是衡量改革成功的两大主要指标。虽然在改革的推进中，激励机制的建立和农民参与也都有了较大进步，但是其效果并不理想。就建立节水激励机制而言，名义上的改革对节水没有影响，只有那些真正建立了有效节水激励机制的水资源管理制度才能实现节水的目标。

第三章　中国农业用水时空演变

本章对中国水资源时空特征进行了分析，探讨了中国农业用水空间和时间演变历程，有利于全面了解中国农业用水。

第一节　中国水资源时空特征

一、中国降水时空特征

中国降水时空特征十分明显。受到季风气候的影响，中国降水年内分布不均匀，年份之间变化较大，特别是淮河以北地区，会出现枯水年与丰水年连续发生的特征。一般长江及以南地区的河流汛期为6—9月，径流量占全国径流总量的60%～70%；北方雨季出现较迟，但是降水更为集中，华北与东北地区的汛期集中于7、8两个月份，占全年径流量的80%以上。图3-1是中国降水量分布特征。

受季风气候影响，中国的降水分配并不均匀，年内和年际变化很大。从图3-1可以看出，中国多年平均（1956—2000年系列）年降水量为61775亿m^3，相应年降水深为649.8mm。其中，年降水深以东南诸河区大，为1788mm；西北诸河区小，仅为161mm。

中国降水主要发生在夏季，雨热同期，不仅有利于灌溉农业，而且为旱地农业的发展创造了条件，对农业发展极为有利。中国大部分地区汛期连续4个月的降水量占全年的60%～80%，水资源量中大约有2/3是洪水径流量，形成江河的汛期洪水和非汛期的枯水。同时，中国降水的年际变化剧烈，造成江河的

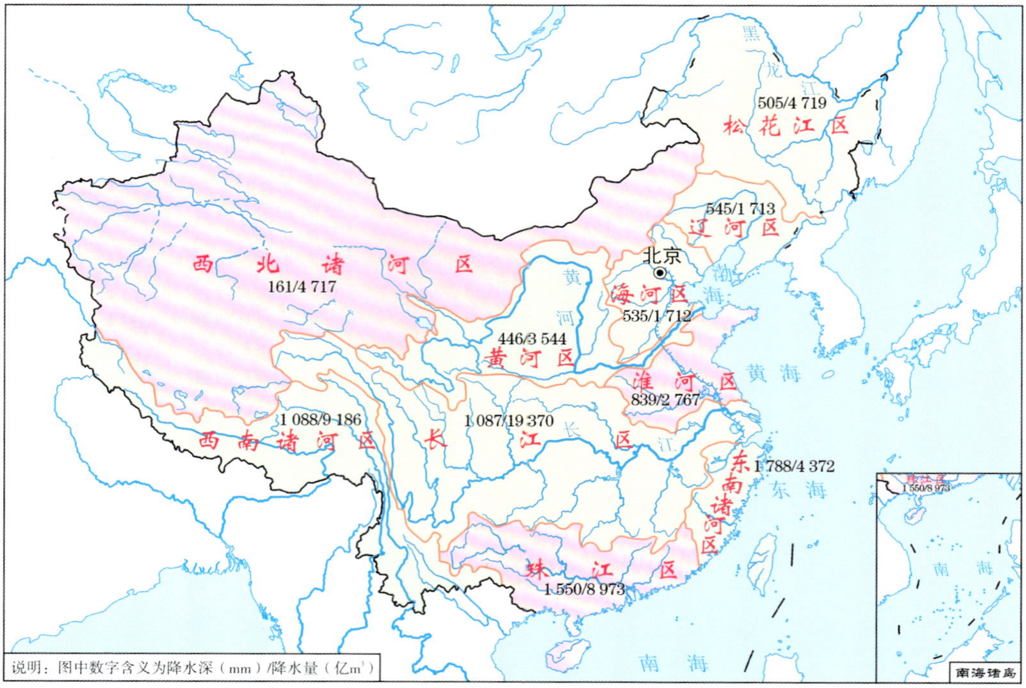

图 3-1　中国降水量分布

特大洪水和严重枯水，甚至发生连续大水年和连续枯水年。南方地区大部分测站多年平均连续大 4 个月降水量约为多年平均年降水量的 55%；北方地区绝大部分测站多年平均连续大 4 个月降水量超过多年平均年降水量的 70%；其中华北、东北、西北内陆河等局部地区可达 80%以上。中国地区降水还普遍存在连丰、连枯现象，其中北方更为明显。北方地区大多数雨量站连丰、连枯期年数为 2～6 年和 4～7 年，南方地区大多连丰、连枯期年数均为 3～7 年。这些因素的存在，导致中国干旱或者洪涝灾害频繁发生，给工农业生产和人民生活带来了巨大的损失。

二、中国水资源时空分布

水资源来源于降水，水资源分布与降水分布类似，图 3-2 是中国水资源分布图。

从图 3-2 可以看出，中国水资源分布呈现南多北少，东多西少的特征。长江区水资源总量最多，为 9958 亿 m^3；海河区水资源量最少，只有 370 亿 m^3。水资

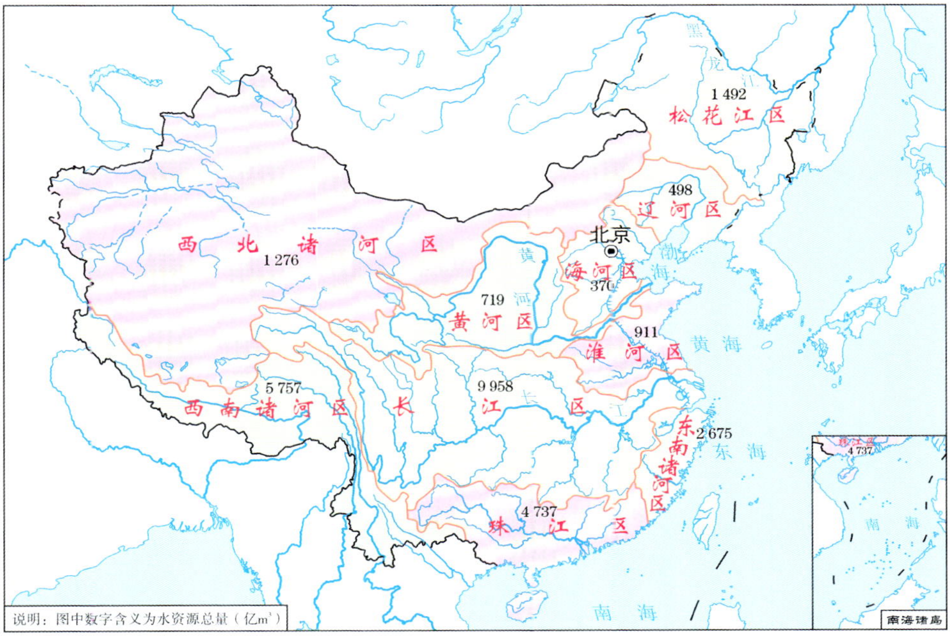

图 3-2 中国水资源分布

源分布不均，加之和土地、人口匹配不均衡，导致中国水资源利用存在很大障碍。中国南方水资源量占全国的 80%，面积占全国的 36%，人口占全国的 54%，耕地占全国的 40%，GDP 占全国的 56%；北方水资源量仅占全国的 19%，面积占全国的 64%，人口占全国的 46%，耕地占全国的 60%，GDP 占全国的 44%。可见北方地区水资源更为短缺。

三、中国水资源可利用量时空分布

虽然中国水资源总量不少，但这些水资源并不是都可以利用的，其一，主要原因是一些水资源由于受经济技术条件的限制，暂时无法开发利用；其二，水资源利用时要考虑生态环境因素，如果水资源开发利用过度，会对生态环境造成一定影响，甚至导致生态环境的崩溃。合理地确定水资源可利用量，是人与水和谐共处的基础。在第二次水资源评价过程中，给定了水资源可利用量。水资源可利用量是指在可预见的时期内，在统筹考虑生活、生产和生态环境用水的基础上，通过经济合理、技术可行的工程措施在当地水资源量中可以一次性利用的最大水量。河道内最小生态环境用水量，北方地区一般按地表水资源量的

15%左右、西北地区按50%～60%、南方地区按20%左右进行计算。中国水资源可利用总量为8140亿m^3，此水量是流域水资源开发利用的最大量。图3-3是中国水资源可利用量分布及所占比例。

图3-3　中国水资源可利用量分布

从图3-3可以看出，长江区水资源可利用量为2827亿m^3，占水资源可利用量的35%，珠江区水资源可利用量为1235亿m^3，占水资源可利用总量的15%，西南诸河区水资源可利用量为978亿m^3，占水资源可利用总量的12%。海河区水资源可利用量为237亿m^3，占水资源可利用总量的3%。

如果用实际使用量和可利用量进行比较，在某种程度上可以反映水资源开发利用对当地生态环境的影响。图3-4是中国2016年实际用水量与可利用水量的比较。

从图3-4可以看出，2016年实际利用量超过可利用量的流域包括海河、淮河和西北诸河，分别超过53.32%、21.17%和36.77%，海河流域超过最多，该流域除了外流域调水外，通过超采地下水等满足需水。西北诸河由于没有外调水，导致生态发生不同的程度的恶化。

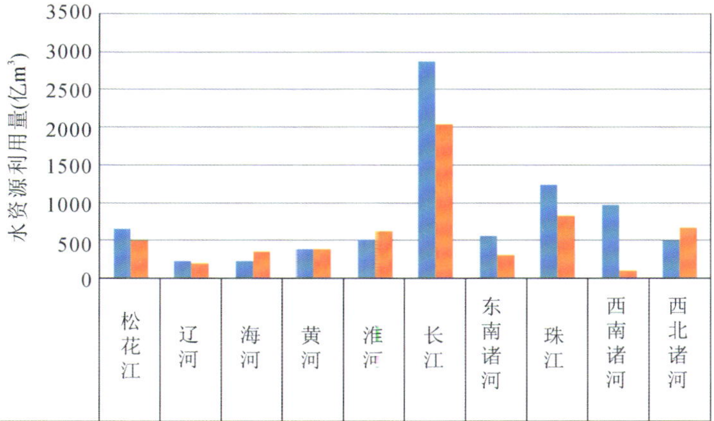

	松花江	辽河	海河	黄河	淮河	长江	东南诸河	珠江	西南诸河	西北诸河
可利用量(亿m³)	660	240	237	396	512	2878	560	1235	978	495
2016年实际利用量(亿m³)	500	197	363	390	620	2039	312	838	102	677

图 3-4　中国各流域水资源可利用量与 2016 年实际利用量比较

第二节　中国农业用水空间演变

一、中国农业用水空间分布

中国农业用水空间分布规律并不十分明显，最东（黑龙江省）和最西（新疆维吾尔自治区）的两个省份农业用水量较大，西南农业用水量明显偏低，中部偏低，南部偏高。从总体情况来看，南方小于北方。中国农业用水按水资源分区见图 3-5。

2016 年，中国农业用水总量为 3768 亿 m³，其中南方为 1678.4 亿 m³，北方为 2089.6 亿 m³，北方大于南方，北方农业用水量高于南方 24.50%。从图 3-6 可以看出，长江区农业用水量最大，为 968.3 亿 m³，占总农业用水量的 25.70%；西南诸河最小，为 82 亿 m³，占总农业用水量的 2.18%。最缺水的海河区农业用水量为 226 亿 m³，占总农业用水量 6.00%。

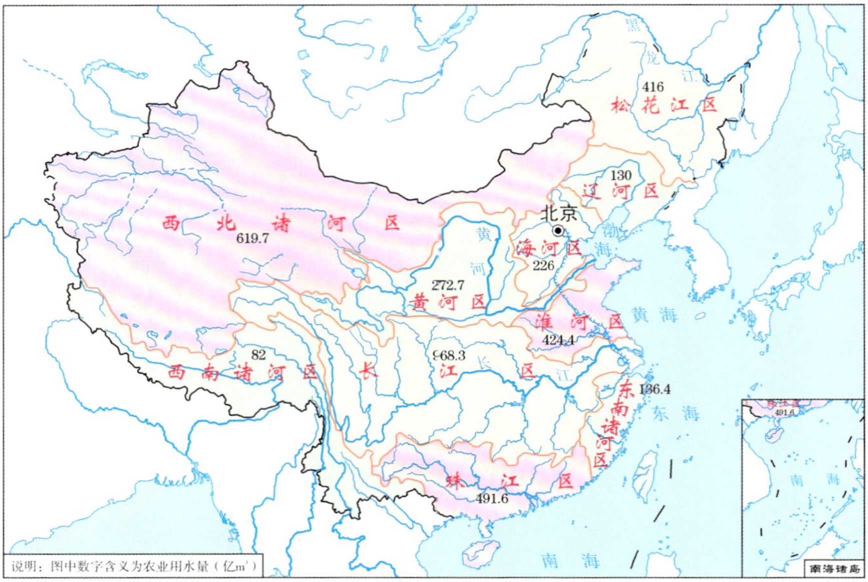

图 3-5　2016 年中国农业用水量分布

二、中国农业用水空间变化分布

随着时间的变化，农业用水也不断变化，图 3-6 是中国水资源一级分区 2006—2016 年农业用水量变化。

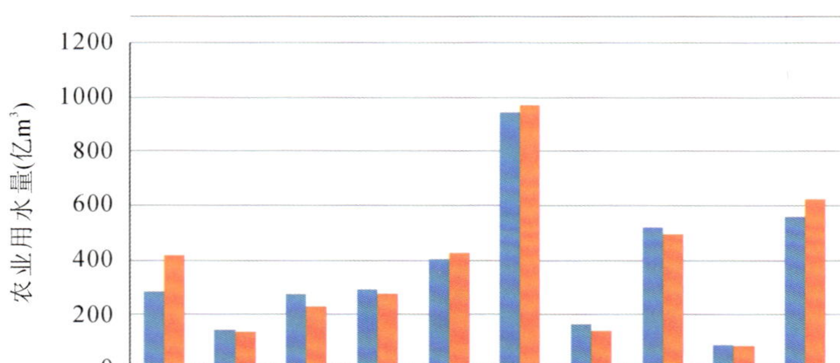

	松花江	辽河	海河	黄河	淮河	长江	东南诸河	珠江	西南诸河	西北诸河
2006年(亿m³)	284	141	274	292	402	943	161	520	87.2	556
2016年(亿m³)	416	130	226	272	424	968	136	491	82	619

图 3-6　中国 2006—2016 年农业用水量变化

从图 3-7 可以看出，松花江区、长江区、淮河区和西北诸河区 2016 年农业用水量均比 2006 年有所增加，其中松花江区增加 131.6 亿 m³，增加幅度最大。松花江区农业用水增加，与农业种植结构有很大关系，水稻种植增加是直接推动因素。

中国 2006—2016 年农业用水空间变化分布图见图 3-7。

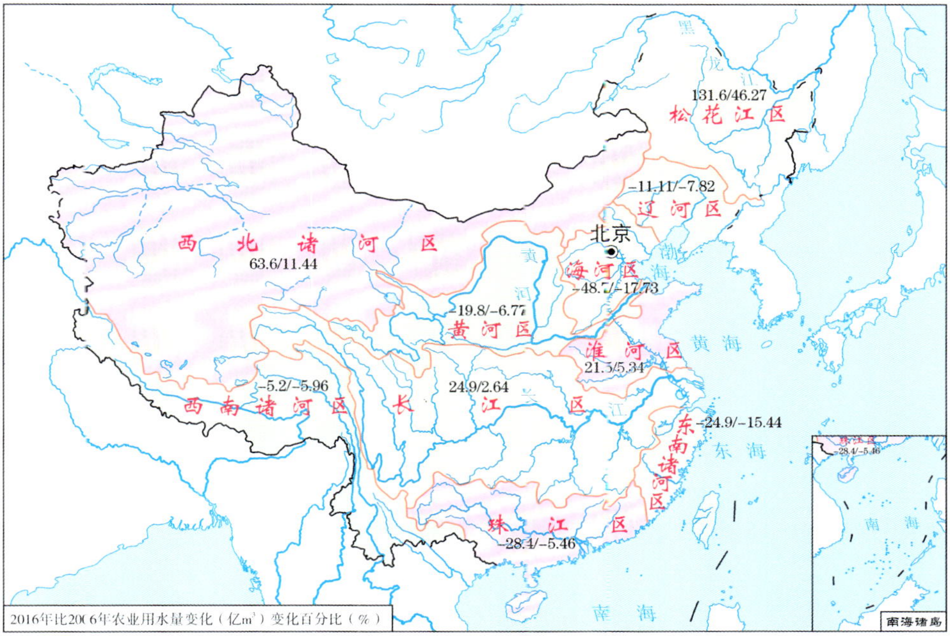

图 3-7 中国 2006—2016 年农业用水空间变化分布

2016 年，全国农业用水量为 3768 亿 m³，比 2006 年全国农业用水量 3664.4 亿m³ 增加了 103.6 亿 m³，增加了 2.83%。从图 3-7 可以看出，2016 年和 2006 年相比，中国 10 个一级水资源分区中，有 4 个一级区农业用水量增加，6 个一级区农业用水量减少。其中松花江区农业用水量增加最大，增加 131.6 亿m³，增加了 46.27%；淮河农业用水量增加较少，增加了 21.5 亿 m³，增加 5.34%。减少幅度最大的是海河区，减少了 48.7 亿 m³，减少 17.73%。

三、中国农业用水效率空间分布

中国农业用水效率空间分布是大家很关注的，表 3-1 是 2014 年全国及各省（区、市）农田灌溉水有效利用系数。

表 3-1　2014 年全国及各省(区、市)农田灌溉水有效利用系数

序号	地区	农田灌溉水有效利用系数	不同规模与类型灌区农田灌溉水有效利用系数			
			大型	中型	小型	纯井
	全国	0.530	0.479	0.492	0.528	0.723
1	北京市	0.705	0.584	0.594	—	0.738
2	天津市	0.678	0.584	0.659	0.711	0.789
3	河北省	0.664	0.471	0.582	0.627	0.722
4	山西省	0.528	0.454	0.483	0.457	0.622
5	内蒙古自治区	0.512	0.390	0.430	0.546	0.755
6	辽宁省	0.582	0.505	0.529	0.650	0.814
7	吉林省	0.556	0.477	0.483	0.538	0.669
8	黑龙江省	0.581	0.430	0.439	0.533	0.691
9	上海市	0.731	—	0.650	0.732	—
10	江苏省	0.590	0.539	0.547	0.641	0.692
11	浙江省	0.579	0.531	0.565	0.602	—
12	安徽省	0.512	0.464	0.496	0.564	0.671
13	福建省	0.528	0.468	0.520	0.554	0.681
14	江西省	0.484	0.444	0.471	0.501	—
15	山东省	0.627	0.495	0.513	0.566	0.848
16	河南省	0.598	0.476	0.474	0.556	0.707
17	湖北省	0.494	0.481	0.493	0.530	—
18	湖南省	0.487	0.488	0.477	0.498	—
19	广东省	0.475	0.429	0.458	0.504	0.589
20	广西壮族自治区	0.446	0.488	0.424	0.449	—
21	海南省	0.558	0.482	0.554	0.661	—
22	重庆市	0.475	—	0.485	0.471	—
23	四川省	0.446	0.437	0.442	0.467	—
24	贵州省	0.446	—	0.438	0.448	—
25	云南省	0.445	0.450	0.437	0.449	—
26	西藏自治区	0.410	0.402	0.428	0.384	—

续表

序号	地区	农田灌溉水有效利用系数	不同规模与类型灌区农田灌溉水有效利用系数			
			大型	中型	小型	纯井
27	陕西省	0.552	0.531	0.521	0.525	0.789
28	甘肃省	0.537	0.529	0.529	0.537	0.678
29	青海省	0.470	—	0.471	0.461	0.582
30	宁夏回族自治区	0.475	0.463	0.519	0.696	0.722
31	新疆维吾尔自治区	0.513	0.481	0.525	0.598	0.825
32	新疆生产建设兵团	0.556	0.549	0.566	—	—

2014 年,全国农业灌溉用水有效利用系数为 0.53,各省(区、市)存在很大差异。从表 3-1 可以看出,灌溉用水有效利用系数南方偏低,北方偏高,还有一个普遍性规律,缺水地区灌溉用水有效利用系数高于丰水地区。全国灌溉用水有效利用系数最高的是上海,为 0.731;最低的是西藏自治区,为0.410。上海虽然是丰水区,依然保持全国最高的灌溉用水有效利用系数,其根本原因是上海的灌区大部分为小灌区,而且抽水灌溉输水过程损失小。其他北方地区灌溉用水有效利用系数高,主要是加大了节水投入,节水灌溉措施更加普及的缘故。

第三节　中国农业用水时间演变

一、中国水资源利用时间演变

水资源是自然生态系统重要的物质资源,也是人类经济社会系统发展的重要基础支撑物质资源。水资源是地球生态系统能量、信息、物质的重要载体,是地球化学循环和物理循环的重要纽带,是一切生命的源泉;水资源为人类经济社会系统的发展提供必要的生产和消费物品。1949 年以来,中国建立了 400 余万个水利工程,水资源利用率达到 20%,中国水资源供给能力已经大为增加,1949 年仅 1001 亿 m^3,到 2000 年达 5600 亿 m^3。在 2004—2015 年期间,用水总量从5548 亿m^3 增加至 6103 亿 m^3,使用量增加了 550 亿 m^3,增长占比为 10%,2013 年用水量达到峰值为 6180 亿 m^3,之后的两年中用水量略有下降,呈现出倒 V 形的趋势；同时全国近十年供水量与用水量基本持平，表现出中国水资源利用情况的总体稳定。图 3-8 是中国水资源供水量和用水量变化。

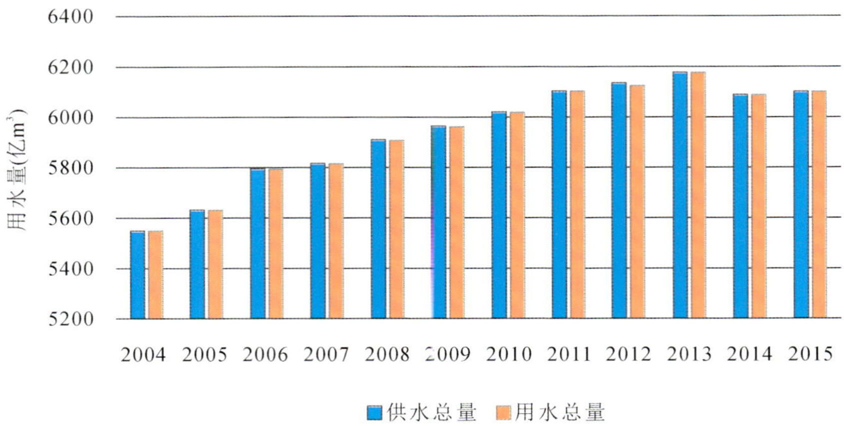

图 3-8　2004—2015 年全国供水总量与用水总量变化

图 3-8 表明，2004—2015 年期间，中国用水量呈现了先增加后减少的趋势，在 2013 年达到了高峰，2014 年、2015 年出现了下降，这与中国实行最严格的水资源管理有很大关系。

二、中国农业用水时间演变特征

1949 年以来，中国农业用水总体上经历了“持续增长—缓慢下降—缓慢上升—基本稳定”的历程，1949 年中国农业用水总量为 1001 亿 m³，1949—1996 年农业用水量持续增长。1997—2003 年期间，农业用水一直缓慢下降，从 3920 亿m³ 降至 3233 亿 m³，2004 年后农业用水缓慢上升，2013 年回升至 3921.5 亿 m³，2013—2015 年的三年中，用水有所下降，2015 年降至 3852 亿 m³，但总量保持稳定。概括而言，近 20 年的农业用水情况呈现出波动现象，2003 年用水量达到最低点，2004 年至 2013 年用水量缓慢上升，2013—2015 年稳定中略有下降。图 3-9 是中国 2003—2015 年全国农业用水总量变化。

1997—2013 年，中国农业用水变化有三个显著特征。

(1)农业用水量基本稳定。1997 年以来，中国农业用水最高值为 3920 亿 m³(1997 年)，此后虽然呈现波动，但从总体情况来看，呈现下降趋势，到 2013 年农业用水量 3721.5 亿 m³(不含牲畜用水)，1997—2013 年 17 年间下降了5.06%，年均下降 0.30%。从整体来看，农业用水量基本稳定，维持在 3700 亿 m³ 左右。

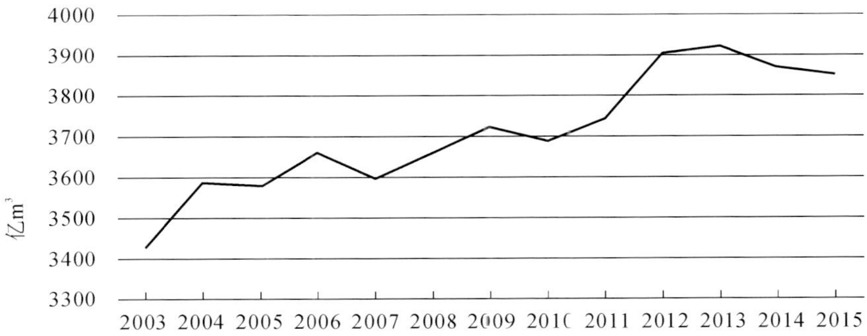

图 3-9　2003—2015 年全国农业用水总量

(2)农业用水效率提高显著。农业用水效率提高可以用亩均灌溉水量变化来衡量。图 3-10 是中国 1997—2013 年亩均灌溉水量变化。

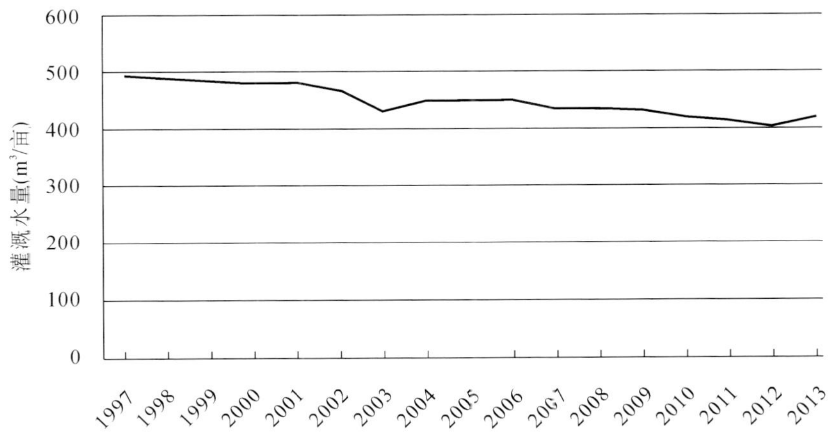

图 3-10　1997—2013 年中国亩均灌溉水量变化

1997 年中国亩均灌溉水量为 492m³/亩，2013 年为 418m³/亩，下降了 74m³/亩，平均每年每亩下降 4.35m³，农业用水效率提高显著。

(3)农业用水短缺与低效并存。中国农业用水短缺，因干旱多年平均导致粮食减产 300 亿 kg。与此同时，中国农业月水效率并不高，2013 年全国平均 0.523，局部地区更低，在 0.4 左右，和发达国家相比有很大差距。

总体来看，2015 年农业用水总量为 1949 年的 3.85 倍，农业用水所占比重从 1949 年 97.1%逐步下降至 2015 年的 63.1%，尤其是改革开放后比重下降速度不断加快，年均接近 1%；1949 年至今的农业用水时间演变特征可以概括为：农业用水总量明显增加，用水占比不断减少。

第四章　农业用水安全评价理论与方法

本章在界定农业用水安全内涵的基础上，对农业用水安全的表征因子、评价方法进行探讨，分析中国农业用水安全现状及其存在的问题，评估中国农业灌溉用水行政区和水资源分区安全，提出了中国农业用水安全具体目标与任务。

水是国民经济的命脉，农业是国民经济的基础。保障农业用水安全是中国发展现代农业不可替代的基础条件，是保障国家粮食安全的主要支撑，是促进农业稳定持续发展、农民持续增收的主要驱动力之一。由于中国水资源禀赋特征与中国粮食主产区分布以及农作物生产周期并不匹配，因此关注农业用水安全必须要关注从水源、水资源调蓄到田间灌溉全过程的用水安全保障问题。

第一节　农业用水安全内涵

一、农业用水及其影响因素

本书的农业用水主要是指农业灌溉用水。灌溉是指按照作物需水要求，通过灌溉系统有计划地将灌溉用水输送和分配到田间，以补充农作物所需水分的不足。影响灌溉用水量的因素有很多，且复杂多变。从水源到田间，主要涉及水源种类、取水方式、输配水系统效率、灌溉方式等。

灌溉水源是指可用于灌溉的水体资源，常用的灌溉水源包括地表水资源和地下水资源两种形式。此外还有再生水这一非常规水源。

灌溉取水方式随水源类型、水位和水量状况而定。利用地面径流灌溉，可以有各种不同的取水方式，主要包括无坝引水、有坝引水、抽水取水、水库取水等；利用地下水灌溉，则需要打井或修建其他集水供水设施。

输配水系统是指将灌溉用水采用一定方式从灌溉水源引到田间的系统。对于一个完整的灌区来说，输配水系统一般包括干渠、支渠、斗渠、农渠和毛渠。斗渠及以上属于灌区骨干工程，斗渠以下，属于末级渠系。在中国现有灌溉管理体制中，骨干工程一般由灌区管理机构负责管理、维护；而末级渠系则属于群管工程。输配水系统的效率直接影响到农业灌溉取水量在中间过程的渗漏损失情况。

灌溉水质主要是指水的化学、物理性状，水中含有物成分及含量。对于农田灌溉水质标准，中国专门颁布了国家标准《农田灌溉水质标准》。利用和选择灌溉水源时，各项水质指标应符合国家标准，否则应采取相应工程技术措施，改变水中含有物的数量，排除某些含有物，改善水的温度等物理指标，以适应灌溉要求，达到促进作物生长的目的。

灌溉方式主要包括全面灌溉和局部灌溉两种方式。全面灌溉是指灌溉时湿润整个农田根系活动层内的土壤，传统的常规灌溉方式都属于这一类，比较适合密植作物，主要有地面灌溉和喷灌两类。局部灌溉方法的特点是灌溉时只湿润作物周围的土壤，远离作物根部的行间或棵间土壤仍保持干燥。这种灌溉方式一般灌溉流量都比全面灌溉小得多，因此又称为微灌。不同的灌溉方式各有优缺点，也有一定的适用范围，在选择时主要考虑作物、地形、土壤和水源等条件。

农业灌溉用水具有周期性，灌溉方式多样性，经济效益低但综合效益明显等特性。

(1)农业灌溉用水具有周期性。天然降水的年内分配和作物的需水规律很难完全保持一致，为了满足作物生长正常的需水要求，大多数作物需要在特定的时间进行农业灌溉。农业用水安全的主要目的是满足农作物的需水要求，因此随着农作物需水规律的波动性，农业用水安全也体现出周期性的特点。作物在生育阶段缺水会对作物的生长发育及产量产生影响，但是不同生育阶段作物对缺水的敏感程度不同。相对于水资源在灌溉面积上的分配而言，水资源在作物生育期内不同阶段的分配更能体现作物需水的阶段性、周期性。作物需水所具有的周期性也就致使农业灌溉供水具有周期性，灌溉主要集中在作物需水关键期。

(2)农业灌溉方式具有多样性。农业灌溉水源主要包括地表水、地下水和其他水源等常规水源，此外，还有再生水等非常规水源。农民面对多种水源选择有一定的自由度，排除政策性制约，农民面对多种水源选择时往往考虑经济最优原则，由于地下水抽水往往以电费计算，因此水费、电费的高低能够影响灌溉供水的分配比例。取水工程主要分为蓄水工程、引水工程、提水泵站工程、机电井工程，前三个基本上属于地表水取用工程，最后一个属于地下水取用工程。

(3)农业用水经济效益低，但综合效益明显。同等量的水资源用于农业生产，其产出价值差别很大。与非农业用水高效益相比，农业用水的经济效益远远低于工业和第三产业，但是农业灌溉由于具有生态环境功能和社会功能等非经济功能，使其所产生的效益除了包括经济效益之外，还包括社会效益和生态环境效益。从社会效益和生态环境效益角度来讲，农业灌溉用水能够起到保障国家粮食安全、改善区域生态环境的作用，灌溉用水具有的这种公益性决定了其综合效益高的特征。

二、农业用水安全内涵

农业用水的目的是通过灌溉系统有计划地将农业用水输送和分配到田间，以补充农田水分的不足。因此，农业用水安全是指如何确保农业灌溉系统能够按照计划实现灌溉输配水任务，以满足农作物生长的需水要求。根据农业灌溉的特点，农业灌溉供水安全应该涉及水源—输配水—用水三个环节。图 4-1 是整个农田灌溉供水系统的简单结构示意图。从图 4-1 中可以看出，要实现农业安全供水，首先从水源上，在特定的条件下要能保证安全的水质和足够的水量。其次，通过灌溉工程设施，经过蓄水、取水、配水、灌水等过程将水输送给农田作物，满足农作物需水需要。灌溉供水应从供水能力、调蓄能力、输配水效率、灌溉效率等方面满足要求。要达到这些要求，还需要从水源到田间有良好的管理运营机制。

农业灌溉供水安全的内涵为，以保障区域粮食安全和农产品有效供给为目标，在加强需水管理、提高用水效率的基础上，采用工程和非工程措施，保障农业可持续发展对灌溉水质和水量要求的状态和能力。

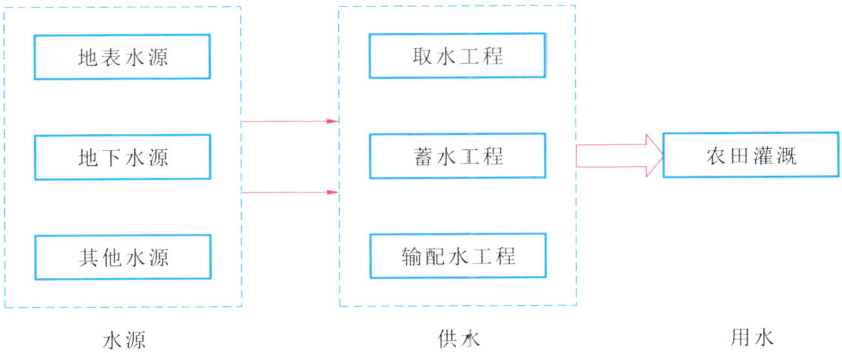

图 4-1　农田灌溉供水系统

三、农业用水安全基本特性

1. 农业用水安全的目标明确性

实现“安全”的农业用水，目标很明确，就是通过各种措施，保障农作物生产对水资源的需求，包括水质和水量两个方面的统一。为了实现农业用水安全的目标，要确保从水源，取水方式，到输配水系统，再到用水系统各个环节的“安全”。即：能保障稳定的水源，科学合理的取水方式，一定的输配水效率，高效节水的灌溉方式，还有就是供给的水要符合农业灌溉用水水质标准。

2. 农业用水安全的目标阶段性

农业用水安全的目标会随着社会发展而发生变动，并且具有阶段性。农业用水安全目标的阶段性主要体现在两个方面，一是随着农业高效用水技术的提高，灌溉水利用系数会提高，满足农作物生长的区域供水总量会逐渐减少；二是随着社会经济发展水平以及人口增长变化，全社会对农作物产量的需求也会发生阶段性变化，进而影响农业用水需求的阶段性变化。

3. 农业用水安全的脆弱性

无论是水源，还是输配水系统，特点是受自然和人类双重因素的影响非常大，从而也导致供水安全具有明显的脆弱性。首先从水源来看，无论是地表水源还是地下水源都容易受到各种因素干扰，这些因素包括来水补给量，水源周边的人类活动等因素。如果一些人类活动不受限制，很有可能危害到水源的水质。输配水系统也同样受自然和人类因素的影响。主要表现在绝大多数输配水工程设施需要自然暴露在天然条件下，自然侵蚀以及人类活动都很容易破坏工程设施，影响供水系统的运转，从而影响农业用水安全目标的实现。

4. 农业用水安全具有经济性和社会性的统一

从经济角度来看，农业用水安全主要保证农作物生产需水要求，以获得稳定的产量。从社会角度来看，农业用水安全关系着中国粮食安全战略的实现，对国家粮食增产、农民增收具有基础支撑作用，对实现中国农业可持续发展，促进国家社会经济持续快速发展具有重要的作用。

第二节　农业用水安全表征因子

结合农业灌溉具体特点，从区域水资源安全性、供水系统安全性、灌溉用水效率和灌溉水质安全性四个方面构建农业灌溉供水安全的评价指标体系。

一、区域水资源安全性

区域水资源安全性指的是从水资源禀赋角度来分析评价区域可分配给农田灌溉的水资源量与区域农田灌溉需水量之间的平衡性。水资源可利用量与农田灌溉需水量是一对相互制约的要素，从农田灌溉满足率的角度表征区域农田灌溉水量的满足程度，进一步反映区域农业灌溉供水的安全性。

农田灌溉满足率，是指现状年农田合理供水量与农田灌溉需水量的比值，用于衡量区域农田灌溉水量的满足程度。其中，农田合理供水量是指扣除不合理开采地下水量和挤占河道内生态环境用水量之后的农业灌溉实际供水量。计算公式为：

农田灌溉满足率 = 农田合理供水量 / 农田灌溉需水量

农业灌溉满足率是从灌溉供水和需水匹配的角度来评价和衡量农业用水的安全性。而灌溉需水量是由作物全生育期需水量与有效降水和净灌溉定额之间的关系得来的。在水资源紧缺地区，可供农业灌溉的水量有限，不能充分满足农作物的需水要求，则需要按照非充分灌溉考虑作物实际耗水量，即确定经济灌溉定额。“全国水资源综合规划”研究专题“全国农业灌溉用水及节水指标与标准研究”在对比充分灌溉定额与经济灌溉定额之间的关系时得出结论：经济灌溉定额一般约为充分灌溉定额的70%～75%。根据这一关系，从理论上看，在水资源紧缺的地区如果采用非充分灌溉的话，则可以认为灌溉满足率达到70%以上也可实现预定产量。

二、供水系统安全性

供水系统的安全性主要从工程的角度来衡量工程供水满足农田灌溉需水要求的能力。选择工程供水满足程度作为评价指标。

工程的供水满足程度主要从工程供水能力出发，评价工程的供水能力与灌溉需水量之间的比值。其计算公式：

工程供水满足程度 = 亩均灌溉供水能力 / 亩均灌溉需水量

三、灌溉用水效率

选择灌溉水利用系数作为评价灌溉用水效率的主要指标。灌溉水利用系数是指作物全生育期净灌溉需水量与总引水量之比。用于评价灌溉系统（包括输水、配水和灌水系统）整体的有效性，衡量从水源引入的水量经过输水、配水和灌水过程后有多少可以被作物有效利用。

四、灌溉水质安全性

灌溉供水工程主要分为地表水水源和地下水水源，从水源水质来保障灌溉供水水质安全是源头，根据农田灌溉水质标准（GB 5084—2005）规定，Ⅲ类水以上的标准水体（地表水体和地下水体）为满足农业灌溉的水质。将灌溉水质达标率作为灌溉水质的安全表征因子，用于表征灌溉水质的安全性。

第三节　农业用水安全评价方法

以供水安全评价指标为依据，采用颜色分区法进行评价。具体评价方法如下：

采用红、黄、绿、蓝四种颜色来表征区域供水安全状况，红色区存在的灌溉供水安全问题最严重，黄色区、绿色区次之，蓝色区属于灌溉供水安全相对最好的区域。

针对每个指标分别采用颜色分区法进行评价，例如针对亩均供水能力进行分区，红色区表示亩均供水能力严重不足地区，黄色区表示亩均供水能力较不足地区，绿色区表示亩均供水能力较充足地区，蓝色区表示亩均供水能力充足地区。

对每个指标评价后，按红、黄、绿、蓝四种颜色分区分别赋分，红、黄、绿、蓝分别赋1、2、4、6分，按照各项指标分值求得总分，来表征其供水安全的综合状态。

需要明确，分区是基于人类认识和判断的一个主观标准，红色区、黄色区、蓝色区和绿色区还需要根据当地的水资源特点和灌溉情况制定。同时，本方法是进行现状的评估，随着各地水资源开发利用和灌区综合整治工作的进展，不同分区之间是可以转换的。

结合实际情况，应用数量评价方法给出灌溉供水安全各指标的分区评价标准。各评价指标的分区评价标准见表4-1。

表4-1 灌溉供水安全评价指标分区划分标准表

分区	分区标准			
	红区	黄区	绿区	蓝区
状态	极度危险	危险	警戒	安全
农田灌溉满足率	<0.7	[0.7,0.8)	[0.8,1.0)	≥1.0
工程供水满足程度	<1.0	[1.0,1.1)	[1.1,1.2)	≥1.2
灌溉水利用系数	<0.4	[0.4,0.50)	[0.50,0.6)	≥0.6
灌溉水质达标率	<40	[40,60)	[60,80)	≥80
综合评价	<10	[10,15)	[15,20)	≥20

第四节　中国农业用水安全存在的问题

一、中国农业供用水现状

1949年以来，党和国家高度重视灌溉工程建设，中国农田水利事业得到快速发展，农业用水效率效益不断提高，农业抗旱减灾成效显著。目前已建成大中型灌区、泵站、塘坝等各类农田水利工程2000多万处，农田有效灌溉面积从1949年的2.4亿亩发展到2015年的9.88亿亩；全国70%的低洼易涝农田、70%的盐碱耕地和1/3以上的渍害低产田得到了不同程度的治理；粮食产量从1132亿kg增加到5415亿kg，在占全国耕地面积不到一半的有效灌溉面积上生产了占全国75%的粮食、90%以上的经济作物。

二、中国农业用水存在的问题

中国农业用水发展在取得巨大成绩的同时，也存在一些突出的薄弱环节和制约因素，给农业用水安全带来了一系列挑战。

1.农业用水总量短缺，且不断被其他行业用水挤占

长期以来，农业是中国第一用水大户。但由于国民经济持续快速发展，中国城镇化步伐不断加快，非农行业对水资源的需求也不断增加，致使农业用水占总供水量的比例也不断降低。根据《全国水资源综合规划》分析，根据多年平均水平计算的基准年农业需水量为4156亿m^3。从图4-2可以看出，近年来中国农业实际用水量均与需水量直接有着近500亿m^3缺水量，其中很大一部分是农业灌溉用水缺口。而中国作为世界上人口最多的农业大国，保障粮食安全是中国的基本国家战略。农业灌溉用水安全是实现这一国家战略的最重要支撑条件之一。

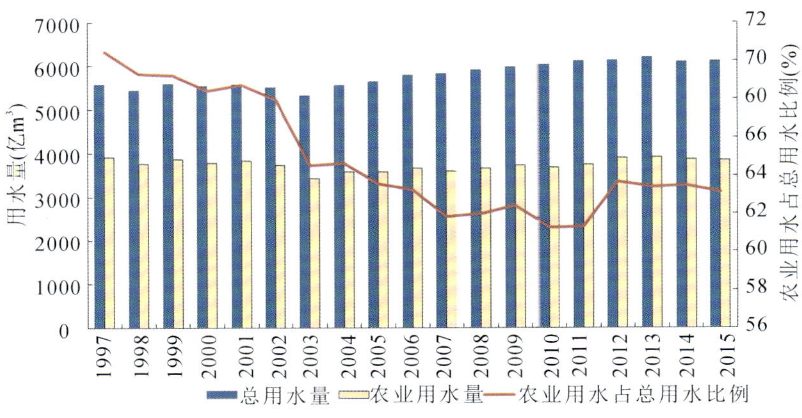

图4-2 近年来中国农业用水比例变化情况

面对国民经济可持续发展对水资源需求量不断增加的现实，未来中国农业用水，尤其是灌溉用水总量不可能增加，甚至有可能会降低，这是一个基本战

略。另一方面,现实情况是中国农业用水缺口依然很大,这些现实矛盾是中国农业灌溉面临的根本性难题,也是中国农业灌溉用水安全战略关注的核心所在。

2. 供用水工程设施薄弱,投入不足,影响供水系统稳定性

农业用水系统受自然影响较大,供用水工程设施状况直接关系到供水系统的稳定性。全国农田有效灌溉面积仅占耕地面积的49%,半数以上耕地仍是"望天田",山丘区和牧区水利基础设施十分脆弱,农田水利"最后一千米"建设严重滞后。全国40%的大型灌区骨干工程、50%~60%的中小型灌区、50%的小型农田水利工程设施不配套、老化失修,大型灌溉泵站设备完好率不足60%。现状投入水平远不能满足建设需要,特别是"两工"取消后,农田水利建设投工投劳由过去每年127亿个工日降至30亿个工日,而稳定增长的投入机制尚未完全建立,投资缺口进一步加大。此外,目前涉及农田水利的中央财政投资渠道多达20个以上,但由于政策、规划和标准不统一,难以形成合力。

3. 农业用水系统存在较强的脆弱性,威胁着农业用水安全

不管是地表水还是地下水,农业灌溉输配水系统的稳定性对于农业用水安全有着至关重要的作用。2000—2010年,中国因为灌溉工程老化、毁损和机井报废原因而造成农田有效灌溉面积减少所占比例高达33%。在农业灌溉供水工程后期维护和管理方面的欠缺使得供水系统寿命大大低于其设计使用寿命,客观上造成农业灌溉供水系统的脆弱性,是制约农业用水安全的重大隐患。灌区渠道的渗漏损失也是影响农业用水系统可靠性的另一主要因素,中国当前渠道灌溉水利用系数普遍偏低,致使在同等作物需水量的条件下供水系统的供水量增大,威胁农业用水安全。

4. 灌溉管理粗放,用水效率低下,制约着农业灌溉用水安全目标的实现

农田水利法规制度和标准规范不够完善,灌溉工程管理体制改革举步维艰,基层水利服务组织不健全,造成大量小型灌溉工程存在没有机构、没有人员、没有管护经费的局面。一些地区粗放的开发利用方式仍未得到根本扭转,高效节水灌溉面积仅占灌溉面积的17.8%,农田灌溉用水有效利用系数仅为0.5,单方水粮食产量只有发达国家的一半。中国是世界主要的缺水国,但在农业生产过程中农业用水的利用存在效率低下与浪费严重并存的现状。2015年,中国灌溉用水有效利用系数为0.536,与发达国家的0.70~0.80相比,还有一定差距。分灌区情

况来看，大型、中型、小型和纯井灌区灌溉用水有效利用系数平均值分别为0.486、0.502、0.531和0.724，可见大型灌区农业用水效率更低。从各省情况来看，超过0.6的有北京、天津、河北、上海、山东、河南6个省份，而江西、湖南、广东、广西、海南、四川、贵州、云南、宁夏、西藏、青海11个省份利用系数小于0.5。可见，中国农业用水效率普遍偏低，西南地区、湖广地区与青藏高原区的用水效率与全国平均效率值存在差距。农村基层组织体制改革后，村集体不再是末级渠道管理维护的主体，加上末级渠系产权机制不清晰，导致末级渠系管理和维护主体缺失。而“一事一议”的组织形式单靠农民个人想管管不了，想干干不成。致使渠道有人使用，无人管护，农民“等、靠、要”思想严重。再加上末级渠系水价和水费使用缺乏民主约束和监督，终端水价居高不下，群众负担沉重，意见很大。这种状况极大地影响了农民参与管理意识，削弱了农民投工投劳的积极性。在“一事一议”中，群众参与热情不高，“事难议、议难成、成难果”现象普遍，影响了通过民主议事解决农业灌溉中存在的实际问题。

5. 农业用水的空间分布不均匀，水土资源配置不合理

中国农业用水的时空分布很不均匀，与耕地和人口的空间分布也不相适应。中国南方灌区用水总量占全国总量的80%，人口数占全国的54.7%，耕地面积却只占全国的40%；而北方地区用水总量只占全国总量的20%，耕地面积却占全国的60%。同时中国降水量南北分布严重不均，如淮河以北的“三北”地区水资源只占总量的14.4%。

6. 农业用水质量堪忧

随着农业科技的不断进步，农药、化肥等工业用品的使用量呈现上升趋势。农业用水水质污染也随着农药、化肥使用量的增加越发严重。2013年，水利部对中国主要河流、湖泊与水库水质进行了评价，显示中国主要农业用水整体质量不容乐观。在河流水质上，Ⅰ类、Ⅱ类、Ⅲ类、Ⅳ类、Ⅴ类、劣Ⅴ类水河长分别占评价河长的4.8%、42.5%、21.3%、10.8%、5.7%、14.9%，河流总体水质虽然中等偏上，但劣质水质的比例近15%。在湖泊水质方面，对119个湖泊水质进行营养状态评价显示，大部分湖泊处于富营养状态。其中，贫营养湖泊、中营养湖泊、富营养湖泊数量分别为1、35、83个，分别占评价湖泊总数的0.80%、29.4%、69.8%。在水库水质方面，对646座水库的营养状态进行评价，结果显示：近七成的水库水质处于中度营养以上状态，其中，轻度富营养状态、中度营养状态、中度富营养状态、重度富营养状态的水库分别为有214、375、55、2座，分别占评价水库的33.13%、58.05%、8.51%、0.31%。可见，中国农业用水水质急需改善。

第五节　中国农业用水安全现状分析

将2015年作为农业灌溉用水安全评估的现状年，评估现状年不同频率水文年条件下各地区的农业灌溉用水安全。本次农业灌溉用水安全现状评估分类型、分区域进行，按照50%平水年、75%中等干旱年两种水文年类型，从区域水资源安全性、供水系统安全性、灌溉用水系统安全性和灌溉水质安全性四个方面对中国水资源一级区、粮食主产区及粮食增产区的农业灌溉用水安全现状进行评估与分析。

一、区域水资源安全性分析

现状年农田灌溉需水量是采用现状节水水平和用水效率的农田灌溉用水定额，根据不同的降水情况，确定的不同频率的需水量。需水量与实际用水量是两个不同的概念，实际年用水量受降雨的不确定性、区域来水组合、工程供水能力以及来水频率超过供水保障能力产生的破坏程度等因素影响较大，因此计算的现状年需水量数值与实际年用水量有一定的差距。

根据《2015年中国水资源公报》得到各水资源一级区的分区农田实际灌溉供(用)水量，结合农田灌溉需水量得到农田灌溉满足率，现状条件下平水年和中等干旱年的全国农田灌溉满足率(见表4-2)。

根据经济灌溉定额与充分灌溉定额之间的关系，研究认为如果农田灌溉满足率在70%以上就可以基本实现农作物预定产量。根据表4-2计算结果，在平水年份下，全国基本上都能满足灌溉需水要求，而在中等干旱年，松花江区、海河区和长江区的灌溉满足率低于70%，会影响农作物用水安全。实际上，近十年以来，尤其是“十一五”以来，中国粮食实现多年连增的最大因素就是中国农田水利建设发展迅速，农田灌排设施极大改善，有效地保障了许多地区粮食作物的灌溉需水要求。而长江区、松花江区和海河区之所以在中等干旱年水平下灌溉满足率低于70%的原因有所差别。长江区的主要原因是该区丘陵山区面积比例较大，加之现有农田水利基础设施薄弱导致供水能力有所欠缺，属于工程性缺水；松花江区的主要原因是近年来过快发展水稻种植，导致该区灌溉需水量增加过快，而相应的配套工程设施没有跟上，也属于工程性缺水；而海河区本身属于水资源比较少的地区，该区是中国主要的小麦、玉米主产区，经过多年的灌区续建配套与节水工程改造，该区的农田基础设施比较完善，灌溉供水能力比较强，灌溉满足率低于70%的主要原因属于资源性缺水。对于工程性缺水的地区，加强工程建设是解决灌溉缺水的主要手段之一，而对于资源性缺水地区，则需要更多地从种植结构入手，切实降低作物的耗水量，实现资源性节水才是根本出路。

表4-2 现状年全国及一级区农田灌溉满足率评价

分区	农田灌溉满足率(%)	
	平水年	中等干旱年
全国	81	72
松花江区	74	65
辽河区	84	73
海河区	76	63
黄河区	76	71
淮河区	85	75
长江区	77	66
其中太湖流域	94	79
东南诸河区	82	71
珠江区	83	76
西南诸河区	77	72
西北诸河区	94	94

实际上，表4-2计算的结果仅仅是基于现状年的现实得出的。而在实际的农田灌溉水来源中，除了正常的地表水和地下水源之外，许多地区为了解决水资源紧缺的状况，挤占生态用水及进行不合理的地下水开采，这种行为属于转嫁性缺水。因此，有必要在分析农田灌溉供水量中把这部分水量扣除。参考全国水资源规划扣除全国不合理的地下水开采量及挤占生态环境用水计算得到

现状条件下农田合理供水量，进一步确定各水资源一级区的农田灌溉满足率。现状条件下平水年和中等干旱年的全国农田灌溉满足率见表4-3，该方法能够更合理地从区域水资源的安全性的角度反映现状条件下农业灌溉的安全性。

表4-3　现状年全国农田灌溉满足率评价(合理供水量)

分区	农田灌溉满足率(%)	
	平水年	中等干旱年
全国	72	64
松花江区	68	60
辽河区	68	59
海河区	40	33
黄河区	62	58
淮河区	73	64
长江区	76	66
其中太湖流域	94	79
东南诸河区	81	70
珠江区	82	75
西南诸河区	177	72
西北诸河区	79	79

现状条件下不同平水年的农田灌溉满足率见图4-3，现状条件下平水年和中等干旱年的全国农田灌溉满足率分别达到72%和64%，无论是平水年还是中等干旱年，北方地区灌溉满足率均低于全国平均值，南方地区灌溉满足率均高于全国平均值。其中，海河区农田灌溉满足率最低，原因主要是：区域现状条件下来水较少，水资源缺乏；工业和城市用水挤占农业用水严重；现状条件下区域不合理开采地下水严重，据全国水资源规划调查，海河平原地下水超采区面积占其平原面积的91%，在超采区中，开采率大于120%及年均地下水位下降速率大于1.5m的严重超采区面积约占全国超采区面积的39%。

比较表4-2和表4-3会发现，在扣除不合理灌溉供水量后，全国及部分一级区的灌溉满足率变化比较大。平水年水平下，全国的农田灌溉满足率从81%降到72%，降低了9%；而中等干旱年水平下，则从72%降低到64%，降低了8%，并且低于70%。也就是说，如果不允许超采地下水以及挤占生态用水的话，在

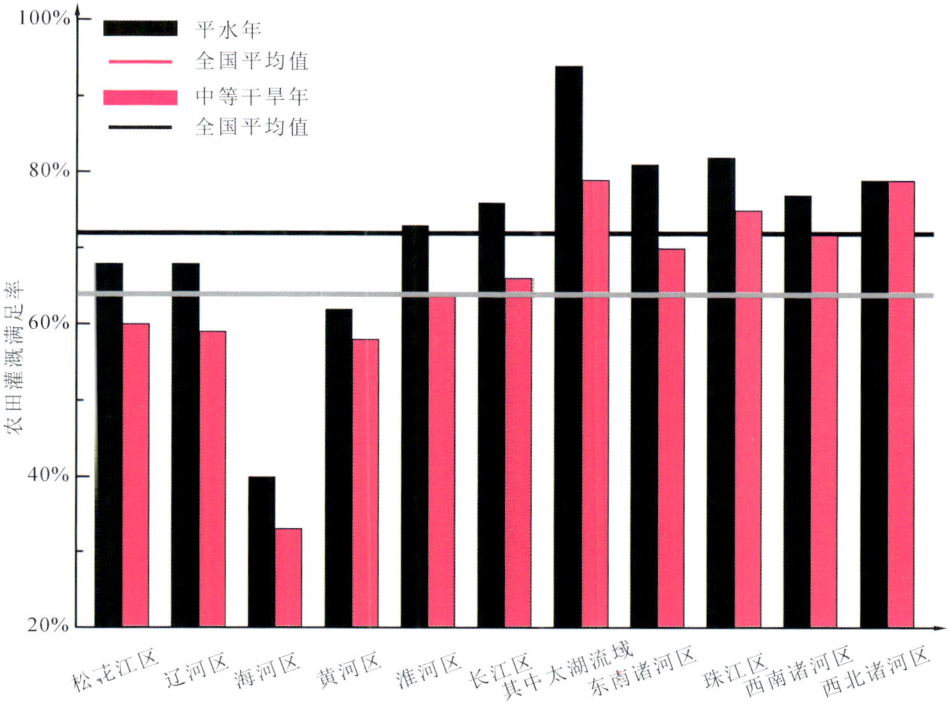

图 4-3 现状年各水资源一级区农田灌溉满足率比较图

中等干旱年水平下，全国农田灌溉供水将不能支撑粮食生产需要。

进一步分析各一级区的情况，会发现缺水情况更严重，在平水年水平下整个北方片区除了西北诸河区外，农田灌溉满足率均小于 70%。而在中等干旱年份下，长江区和淮河区的灌溉满足率也低于 70%。从这一评价结果来看，中国农业灌溉用水安全形势是非常严峻的，现在我们国家的粮食稳产和增产是建立在地下水超采和挤占生态环境用水这一扭曲的现实基础上实现的。

二、供水系统安全性分析

评价供水系统的安全性主要从工程供水能力满足农田灌溉需水量的程度来分析。亩均供水能力是从供水的角度分析水源供水工程能够分配给农业的最大水资源量，是指单位有效灌溉面积的农业用水能力。现状年全国亩均供水能力大约为 500m^3 左右，北方和南方的亩均供水能力分别为 388m^3、680m^3，这也符合中国水资源南多北少的形势。各水资源一级区中，亩均供水能力珠江区最高，海河区最低。各粮食主产区中，黄淮海区的亩均供水能力最小，远低于全国平均水平，应归因于黄淮海地区水资源短缺、各用水行业竞争激烈。各粮食增产区中，华东及华南地区供水能力充足，能够为粮食增产提供水源保障；而西南地区的亩均供水能力偏低，应主要归因于西南地区供水工程老化、失修及不匹配。根据《2011 年中国水利统计年鉴》，供水工程老化、毁损是制约农业灌溉用水安全的主要因素，2011 年因为工程失修老化原因致使农田有效灌溉面积减少占到 36.94%。现状年各水资源一级区亩均供水能力见图 4-4。

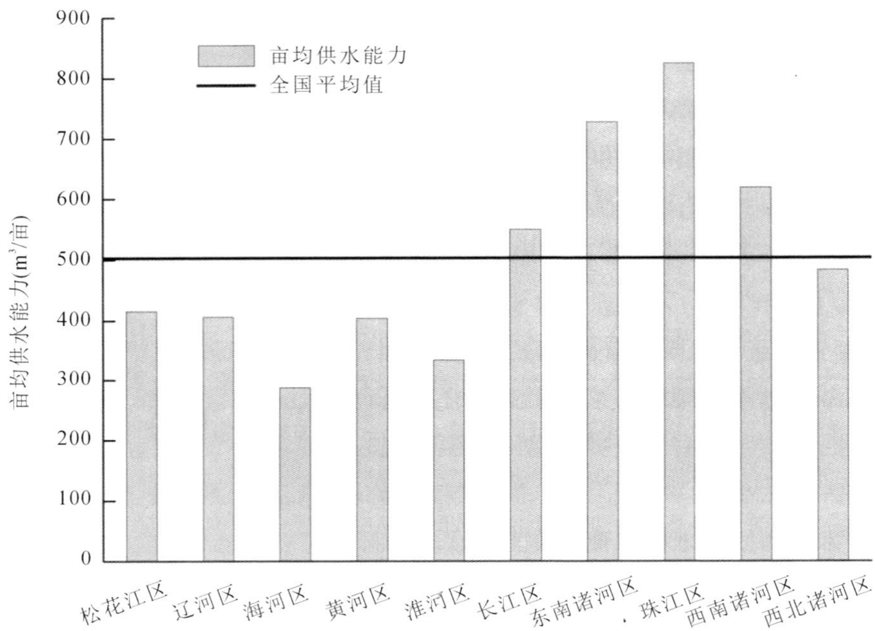

图 4-4　现状年各水资源一级区亩均供水能力对比图

供水系统的安全性是一个相对性指标，主要是供水能力满足灌溉需水要求的程度。工程供水能力满足程度是由亩均供水能力比上亩均灌溉需水量的值获得，是一个无量纲的比值。从理论上来说，工程供水能力越高，越能满足灌溉供水需求，因此比值越高说明供水系统满足本地区灌溉需水的能力越大。所以，如果比值大于 1，就说明该地区从工程供水能力的角度来说能满足灌溉需水要求；小于 1，则不能满足。而在实际运行过程中，考虑到工程供水能力与实际供水之间的差别，一般认为工程供水能力与需水量之间的比值大于 1.2 才认为是比较安全的供水能力。需要注意的是，这个满足程度仅仅是从工程的供水能力的角度来评价供水安全，而灌溉满足率是从水资源禀赋的角度来评价供水安全。

表 4-4 给出了全国及水资源一级区的工程供水满足程度平均值。通过工程供水满足程度可以看出，如果以 1.2 的安全比值来看，只有东南诸河区能够在一般年份水平下大于 1.2。从水资源一级区来看，工程供水能力最差的是西北诸河区，其次是松花江区，最好的是东南诸河区。这一评价结果说明了当前中国农田水利基础设施还非常薄弱，而造成大部分地区都存在工程性缺水的问题，加大水利基础设施建设，切实增强工程供水能力投入是未来相当长一段时期内中国农田水利建设的一个重点。

表 4-4 现状年全国及水资源一级区工程供水满足程度

分区	亩均供水能力（m^3/亩）	农田灌溉需水量（m^3/亩）		工程供水满足程度	
		一般年份	中等干旱年	一般年份	中等干旱年
全国	504	454	503	1.11	0.99
松花江区	416	476	539	0.87	0.77
辽河区	375	376	434	1.00	0.86
海河区	288	267	323	1.08	0.89
黄河区	399	435	465	0.92	0.86
淮河区	335	279	316	1.20	1.06
长江区	551	503	581	1.09	0.95
其中太湖流域	627	504	600	1.24	1.05
东南诸河区	727	591	685	1.23	1.06
珠江区	824	781	852	1.06	0.97
西南诸河区	620	639	690	0.97	0.90
西北诸河区	519	667	667	0.78	0.78

三、灌溉用水系统安全性分析

灌溉用水系统安全性使用灌溉水利用系数来综合表征，灌溉用水有效利用系数参照“全国水资源综合规划研究专题”子专题“全国农业灌溉用水及节水指标与标准研究”及“2010 年全国灌溉用水有效利用系数测算分析报告”的研究成果。

现状年全国灌溉水利用系数为 0.50，北方地区和南方地区的灌溉水利用系数分别为 0.54、0.46。现状年水资源一级区、粮食主产区和粮食增产区的灌溉水利用系数分别见图 4-5 及表 4-4、表 4-5。现状年灌溉水利用系数高值区位于北京、天津、河北、上海、山东等沿海发达地区，低值区位于西藏、云南、广西、四川、贵州等西南内地欠发达地区。主要由于发达地区灌区的工程设施和管理水平比较高，而西南地区灌区的工程设施老化严重、管理松散，这也从某种程度上反映了近些年西南大旱的原因。从区域上讲，北方的渠系水利用系数高于南方，这主要是由于北方缺水地区节水灌溉工程规模较大，这和节水灌溉比例的趋势是一致的；另外，北方井灌区的面积比例较大也是一个原因。

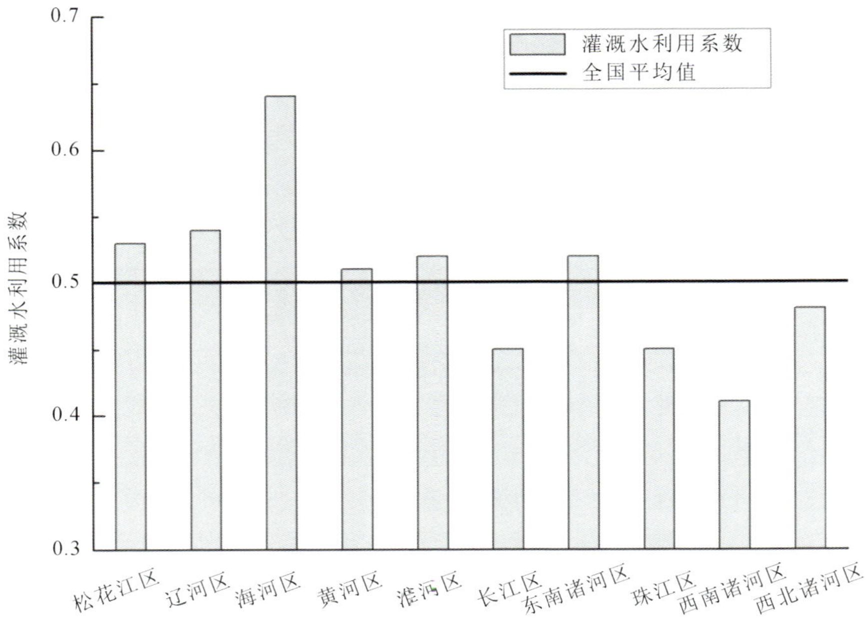

图 4-5　现状年各水资源一级区灌溉水利用系数对比图

四、灌溉水质安全性分析

灌溉水质保障评估结合全国 10 个水资源一级区河流水资源质量评价成果和全国水资源综合规划中全国水功能区水质达标状况的评价结果及全国平原区浅层地下水水质评价结果，通过灌溉水质达标率进行评价。其中，地表水水质评价统一采用《地表水环境质量标准》(GB 3838—2002)Ⅲ类及以上为灌溉水质安全达标水体进行地表水水质达标率评价；地下水水质评价统一采用《地下水质量标准》(GB/T 14848—1993)Ⅳ类及以上为灌溉水质安全达标水体进行地下水水质达标率评价。

现状年全国地表水水质达标率为56%，其中南方地区为68%，北方地区为39%；全国浅层地下水水质达标率为65.5%，全国灌溉水质达标率为58%。总体上，地表水水质达标率要低于地下水水质达标率，但是在全国各水资源一级区的灌溉水中地表水占主要部分，所以灌溉水质状况堪忧，对农作物的生长及粮食的品质安全具有很大的威胁。全国主要灌溉水体现状年水质达标率评价成果见表4-5。

表4-5　全国主要灌溉水体现状年水质达标率评价成果

分区	地表水水质达标率(%)	浅层地下水水质达标率(%)	地表水供水量(亿 m^3)	地下水供水量(亿 m^3)	灌溉水质达标率(%)
全国	56	65.5	4881.6	1107.3	57.76
松花江区	37	60.7	259.2	197.3	47.24
辽河区	37	38.9	91.8	113	38.05
海河区	26	50.4	122.5	236.2	42.07
黄河区	48	68.4	262.6	126.8	54.64
淮河区	29	69.2	463.5	172.7	39.91
长江区	67	77.1	1889.7	85.1	67.44
其中太湖流域	24	78.7	354.7	0.6	24.09
东南诸河区	83	42.6	333.2	8.5	82.00
珠江区	65	97.5	340.7	39.6	66.46
西南诸河区	74	—	104.3	3.6	71.53
西北诸河区	72	71.8	514.1	124.4	71.96

第六节　中国农业用水安全现状评价

一、全国农业灌溉用水安全状况评估分析

结合实际情况，应用数量评价方法，给出农业灌溉用水安全各指标的分区

评价标准。各评价指标的分区评价标准见表 4-6。

表 4-6　农业灌溉用水安全评价指标分区划分标准表

分区	分区标准			
	红区	黄区	绿区	蓝区
状态	极度危险	危险	警戒	安全
农田灌溉满足率	<0.7	[0.7,0.8)	[0.8,1.0)	≥1.0
工程供水满足程度	<1.0	[1.0,1.1)	[1.1,1.2)	≥1.2
灌溉水利用系数	<0.4	[0.4,0.5)	[0.5,0.6)	≥0.6
灌溉水质达标率	<40	[40,60)	[60,80)	≥80
综合评价	<10	[10,15)	[15,20)	≥20

根据分区标准,计算评估各水资源一级区农业灌溉用水安全,现状条件下农业灌溉用水安全分区评价结果见表 4-7。

表 4-7　现状条件下农业灌溉用水安全分区评价结果

地区	分区				赋值					
	农田灌溉满足率	工程供水满足度	灌溉水利用系数	灌溉水质达标率	农田灌溉满足率	工程供水满足度	灌溉水利用系数	灌溉水质达标率	总分	综合评价
松花江区	红区	红区	绿区	黄区	1	1	4	2	8	红区
辽河区	红区	红区	绿区	红区	1	1	4	1	7	红区
海河区	红区	黄区	蓝区	黄区	1	2	6	2	11	黄区
黄河区	红区	红区	绿区	黄区	1	1	4	2	8	红区
淮河区	黄区	绿区	绿区	红区	2	4	4	1	11	黄区
长江区	黄区	绿区	黄区	绿区	2	4	2	4	12	黄区
东南诸河区	绿区	蓝区	绿区	蓝区	4	6	4	6	20	蓝区
珠江区	绿区	绿区	黄区	绿区	4	6	2	4	16	绿区
西南诸河区	黄区	红区	黄区	绿区	2	4	1	4	11	黄区
西北诸河区	黄区	红区	黄区	绿区	2	5	1	4	12	黄区
全国平均	黄区	绿区	黄区	黄区	2	4	2	2	10	黄区

从区域水资源禀赋的角度来看，现状条件下有四个一级区属于极度危险状况，这四个区分别是松花江区、辽河区、海河区和黄河区，其中海河区的农业灌溉水源问题最大，属于典型的资源性缺水地区，其次为松花江区、辽河区和黄河区。有四个一级区属于危险状态，分别是淮河区、长江区、西南诸河区和西北诸河区。水资源禀赋相对较好的是珠江区和东南诸河区，属于警戒状态。从全国平均水平来看，基本上能满足经济灌溉定额需水要求。这一判断也进一步证实了中国水资源禀赋相对于农业生产需水要求来说仍处于比较危险的状态。需要说明的是农田灌溉满足率是基于单位灌溉面积的需水要求做出的评价，评价结果有可能和一级区总体水资源状况有所差别。

从供水系统的安全性来看，农田水利设施供水能力满足灌溉需要程度最好的地区是东南诸河区，而有50%的水资源一级区属于属于极度危险状态，分别是松花江区、辽河区、黄河区、西南诸河区和西北诸河区。多达50%的一级区严峻现实告诉我们农田水利基础设施薄弱，水利建设投入不足是制约中国农业灌溉用水安全的一个重要制约因素。

在灌溉用水效率方面，经过近年的灌区节水改造工程，灌溉水利用系数有了显著提高。从灌溉水质达标率上看，辽河区和淮河区的灌溉水质达标率最低，东南诸河区最高。

从全国总体评价结果来看，中国总体供水安全现状属于危险状态，说明中国农业用水安全形势不容乐观。存在的主要原因各个一级区各有不同，有的是资源性缺水，有的区是资源性缺水和工程性缺水并重。总的来说，水资源不足，农田水利基础设施薄弱是影响中国农业用水安全最主要的因素。

二、极端条件下农业灌溉用水安全评估

根据分区评价标准，采用中等干旱年的农田灌溉满足率评估极端条件下农业用水安全，极端条件下农业灌溉用水安全分区评价结果见表4-8。

表4-8　极端条件下农业灌溉用水安全分区评价结果

地区	分区				赋值					
	农田灌溉满足率	供水能力满足程度	灌溉水利用系数	灌溉水质达标率	农田灌溉满足率	供水能力满足程度	灌溉水利用系数	灌溉水质达标率	总分	综合评价
松花江区	红区	红区	绿区	黄区	1	1	4	2	8	红区

续表

辽河区	红区	红区	绿区	红区	1	1	4	1	7	红区
海河区	红区	红区	蓝区	黄区	1	1	6	2	10	黄区
黄河区	红区	红区	绿区	黄区	1	1	4	2	8	红区
淮河区	黄区	黄区	绿区	红区	2	2	4	1	9	红区
长江区	黄区	红区	黄区	绿区	2	1	2	4	9	红区
东南诸河区	绿区	黄区	绿区	蓝区	4	2	4	6	16	绿区
珠江区	绿区	红区	黄区	绿区	4	1	2	4	11	黄区
西南诸河区	黄区	红区	黄区	绿区	2	1	2	4	9	红区
西北诸河区	黄区	红区	黄区	绿区	2	1	2	4	9	红区

和一般平水年下农业用水安全形势不太一样，干旱状况下农业用水安全形势变化较大。极端干旱状况下，中国只有东南诸河区，却多达 7 个一级区，也就是处于极度危险的程度，此外还有 2 个属于警戒区域。分析具体原因可以看出，资源性缺水和工程性缺水还是最主要的两个原因，但侧重不同，松花江区、辽河区、海河区、黄河区资源性缺水更严重一些，而长江区、珠江区、西南诸河区和西北诸河区工程性缺水原因更严重一些。

三、典型区农业用水安全现状评价

中国是人口大国，粮食安全是中国最基本的国家战略，而保障农业用水安全则是实现中国粮食安全战略的基础支撑。中国粮食主产区包括河北、河南、黑龙江、吉林、辽宁、湖北、湖南、江苏、江西、内蒙古、山东、四川、安徽 13 个省。中国《全国新增 1000 亿斤粮食生产能力综合规划》确定未来中国 1000 亿斤新增粮食生产能力地区所在省包括浙江、福建、广东、广西、重庆、贵州、云南、山西、陕西、甘肃、宁夏 11 个省区。由于在总体评价农业用水安全状况时已经证明水资源禀赋和供水工程设施是影响农业用水安全最重要的两个因素，因此在评估粮食主产区和增产区农业用水安全的状况时，我们主要从区域水资源安全性和供水系统安全性两个角度来评估。评价结果见表 4-9 和表 4-10。

表 4-9　粮食主产区农业用水安全状况评价

省份	农田灌溉满足率		供水能力满足程度	
	得分	分区	得分	分区
内蒙古	0.75	黄区	0.95	红区
辽宁	0.75	黄区	0.93	红区

续表

吉林	0.65	红区	1.01	黄区
黑龙江	0.78	黄区	1.23	蓝区
河北	0.69	红区	1.14	绿区
江苏	0.79	黄区	1.20	蓝区
安徽	0.76	黄区	1.17	绿区
山东	0.71	黄区	1.05	黄区
河南	0.70	黄区	1.04	黄区
江西	0.81	绿区	1.23	蓝区
湖北	0.71	黄区	1.17	绿区
湖南	0.79	黄区	0.47	红区
四川	0.78	黄区	1.14	绿区

表 4-10　粮食增产区农业用水安全状况评价

省份	灌溉满足率		供水能力满足程度	
	得分	分区	得分	分区
浙江	0.83	绿区	1.15	绿区
福建	0.81	绿区	1.12	绿区
广东	0.8	绿区	1.12	绿区
广西	0.78	黄区	0.95	红区
重庆	0.63	红区	0.92	红区
贵州	0.61	红区	0.76	红区
云南	0.76	黄区	0.94	红区
山西	0.76	黄区	1.23	蓝区
陕西	0.73	黄区	1.00	黄区
甘肃	0.81	绿区	1.00	黄区
宁夏	0.86	绿区	1.03	黄区

分析粮食主产区农业用水安全状况，在水源系统安全性方面，也就是水资源禀赋方面的结果是相对比较令人满意的。13 个主产省只有河北和吉林处于红色区域，但是只有江西和黑龙江两个省份处于绿色区域，这个结果也基本和现实情况比较符合。在供水系统安全性方面，工程供水满足灌溉需水程度在各省间差别还是比较大的，只有江苏和江西两省处于蓝色区域也说明大多数粮食主产省的农田水利设施还是比较薄弱，其中湖南、内蒙古和辽宁处于红色区域，说明这三个省份的农田水利设施非常薄弱，亟待加强。

粮食增产区方面，水资源禀赋总体结果大多处于黄色区域及绿色区域，只是重庆和贵州处于红色区域。这一结果也证明从水资源的角度来看，国家将这些区域作为粮食增产区是比较合理的。评价结果见图 4-14。只是在供水系统安全性方面，有多达 7 个省份的供水能力满足程度在黄色区域和红色区域，剩下的 4 个也只是处于绿色区域。这一现实说明，要真正落实这些省份的粮食增产能力，加强农田水利基础设施建设是必不可少的措施。

第七节　中国农业用水安全目标与任务

一、中国农业灌溉未来需水发展态势

根据《全国水资源规划》"全国农业灌溉用水及节水指标与标准研究"专题研究成果，按照全国水资源分区共 10 个一级分区，以及各省级行政区来预测农业灌溉未来需水发展态势。

目前中国农业用水还很粗放，用水定额偏高，用水效率明显低于世界先进用水水平，在需水和灌溉发展预测中必须首先考虑水资源的制约因素，在缺水地区严格限制高耗水农作物的发展，通过使用先进的节水技术、工程和管理措施，提高灌溉水资源利用水平，充分挖掘农业节水潜力。

2030 年之前，中国人口仍将处于增长过程，城镇化仍处于加速发展阶段，人民生活水平还处于快速提升阶段。新农村建设是保障中国现代化建设的基础和根本，通过调整农业种养业结构、发展节水高效农业、加强管理、提高农业用水效率，可减少农业用水定额和部分地区农业用水需求，但为保障国家粮食安全，在东北、长江等部分水土资源匹配较好的地区，适度发展灌溉农业，大力发展畜牧业以及增加林草灌溉将要求增加一定的农业用水量。

通过大力发展高效节水灌溉农业，2030 年全国平水年亩均农田灌溉用水量控制在 390m^3 以内，较基准年下降 73m^3，中等干旱年亩均农田灌溉用水量控制在 430m^3 以内，较基准年下降约 81m^3。全国灌溉用水有效利用系数由现状的 0.48 提高到 2030 年的 0.60，其中大型灌区达到 0.50～0.55，中型灌区 0.55～0.65，小型灌区 0.65～0.75，井灌区 0.75～0.90。农田灌溉定额总体上从严控制，灌溉用水有效利用系数达到较高水平。全国水资源一级分区农田灌溉用水定额指标发展情况预测见表 4-11，因 2030 年规划节水水平较高，在此基础上继

续发展节水技术可获得的耗水节水量较少，可假定 2050 年的灌溉用水定额与 2030 年相同。

全国农田灌溉用水有效利用系数发展情况预测见表 4-12，2030 年数据为规划数据，2050 年力争在 2030 年的基础上再提高 5%。全国及省级行政区灌溉用水定额与用水效率规划指标见表 4-13。

表 4-11 农田灌溉用水定额指标预测(m^3/亩)

分区	平水年			中等干旱年		
	基准年	2030 年	2050 年	基准年	2030 年	2050 年
全国	454	384	384	508	426	426
松花江区	476	380	380	539	436	436
辽河区	376	301	301	434	365	365
海河区	267	232	232	323	276	276
黄河区	435	361	361	465	373	373
淮河区	279	234	234	316	256	256
长江区	503	422	422	581	478	478
其中太湖流域	504	448	448	600	531	531
东南诸河区	591	499	499	685	585	585
珠江区	781	669	669	852	732	732
西南诸河区	639	505	505	690	546	546
西北诸河区	667	606	606	667	606	606

表 4-12 灌溉用水有效利用系数指标预测

分区	灌溉用水有效利用系数		
	基准年	2030 年	2050 年
全国	0.48	0.60	0.65
松花江区	0.53	0.62	0.67
辽河区	0.54	0.65	0.70
海河区	0.64	0.75	0.80
黄河区	0.49	0.61	0.66
淮河区	0.50	0.61	0.66
长江区	0.45	0.60	0.65

续表

其中太湖流域	0.66	0.75	0.80
东南诸河区	0.52	0.64	0.69
珠江区	0.45	0.58	0.63
西南诸河区	0.40	0.50	0.55
西北诸河区	0.48	0.54	0.59

表 4-13　省级行政区农田灌溉主要指标预测

全国及省级行政区	亩均用水量（平水年）(m^3)		灌溉用水有效利用系数		2000—2010 年有效灌溉面积	
	2030 年	2050 年	2030 年	2050 年	增长率	平均年增长率
全国	384	384	0.60	0.65	8.8%	0.88%
北京	358	358	0.78	0.83	−52.3%	−5.23%
天津	284	284	0.76	0.81	−2.5%	−0.25%
河北	213	213	0.72	0.77	2.5%	0.25%
山西	238	238	0.68	0.73	1.6%	0.16%
内蒙古	314	314	0.60	0.65	21.7%	2.17%
辽宁	360	360	0.66	0.71	6.3%	0.63%
吉林	364	364	0.64	0.69	23.8%	2.38%
黑龙江	397	397	0.60	0.65	47.6%	4.76%
上海	464	464	0.76	0.81	−42.2%	−4.22%
江苏	393	393	0.63	0.71	−2.1%	−0.21%
浙江	411	411	0.65	0.70	−3.9%	−0.39%
安徽	297	297	0.60	0.65	9.2%	0.92%
福建	599	599	0.62	0.67	2.8%	0.28%
江西	558	558	0.58	0.63	−2.8%	−0.28%

由《中国水利年鉴》统计数据，2000 年以来全国农田有效灌溉面积呈稳步增长态势，平均每年增长 0.88%，北方省份中黑龙江、吉林、内蒙古、新疆、宁夏、甘肃等省份增长较快，南方省份中贵州、西藏、云南和安徽等省份增长较快，北京、上海、广东等经济发展较快省份，农业可利用水资源减少，有效灌溉面积出现较明显的下降趋势。规划到 2030 年，全国农田有效灌溉面积达到9.3 亿亩左右，其中东北三江平原、松嫩平原等地区新发展农田灌溉面积 4155 万亩，长江中下

游地区和四川盆地新发展灌溉面积 1600 万亩。此外，在目前水资源开发利用程度相对较低、光热条件和土地资源较好的吉林西部等地区建设粮食增产后备区，在云南、贵州和广西等有条件的平坝区适度合理发展少量农田灌溉面积。有效灌溉面积的远期增长仍然集中在水资源较丰富的东北地区和长江中下游地区，水土资源紧缺地区的有效灌溉面积维持不变或下降，预计 2050 年有效灌溉面积保持 2030 年同等增长速度，则全国农田有效灌溉面积将达到 9.56 亿亩。

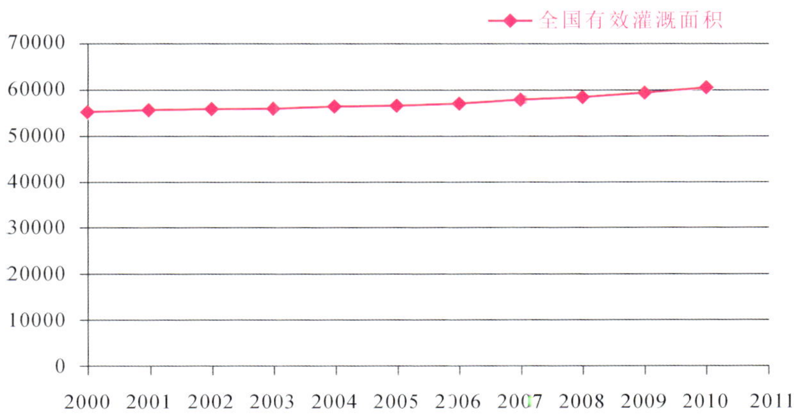

图 4-6　全国有效灌溉面积发展趋势图(2000—2010 年)

经计算，多年平均情况下 2030 年全国农田灌溉需水量为 3691 亿 m^3，比现状年减少 98 亿 m^3，年均减少 0.13%；2050 年需水量为 3502 亿 m^3，比 2030 年减少 189 亿 m^3，年均减少 0.26%。虽然农田有效灌溉面积仍有小幅增长，得益于灌溉水利用系数的显著提高，中远期农田灌溉需水量呈小幅下降趋势。

二、中国农业灌溉用水安全目标

1. 农业灌溉用水安全总目标

通过大力发展农业节水，逐步改变不合理的农业灌溉方式，提高灌溉水利用效率，实现灌溉用水的持续、高效利用，保障国家农业可持续发展，确保国家粮食安全战略实现。

常规态势下农业灌溉用水安全的总体目标是：确保从水量和水质两方面满足农作物正常生长对灌溉需水的要求。

在大旱等极端态势下农业灌溉用水安全目标是：通过农业灌溉抗旱应急响

应机制，实现应急供水，达到保生产、促民生的目标。

2. 农业灌溉用水安全具体目标

(1)常规状态下农业灌溉用水安全具体目标。确保灌溉供水总量安全目标。为了确保中国农业可持续发展和国家粮食安全战略实现，依据中国灌溉面积发展趋势预测和用水效率指标发展预测，提出中国今后一段时间灌溉用水总量安全目标。在兼顾国民经济全行业以及改善生态环境用水状况的前提下，到2030年，全国农业灌溉用水总量安全目标要达到3650亿 m^3 左右；2050年全国农业灌溉用水总量安全目标要达到3500亿 m^3 左右。

灌溉水利用系数控制目标。到2030年，全国平均灌溉水利用系数要提高到0.60；到2050年，全国平均灌溉水利用系数要提高到0.65。

灌溉用水定额控制目标。灌溉定额方面，平水年水平下到2030年，全国平均灌溉定额384m^3/亩，比现状年减少70m^3/亩；2050年灌溉定额维持在2030年的水平上。中等干旱年水平下，2030年的灌溉定额应该维持在426m^3/亩，比基准年减少82m^3/亩；2050年灌溉定额维持在2030年的水平上。

灌溉用水质量保护目标。加强灌溉水源管理，控制工业和城市污水向灌溉水源地排放，有效保护灌溉水源。到2030年，灌溉水质达标率95%以上，到2050年完全达到国家灌溉用水水质标准。

(2)大旱条件下农业灌溉用水安全具体目标。完善农业抗旱减灾体系。建立完善的农业抗旱减灾体系，制定全面、科学的抗旱规划，提出抗旱工程总体规划布局，加强应急抗旱能力建设，建立抗旱机制、体制、法制体系，加强相关基础工作。

建立和完善农业抗旱应急响应机制。建立涵盖从中央到地方一整套农业抗旱应急响应机制，明确农业大旱发生时，各级政府负责人的具体责任和权利。遇到较为严重干旱缺水情况下，因地制宜采取打井、开渠、修塘坝、截流等抗旱措施，首先确保粮食主产区生产和高效经济作物生产关键用水，尽可能减少干旱造成的损失。

三、农业灌溉用水安全主要任务

1. 制定全国农业灌溉发展战略和规划，确保农业灌溉用水安全

进一步明确农业灌溉对农民增收、粮食安全、农业增长和国民经济可持续

发展的战略地位和作用，继续完善和制定近期、中期和长期全国农业灌溉发展规划和节水灌溉规划等各种发展规划。从国家战略方针政策层面上确保中国农业灌溉用水安全的延续性和长效性。加强计划用水和需求管理，严格限制和压缩水资源短缺和生态脆弱地区高用水、低产出作物种植面积的基础上，促进农业发展从粗放向节约、高效、精细农业发展。

2 严格灌溉用水定额管理，提高灌溉用水效率

紧紧围绕粮食增产、农民增收、农业增效，提高水资源的集约、高效利用水平。要优化农业生产布局与种植业、养殖业结构，因地制宜合理调整农、林、牧、渔业比例，建立与水资源条件相适应的节水高效农作制度。按照水资源高效利用的要求，各地区要科学合理地制定不同作物灌溉用水定额，实行严格的灌溉用水定额管理，明确用水效率控制性指标。以提高灌溉水利用效率为核心，加大农田水利基础设施建设的力度，加快对现有大中型灌区续建配套和节水改造，建设高效输配水工程等农业节水基础设施，加强旱作节水农业建设，加快推广和普及优化配水、田间灌水、生物节水与农艺节水等先进农业节水技术。

3. 深化用水管理改革，建立适合高效、节水的农业灌溉管理体制和机制

通过改革创新，努力解决制约农业灌溉面临制度性障碍，逐步建立体制健全、机制合理、法制完备的农业灌溉用水管理制度。要建立从水源保护，取水工程、输配水工程和田间灌溉工程建设、管理、维护等相配套的科学合理的管理体制和机制，尤其是要重视末级渠系的建设、管理和维护机制问题，彻底改变灌溉基础设施“重建设、轻管理”的弊端，以及“抓骨干、放末端”的建设思路。要严格执行灌溉用水有偿使用原则，按照《水利工程供水价格管理办法》，考虑农业用水的特殊性，合理制定和调整水价，推荐以农业终端水价改革为核心的农业水价制度改革。

4. 强化农业灌溉抗旱应急能力建设

加强农业灌溉抗旱水源建设，灌溉系统建设要考虑特殊情况下的需要，加强不同水源和供水系统之间的沟通连接，注重构建便于进行联合调配的供水网络系统保障特殊情况下的应急供水需要。要加强平时对地下水及地表水战略水源以及备用水源和应急水源的涵养和保护。制订农业大旱情况应急灌溉管理措施和灌溉用水调度配置预案以及重要水库与供水工程应急供水调度预案，通过人工增雨、适当超采地下水和开采深层承压水、利用供水工程在紧急情况

下可动用的水量、统筹安排适当增加外区调入水量以及动用应急水源等措施，增加特殊情况下的可供水量。要加强应对干旱的风险管理，对气候变化可能对供水安全带来的风险进行评估，制定有关应对措施，最大限度减少干旱损失。

第五章　农业用水与粮食安全

本章在探讨中国粮食安全战略演变的基础上，研究农业用水与粮食安全的关系，提出保障粮食安全的重要手段是农业综合节水及其技术体系。

第一节　中国粮食安全战略演变

一、粮食安全定义

粮食安全作为一个完整的概念产生于20世纪70年代初期。由于连续几年的恶劣气候和自然灾害导致粮食歉收，主要粮食生产和出口国的粮食产量同时下降，导致国际市场从供过于求变为供不应求的局面，粮食库存急剧减少，价格大幅度上涨，从而引发了第二次世界大战后最为严重的粮食危机。为了应对世界范围内的粮食危机，1974年11月，在罗马召开的世界粮食大会上，联合国粮农组织（FAO）将粮食安全定义为“保证在任何时候都能得到为了生存和健康所需要的足够食品”。1983年4月，联合国粮农组织对粮食安全概念进行了第二次界定：确保所有人在任何时候，既能买得到又能买得起他们所需要的基本食物；1996年11月的世界粮食首脑会议对粮食安全概念做了第三次表述：让所有的人在任何时候都能享有充足的粮食，过上健康、富有朝气的生活。2001年世界粮食大会提出持续粮食安全概念，即可以随时向消费者提供无公害、无污染，能够增强体质的粮食和其他食物。2012年又提出：“粮食安全系指所有人在任何时候都拥有获得充足、安全和富有营养的粮食来满足其积极和健康生活的膳食需要及食物喜好所需的物质和经济条件。”最新的粮食安全概念同时强调了与产出和贸易相关的供给、与购买能力相关的分配以及营养结构和稳定性等因素，并得到世界银行等国际组织与很多政府、研究机构的认可。

结合中国国情，中国政府1992年提出粮食安全的概念：能够有效地提供全体居民以数量充足、结构合理、质量达标的包括粮食在内的各种食物。国内学者在以上基础上从不同侧面对粮食安全的概念进行扩展。比如，朱泽强调了粮食安全具有动态性，陆慧认为粮食安全应包括数量安全、质量安全和营养价值三个方面，国家粮食局调控司提出粮食安全应包含物质保障能力、消费能力以及保障渠道和机制等方面。从本质上说，粮食安全就是要求保障每个人都能够得到粮食用以生存和生活。粮食安全的基本内涵包括三个方面：第一，粮食供给层级，要有充足的粮食供应，即有效供给；第二，市场消费层级，要有充分获得粮食的能力，即个人购买足够粮食的能力；第三，体质机制层级，要有保障粮食供给的途径和机制。因此，粮食安全涉及粮食生产、流通、储备和进出口调节等多个方面。

中国是个发展中国家，从战略全局考虑，粮食安全应是指在保证粮食生产持续稳定发展的基础上，增加必要的储备量并使其保持动态合理水平，同时充分利用国内、国际粮食市场的调节作用，在确保全社会粮食总需求的前提下，实现相对充裕的供应能力。显然，发展粮食生产是保障粮食供给、实现粮食安全的基本前提与主要内容。

二、演变历程

1949年以来，中国粮食安全战略随着社会经济发展经历了多次演变，伴随着不同的粮食生产政策，具有明显的阶段性特征。

1. 建国初期探索阶段(1949—1965年)

新中国成立初期，由于战争破坏，再加上原有国民经济基础较弱，国家处于缓慢的恢复阶段。这一阶段，粮食市场多种经济成分并存，秩序混乱，同时也经历着恶性的通货膨胀，供求矛盾突出，国家面临较为严重的粮食紧缺难题。为调动农民的种粮积极性，增加国家粮食产量，保证人民基本温饱需要，中国从土地改革入手，实行在国营商业主导下的粮食自由购销政策，由国营商业对粮食进行收购，加大对农业生产基础设施建设的投入，调整相关粮食流通领域的宏观调控政策。在这种政策下，粮食的供销相对自由，国营经济对粮食供给的管控与指导作用逐步呈现出来,同时国家粮食价格逐步稳定,人民生活日益改善,粮食库存数量连年递增,粮食供给得到了基本的保障,为国家经济建设提供了有力的支持。

1958 年开始的"大跃进"运动和人民公社化运动使中国国民经济陷入了严重困境,出现了严重的农业危机,农村生产力遭到严重破坏,农业产值特别是粮食产量接连下降,农民生活水平进入"困难时期"。从 1960 年 11 月起,中国开始进行大规模的农业调整,基本出发点是调动农民积极性、大力发展农村生产力。中国农业调整历时五年多,从 1961 年 1 月中共八届九中全会后农业调整全面展开并进入高潮,至 1965 年底结束,经历了艰难的历程。首先,政府先后发出了《关于农村人民公社当前政策问题的紧急指示信》《关于彻底纠正五风问题的指示》和《关于坚决纠正平调错误、彻底退赔的规定》等文件,开展整风整社,退赔平调财物,坚决纠正了农村普遍存在的"共产风"等错误;其次,1961 年,开展了空前规模的农村大调查,"农业六十条"是其所取得的最重要的理论成果。对人民公社体制作了较大幅度的调整:解散了公共食堂,废除了供给制,划小了社队规模,将基本核算单位下调至生产队;然后,逐步确立了农业作为国民经济的基础地位,提出了"大办农业、大办粮食"方针,采取了清理和下放农村劳动力、精简城镇人口、各行各业支援农业、对农业实行财政倾斜等措施,大力加强了农业战线;最后,制订了恢复社员自留地,鼓励发展家庭副业,恢复农村集市贸易,实行"借田度荒",进行包产到户试验等休养生息政策,调动农民生产的积极性。还通过降低农业税、减少粮食征购量、提高农副产品收购价格等措施,减轻了农民负担,一定程度增加了农民收入。

这一时期的农业调整从新中国成立开始,虽然存在以肯定"三面红旗"为前提、否定包产到户、与阶级斗争相联系、没有改变中国农业落后面貌等历史局限,但从总体上来说,它是成功的,产生了不能忽视的历史作用。这是这一时期整个国民经济调整的先导和中心,带动和促进了工业等其他战线的调整,促进了中国农业和整个国民经济的全面恢复和发展,阻止了饥荒的继续蔓延,杜绝了社会动荡,成为中国对"三农"问题探索的重要组成部分,孕育了十一届三中全会后的农村改革。

2. 农业适应工业阶段(1965—1978 年)

在这一时期,中央政府根据中国粮食安全实际情况进行决策,提出了让农业适应工业的战略决策，制定了符合“以工业为中心”范式理念的农业政策：从农业合作化思想兴起到人民公社设立；粮食统购统销政策经历了几次反复施行；从农业税收制度完善到农民农业税负担转变；从传统向现代农业科技政策转变。这些农业政策都是为了调整粮食供需，保证粮食安全的底线，为工业发展战略积累资金，发挥基础作用。

粮食政策在这一时期主要承担两个重要任务：一是继续粮食增产与合理分配，保证民众粮食需求，维持国家粮食安全；二是为工业化发展奠定经济基础，实现国家成为工业强国的目标。由此，农业合作化政策、人民公社制度、粮食统购统销制度和农业税收、科技政策等一系列制度政策的出台，为国家工业化的启动与发展提供了资金积累。这一时期，粮食生产计划顺利完成，粮食交易成本有所下降，农民利益与国家利益的摩擦得到缓解。政策实施结果表明，这一时期奠定了中国工业现代化的基础，中国已经转变为初具规模的工业国。然而，必须看到存在的一些缺陷：一是农业合作社与人民公社制度都具有盲目性与急迫性，使象征着“共产风、浮夸风、瞎指挥、高指标”的“左”倾错误大范围扩散开来，粮食增产出现负增长；二是由于虚报粮食产量，导致了高征购的错误，粮食统购统销政策的执行与粮食的生产流通都产生了负影响。长时间持续的“左”倾错误伴着剧烈的政治动荡，是粮食安全危机出现的直接原因。如果不能够改善捉襟见肘的粮食供求情形，以及粮食分配与交易领域出现的一些紊乱情景，难免会出现新的粮食安全危机。

3. 市场改革摸索阶段（1978—1998 年）

1978 年十一届三中全会的召开，开启了中国改革开放的大门，之后的粮食安全政策实质上是中央政府处于经济体制改革进程中制定的。1979 年中国粮食收购价格的提高和“双轨制”的形成，标志着中国工业发展不再从农业中抽取剩余，农业中的利益结构调整开始了。

（1）市场机制酝酿时期（1978—1985 年）。从本质上讲这一时期仍然属于统购统销时期，但是粮食市场有所松动，市场开始发挥作用。1979 年由于农村实行了家庭联产承包责任制，国家调整了 1966 年以来长期未动的粮食价格，统购价格提高了 20%，超购部分在此基础上再加价 50%。粮食的提价大大刺激了农民的生产积极性，粮食产量大幅提升，长期以来粮食供需紧张状况得到了缓解，粮食市场也就有所松动，代表自由市场机制的农产品集贸市场开始出现。

1983年1月中共中央的《当前农村经济政策的若干问题》在强调农副产品统购统销重要性的同时，也指出对农民完成统购派购任务后的产品和非统购派购产品，应当允许多渠道经营。后来又规定以粮食为原料的工商企业，除国家计划供给之外，可以自行采购。这是中国粮食市场机制的酝酿时期，也是粮食管制放松的开始。

(2)双轨运行时期(1985—1991年)。1985年1月，中共中央、国务院在《关于进一步活跃农村经济的十项政策》中规定取消粮食的统购统销，改为合同制定购，定购以外的粮食可以自由上市，并提出了"逐步缩小合同定购数量，扩大市场议购"的方针。但是此后，由于连续五年的粮食生产徘徊局面，粮食价格上涨，合同定购难以实行，国家又将合同定购改为国家定购，1988年又提出了"稳一块，活一块"的粮食购销"双轨制"，政府通过定购仍然保留了对部分粮食流通的控制。

(3)初步市场化时期(1991—1998年)。这一时期又可分为五个阶段，1991—1992年国务院实施"稳购、压销、提价、包干"的"粮改"基本方针；1992年粮食购销价格由"双轨"向"单轨"转变；1993年国务院9号文件《关于加快粮食流通体制改革的通知》宣布，粮食流通在国家宏观调控下，放开价格，放开经营；1995年为确保粮食供给，中央向省一级定任务，从种植面积、品种、收购量等方面层层分摊任务，实行粮食的"千斤担子，各级政府来挑"的"粮食省长负责制"，主要保障总量供需平衡，分层次的各级平衡；1996年实行保护性收购政策，提高定购价；1997年中央规定按国家定购价，实行粮食敞开收购(各省可以有一定幅度调整)。

4. 全面市场化时期：确保粮食自给率(1998—2014年)

1998年下半年国务院颁布了《关于进一步深化粮食流通体制改革的决定》，出台了"三项政策，一项改革"的粮食流通体制改革的措施：即统一收购渠道，按保护价敞开收购，顺价销售，加强粮食企业的自身改革。在这一时期，市场和商品引入粮食领域，粮食的经济性质有了初步体现。由于此后又是两年的粮食大丰收，按保护价敞开收购遇到了阻力，保护价格也没有真正起到保护农民的作用。针对这种情况，2000年，国务院办公厅印发《关于部分粮食品种退出保护价收购范围有关问题的通知》，继续在一定程度上放开了粮食的收购市场。由于短期内的政策开放力度较大，粮食产量出现了较大幅度的波动。2003年的粮食产量较1998年下降15.93%，其中小麦产量为8648.8万t，产量连续四年下降，为1989年以来的历史最低水平；稻谷产量为16065.56万t，产量连续六年下降，为1982年以来的最低水平。2000年全国粮食需求缺口为1782.5万t，到2003年已经扩大到5555万t。为了应对粮食总产量大幅下降的局面，自2004年以来，中央高度重视中国"三农"工作，连续十多年发布了有关"三农"工作的"一号文件"，中国农业农村发展取得显著成绩，粮食产量从2003年的8614万t增加到2015年的6.21亿t，实现"十二连增"(2016年产量为6.16亿t)。粮食产量连续四年(2013—2016年)稳定在6亿t以上。与2003年相比，中国粮食需求缺口大幅缩小，粮食总量供求不足的矛盾得以缓解。据陈锡文2016年测算，2015年中国粮食需求缺口为4000万t左右，但进口量却在24950万t。粮食进口量远超国内需求缺口的根源在于国内粮食产业结构出现失衡。一方面，某些粮食品种如大豆在国内供给严重不足；另一方面，某些粮食品种如玉米在国内出现阶段性供给严重过剩，粮食产业结构失衡已成为当前粮食安全形势面临的主要矛盾，关注粮食安全问题，也应该从过去关注粮食总量不足向关注产业结构失衡转变。

5. 全新阶段：谷物基本自给，口粮绝对安全(2014年至今)

2014年后，尤其是十八届三中全会召开以来，中国粮食安全的指导思想逐步发生变革。随着粮食市场全球化进程加快，环境、食品安全等问题逐渐引起高度关注，国内国外粮食市场环境产生巨大变化，依靠高粮食自给率来保障国家粮食安全的战略不再适用。这一时期，以去产能、去库存、去杠杆、降成本、补短板为重点的供给侧结构性改革，经2015年中央经济工作会议定调后，正式拉开大幕。综合考虑中国未来粮食供求格局、农业资源环境承载能力，以及保持政策稳定性、连续性等因素，中国的粮食安全战略重心转变为以我为主、立足国内、确保产能、适度进口、科技支撑，要确保谷物基本自给、口粮绝对安全。2015年中国粮食产量为6.2亿t，粮食消费约6.6亿t，产销缺口近0.4亿t；世界粮食贸易量为3.5亿t，中国需要世界粮食贸易量的11.4%来填补产销缺口，在仅使用进口粮来保障中国粮食供需均衡的情况下，中国粮食自给率为93.9%。在中国粮食产量逐步提高、进口渠道不断稳定的情况下，将粮食综合自给率控制在90%～95%是可行的，这个数值是保证中国粮食市场供需基本均衡的自给率，能够保障中国粮食安全。在总量安全、结构稳定、质量保证、生态友好的基础上，推动农业供给侧结构性改革，提高中国粮食安全水平，把握历史新机遇，为农业供给侧结构性改革提供改革切入点，更好保障国家粮食安全。

三、特征分析

1. 次序性

中国粮食政策变化始于生产领域，家庭联产承包责任制的实施，解决了农业生产的“激励—约束”问题，促使粮食产量大幅度上升，这为流通、消费和贸易的政策转变提供了条件。产量增加对流通体制改革起到了两个作用，一是稳定效应，粮食生产增加，增强了承受粮食市场波动的能力，确保了流通体制市场化改革在更有利的环境下进行；二是倒逼效应，粮食产量增加，以政府管制、国企垄断为特征的粮食流通体制不能适应这种状况，反复出现的“卖粮难”和“买粮难”就是一个例证，粮食生产领域的变化会“迫使”流通体制进行调整。可见，粮食政策转变大致上遵循着“生产政策—消费政策”“流通政策—贸易政策”的次序，这个次序不是社会精英理性选择的结果，而是在农业改革条件给定下政策之间“逼迫”和“拉动”的结果。

2. 波动性

中国粮食政策从政府管制转向市场调节，但转变存在着反复、波折和迂回。例如生产政策，在家庭承包制边际效应递减背景下，政府先后采取了价格保护、直接补贴等方式支持粮食生产流通政策，经过了一个从计划到计划与市场双轨运行、再到市场调节的过程。导致政策波动的原因是粮食产量增加、供求环境宽松时，政府会推进粮食市场化改革，但在供给紧张的时候，政府很容易“想起”管制办法，同时国有粮食企业的“游说”也强化了政府重新采取管制措施的意愿，结果是短期中有产量的增加，但长期却隐含着粮食生产低迷的可能，政府有可能重回管制的旧路，而没有清楚粮食生产波动的一个“加速器”正是政策的复归。在政策转变中，波动是正常的，但随着对波动规律的认识，应逐渐形成粮食政策的清晰理念，并在执行过程应具有持续性。

3. 差异性

在次序性和波动性的条件下，粮食政策转变也就具有差异性。一方面，在特定政策的作用下，政策转变的程度甚至方向不同。例如粮食生产方面，农户虽然被赋予生产决策的自主权，但促进经营组织创新的政策尚不到位，在家庭承包制下一些农业生产公共产品的提供还有空白，而价格政策和补贴政策的不确定性值得关注等等。在另一方面，不同政策之间，政策转变也有较大差别。消费的市场化特征最显著，粮食消费已转变成一种完全的市场行为。其次是生产政策，中国粮食安全保障制度的变迁与绩效评价基于制度经济学的视角，粮食生产具有相当程度的自由决策权，农户主要依据市场信号来做出生产决策。然后是贸易和流通，贸易政策一直坚持粮食自给的理念，这使得粮食进口保持在一个相当有限的水平，粮食流通体制中也强调国有粮食企业的主渠道作用，以及保持高水平的粮食储备率等。

4. 单向性

粮食风险具有系统性特征，粮食政策转变应考虑多种因素、涉及诸多环节。相比而言，中国粮食政策的转变是单向度的。一是由于政策设计没有考虑配套条件是否具备，即使政策设计完美无缺，也仍旧难以施行，例如 1998 年的“三项政策、一项改革”由于国有粮食企业的垄断地位已经动摇，且这些企业不可能和政府目标完全一致，结果是敞开收购和顺价销售不能真正实行。二是政策设计仅考虑个别领域的后果，而忽视了对潜在影响的考虑，例如高储备率可以在一定程度上保证粮食安全目标的实现，但是除了储备成本之外，储备粮效率的发挥取决于空间分布、时机掌握、调控效力等等。三是当前许多粮食政策的出台，主要考虑的是短期的、事后的问题应对，从而延迟了粮食安全长效机制的建立，例如短期的“支农”措施可以取得积极效果，但很容易造成农户对政策的“依赖症”或“疲惫症”。

第二节　农业用水与粮食安全的关系

一、农业用水与粮食产量的关系

从整体情况来看，农业用水量与粮食产量的关系有三种情况：正向关系、零向关系和负向关系。

1. 正向关系

正向关系就是农业用水量与粮食产量同向，即农业用水量增加，粮食产量也增加。如旱田，是以降水为唯一水源，当有一定的灌溉水量加入时，如旱地改成水田，粮食产量会增加，这呈现正向关系。

2. 负向关系

负向关系就是农业用水量与粮食产量不同向，即农业用水量增加，粮食产量不但不增加反而下降。如涝灾，水量的大量增加，导致减产甚至绝收。事实证明，并非农业用水量多，粮食产量就增加，它们之间存在一定的度，超过这个限制，就起到反作用。

3. 零向关系

零向关系就是农业用水量与粮食产量既不同向也不负向，而是随着农业用水量增加粮食产量没有变化。此种关系对于作物而言，是达到了作物需要的需水量，并且没有达到涝灾之前的状态。

二、1997—2013 年农业用水与粮食产量关系研究

图 5-1 是中国 1997—2013 年农业用水量与粮食产量变化情况。

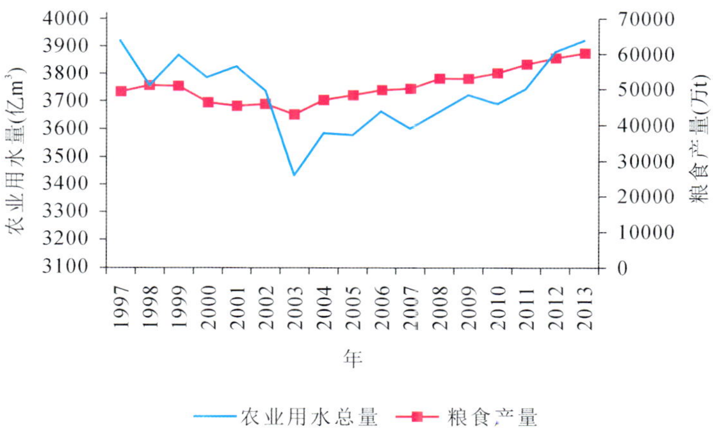

图 5-1　1997—2013 年中国农业用水与粮食产量变化

“水利是农业的命脉”，形象地说明了水对农业的重要性。农业用水总量与粮食产量之间有密切的关系，但这种关系并非是农业用水越多，粮食产量越高的线性关系。从图 5-1 可以看出，1997—2003 年，农业用水下降趋势明显，但粮食产量呈现波动，1997 年农业用水总量最高，但粮食产量并不是最高，2003 年农业用水总量最低，虽然粮食产量也是波谷，但与农业用水总量下降相比也不成比例。2003—2013 年，粮食产量连续增长，虽然农业用水总量也呈增长趋势，

但农业用水总量出现波动。

分析1997—2013年农业用水总量与粮食产量相关关系，相关系数为0.488，为中等相关。探究其主要原因：①农业用水包含的范围大，既包括牲畜用水，也包括种植、养殖、林业、草地等用水，真正与粮食生产关系密切的是粮食灌溉用水，我们没有专门统计粮食生产灌溉用水量，无法从统计实证的角度验证农田粮食生产用水与粮食产量之间的关系；②粮食产量既包括灌溉用水取得的产量，也包括没有经过灌溉而获得的产量，如旱作农业生产的粮食也统计在粮食总产之中，据估计灌区产生的粮食占总粮食产量的70%左右，也即30%左右的粮食在非灌区生产，有的甚至完全依靠天然降水生产；③近年来，由于农业缺水，普遍地推广了农业节水技术，提升了农业用水效率，单位农业用水效率有了很大提高，如2000年单方灌溉水粮食产量为1.33kg，2013年达到1.75kg，提升了31.58%；④粮食品种的变化，粮食产量与粮食品种有很大关系，以玉米为例，玉米新品种的推广在玉米增产中的贡献率达到40%①，用同样的水，由于品种的变化，生产的产品数量却发生了很大变化，提示我们农业用水与粮食产量之间的关系比较复杂。

三、未来农业用水与粮食安全关系判定

从总体来看，尽管农业用水与粮食产量关系并非呈现线性关系，但不能得出农业用水与粮食安全没有关系的结论，因为农业用水中农田灌溉用水与粮食安全密切相关，未来中国粮食安全取决于农田灌溉用水的保障，没有充足的农田灌溉用水，就没有中国的粮食安全。

农田灌溉用水缺乏公布的数据，我们可以用与之密切相关的有效灌溉面积来替代农业用水与粮食安全的关系。图5-2是1997—2013年中国有效灌溉面积与粮食产量的关系。

图5-2表明，1997—2013年，中国有效灌溉面积呈现增长趋势，1997年有效灌溉面积为51238.5千hm^2，2013年达到63473.3千hm^2，净增12234.8千hm^2，增长了23.89%，年增长1.41%。1997年粮食产量为49417.10万t，2013年达到60193.84万t，净增10776.74万t，增长了21.81%，年增长1.28%。分

① http://www.docin.com/p-587884028.html.

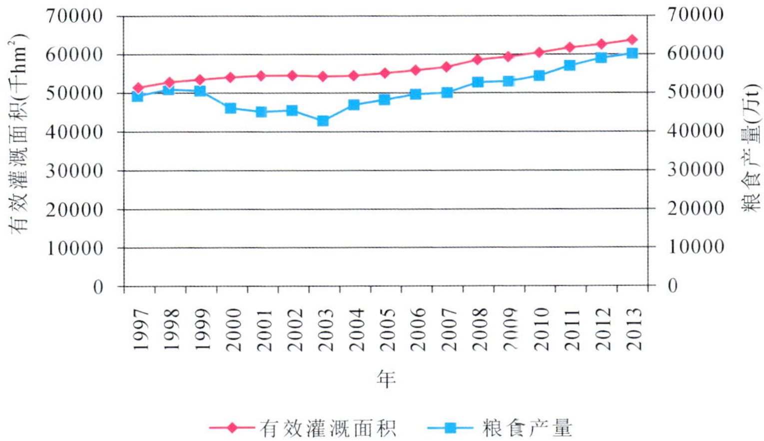

图 5-2 1997—2013 年中国有效灌溉面积与粮食产量

析结果表明，有效灌溉面积和粮食产量相关系数为 0.837714，高度相关，也就是说保障有效灌溉面积是维护中国粮食安全的重要途径。

根据《全国新增 1000 亿斤粮食生产能力规划》，为了确保 2020 年国内粮食自给率保持在 95%以上，全国粮食生产能力达到 5.5 亿 t 以上，2020 年全国耕地有效灌溉面积达到 6000 千 hm^2 以上。实际上 2013 年中国粮食总产量达到 6.02 亿 t，有效灌溉面积 63473.30 千 hm^2，分别超出《全国新增 1000 亿斤粮食生产能力规划》规划指标的 0.52 亿 t、3473.3 千 hm^2。2013 年中央农村工作会议，对粮食安全目标进行了微调：粮食安全的工作重点是确保谷物基本自给、口粮绝对安全。2014 年 1 月公布的《中国食物与营养发展纲要(2014—2020 年)》提出“到 2020 年，全国粮食产量稳定在 5.5 亿 t 以上”。

根据上述各种规划和现实综合判定：只要保持中国现有有效灌溉面积和粮食产量发展势头，2020 年中国粮食安全能得到根本保障，农业用水满足粮食安全需要。

四、保障粮食安全农业用水途径

1. 农业用水效率逐步提高，估算 2030 年农田灌溉节水 241 亿 m^3

1998 年 10 月党的十五届三中全会要求“把发展节水农业和推广节水灌溉作为一项革命性的措施来抓，大幅度提高水的利用率”，自此以后，节水灌溉成为中国农业发展中心任务逐步推进。21 世纪以来，连续 11 个中央一号文件以及中央水利工作会议，都要求把节水灌溉作为重大战略举措。2012年印发的《国家农业节水纲要（2012—2020年）》，对节水灌溉提出了明确的发展目标和要求，2015年农田灌溉用水利用系数为0.53，2020年为0.55，2030年为0.6，这些目标能否实现是大家很关切的。从现实情况来看，2008年全国农田灌溉用水有效利用系数为0.492，2013年达到0.523，6年提高了0.031，平均每年提升0.005。按照《国家农业节水纲要（2012—2020年）》，以2013年为基准，达到2015年、2020年和2030年目标，需要平均每年提升0.003、0.003和0.004，均低于2008—2013年每年提升0.005的水平。目前黄河流域部分地区可达0.6，海河流域的北京最高为0.7，发达国家在0.7～0.8左右。由此可以判断，未来只要保持目前的节水推进速度，《国家农业节水纲要（2012—2020年）》目标能够提前实现。以此为基础进行推算，2020年和2030年农田灌溉节水量将达到91亿m^3和241亿m^3。

2. 发展高效节水综合技术，推进建设成果可持续利用

目前，推广使用的高效节水技术以喷灌、滴灌为主，节水技术相对单一，虽然取得了一定的效果，但还没有达到最佳状态，高效节水农业发展要实现两个根本性转变：一是高效节水由单一工程节水向综合节水转变，统筹工程、农艺、科技、机制、结构调整、品种等节水技术，进行科学的设计和集成，进一步提升高效节水效率；二是高效节水由重建轻管向建管并重、推进建设成果可持续利用转变，高效节水农业投入大，国家在此方面进行了重点补助，推动了高效节水农业的迅速发展，如何将建设成果持续地运转下去，避免边建设边废弃浪费现象，将高效节水可持续发展作为重点，科学设计高效节水长效运行机制成为重要课题。

为了建立高效节水灌溉长效运行机制，需要在高效节水灌溉工程产权制度改革上下功夫，明晰工程所有权和使用权，建立管护运行责任制，落实运行管理经费很重要，同时提高高效节水灌溉专业化、社会化服务能力和水平，让农户少花钱得到高质量、高效益的服务，对促进高效节水农业可持续发展至关重要。

3. 绿色高效节水农业成为新常态，将其纳入国家农业基础工程

高效节水农业是我们必须走的一条路，我们正在走，也取得了很好的成就。但考虑中国面临的巨大的资源环境挑战，今后高效节水农业要调整为绿色高效节水农业，即发展绿色高效节水农业是重要方向。绿色高效节水就是在发展高

效节水的同时，纳入环境友好的因素，开拓绿色高效节水之路。具体途径是开发“水—肥—药—膜”一体化技术，在高效节水的同时，提高化肥农药的利用率和利用效率，提高地膜的回收率。

发展绿色高效节水农业，国家需要将绿色高效节水农业作为农业基础工程进行投入。目前中国农业补贴提高空间不大，我们还得加大支持农业的力度，我们既要遵守国际游戏的规则，也要充分利用国际规则。我们要进一步充分挖掘 WTO 的“绿箱政策”，农业基础设施建设，如电网、道路、市场、港口，供水、防洪、排水及环保项目的建设等就属于绿箱政策范围，但这类支持措施的资金支出只能用于基础设施工程项目的建设，不得用于向农业生产者提供直接的现金补贴。预计未来中国在农业补贴空间日益减少的情况下，会转投农田水利、环保等领域，将绿色高效节水农业作为农业基础工程成为可能，国家将加大政府投资绿色高效节水农业力度，减少农民的投入（等于增加补贴），建立绿色高效节水农业“一站式”服务体系。

4. 建立农业用水红线制度，逐步建立农业用水红线制度体系

中国目前农业用水短缺，未来农业用水需求呈现增长趋势。为保证国家粮食安全，除了大力推进开展高效节水等常规的农业节水技术外，建立中国农业用水红线制度体系是保障农业用水安全的重要举措，逐步建立中国农业用水红线制度体系将成为必然。

农业用水红线是指为了保障国家农产品安全所需要的最低农业用水的数量。综合考虑各种因素，尽管中国农田灌溉水有效利用系数在提高，但考虑到中国灌溉面积还将有一定的增长，从宏观估计，农田水利效率提高节约的水量会被增加的灌溉面积需水量消耗，考虑牲畜用水将呈现更大的增长，2020 年中国农业用水红线至少为 3900 亿 m^3，这是一个保守的估计。

农业用水红线制度体系是为了保障农业用水红线制度实施而制定的系列制度的集合，众多制度相互协调，共同保障农业用水红线制度的实现。目前中国农业用水红线制度还没有建立，提出建立农业用水制度体系似乎有些超前。为了维护国家粮食安全，中国已经划定了 18 亿亩耕地红线，为保护中国耕地发挥了重要作用。农业用水作为生产粮食的重要基础性、战略性资源，有必要像严格保护耕地那样严格保护，耕地红线与农业用水红线有机结合，才能为国家的粮食安全增加双重保险。

农业用水红线的制定和实施是一项系统工程，建立与之相配套的制度体系，是农业用水红线得以实现的基础。如建立相应的法律法规体系，给予农业用水红线制度的法律地位，并且从法规层次保障其实施；建立相适应的农业用水红线技术支撑体系，包括农业用水红线划定技术、配置技术、监测技术和考核技术等。

第三节　农业综合节水是保障粮食安全的重要手段

一、农业综合节水的内涵

农业节水的实质是提高水资源在农业生产活动中的有效性和农业生产能力。农业节水包含着两个功能和三个层次，两个功能是指农业节水的农业生产功能和节水功能；三个层次是指农业节水技术的研究和应用层次、节水型管理方式的引进和建立层次，以及农业节水方式对区域多方面的影响和改变。农业节水技术是在传统农业技术的基础上，以高产、优质、高效、安全和改善生态环境与可持续发展为目标，通过应用工程技术措施、管理方式、农艺技术等农业综合节水措施，提高农业用水利用的有效性，促进农业生产水平的提高。节水型管理方式包括两个层次，主要包括先进科学的水资源采集系统，高效合理的供水机制和相应的管理制度和管理体系。节水观念和意识则是农业节水生产方式给人带来的影响，科技人员在研发和推广农业节水生产方式过程中，农户在采用农业节水生产方式进行农业生产时，由于节水技术成本的投入从而更直观地了解水资源的短缺问题，并进而更深刻地理解节水的现实意义及其重要性，这种节水意识和观念会最终影响人们在日常生活中的用水行为。

农业综合节水是指为了实现预期农业生产目标和水资源的高效利用而采用一系列节水技术生产方式和节水型管理体系进行农业生产活动的一种农业生产方式。在当前水资源普遍短缺的前提下，无论是灌溉农业还是旱作农业都应该采用农业节水生产方式，以应对水资源短缺给农业可持续发展带来的挑战。

二、农业节水技术的综合应用

随着农业节水技术的发展和水资源短缺问题的加剧，农业节水技术的应用逐渐从单一技术措施向综合措施转变,同时向各个环节进行延伸。

1. 从单纯的工程节水措施向综合措施转变

农业节水技术的发展使人们越来越认识到,单纯的工程节水措施已无法满足水资源短缺现状对农业节水的需求,非工程措施的节水作用是非常明显的,而更重要的是工程措施与非工程措施的结合。例如提高水资源管理水平,地表水、地下水的联合调配,通过水价等经济手段促进农业节水,通过宣传提高公众的节水意识,通过法律和法规约束浪费水资源的行为等。单纯的水利工程节水措施必须向工程措施与非工程措施结合的综合措施转变,才能适应现代农业节水的需求。

2. 从输水系统的节水深入到田间节水系统

过去几十年农业节水主要侧重在输配水系统的节水改造上,包括对灌区渠系空间布设的改造和对渠道进行防渗处理,从而大大提高了输配水系统的输水和配水能力,减少了渠道的渗漏损失和弃水损失,提高了渠系水利用系数。尽管输配水系统的节水改造仍将是今后相当长一段时间里节水灌溉发展的重点,但如何高效利用输送到田间的水已经成为当前研究的重点和热点,田间系统的节水潜力更大,只有将农业节水深入到田间系统,才能更加有效地减少农业耗水,实现灌溉水的高效利用。

3. 从单纯引地表水灌溉走向井渠结合

井渠结合的灌排模式已在许多灌区的实践中证明是提高水资源利用效率和灌溉保证率、防治土壤盐碱化的有效方法,但在推广应用中出现了一些问题。如关中一些灌区由于对地下水开采缺乏控制,农民打井过多,造成地下水位持续下降。应针对不同灌区的水资源和环境状况,确定适宜的井渠结合灌排模式,积极发展井灌井排,合理利用地下水,控制地下水埋深,这样不仅可以减少地表引水,减少潜水蒸发,对减少耗水量,防止土壤次生盐碱化有良好的作用。

4. 建立农业节水示范区,推广农业综合节水经验

从"八五"开始,国家有关部门设立专门资金建立农业节水示范区,实验示范和推广农业综合节水经验,取得了显著的成果。这些典型试点的成功经验对指导和带动整个区域的农业节水将发挥巨大作用,示范区的成功技术模式和管理经验代表了该地区农业节水的方向和特点。今后不仅要继续加强农业节水示范区的建设,更要注重将示范区的成功技术模式和管理经验推广到更大范围,这是今后农业节水的主要任务。

第四节 保障粮食安全的农业综合节水技术体系

经过几十年的发展，中国农业节水措施已经基本形成了工程措施、农业措施和管理措施三大体系。各类所包含的具体措施见图 5-3。

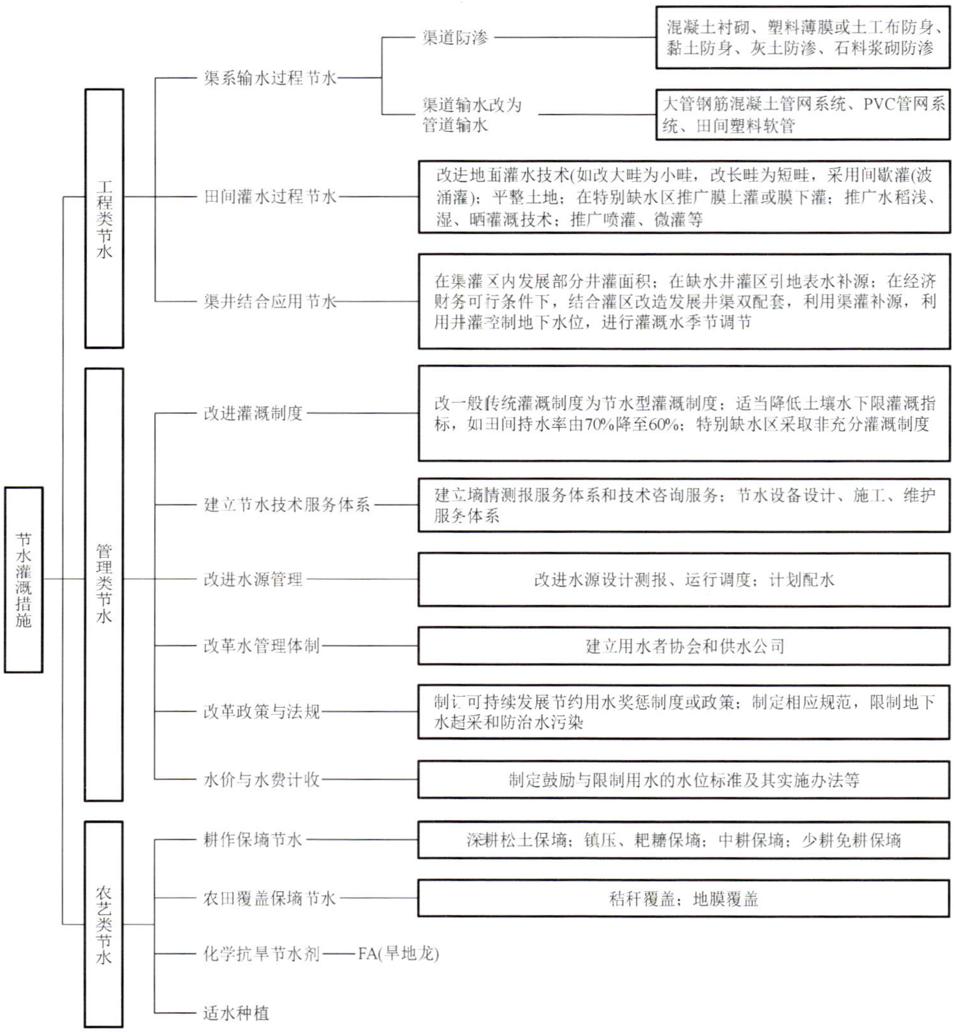

图 5-3 农业综合节水技术体系

一、工程节水技术措施

工程节水措施是农业节水综合技术体系的核心内容，也是节水效果最为显著的技术措施。灌溉水从水源到被作物根系吸收利用要经过取水、输水、配水和田间灌水等环节，这些环节都需要有工程才能实现，因此，工程节水措施主要是：输配水过程节水，田间灌水过程节水和渠井结合灌溉节水。

1. 输配水过程节水

输配水过程节水包括渠道防渗和管道输水，其作用主要是减少灌溉水在输送和分配过程中的渗漏和蒸发损失，提高输水效率，同时还能减少地下浅水位的上升，防止土壤次生盐碱化，节省输水渠道占地，减少渠道清淤投入，减轻渠道管护和维修费用等。

2. 田间灌溉节水

改进田间灌水技术是农业节水的重点。主要包括以下措施。

改进地面灌水技术：目前及未来相当长的时期内地面灌溉仍是最主要的田间灌溉方式，因此改进地面灌水技术的田间节水潜力巨大。具体措施包括，推广小畦灌溉、细流沟灌、波涌灌溉；合理确定沟畦规格和地面坡降，缩小畦块和沟长；推广高精度平整土地技术；科学控制入畦（沟）流量、灌水定额、改口成数等灌水要素，淘汰无畦漫灌等，对有地膜覆盖的作物可采用膜上灌。

喷灌、微灌技术：由于投资较高，喷灌技术主要适用于经济作物种植区、城郊农业区及集中连片规模种植的地区；在山丘区或有自压条件的地区，鼓励发展自压喷灌技术。在果树种植、设施农业、高效农业、创汇农业中可推广微喷灌与滴灌技术，提倡微灌技术与地膜覆盖、水肥同步供给等农艺技术有机结合；在山丘区可利用地面自然坡降发展自压微喷灌、滴灌、小管出流等微灌技术；结合雨水集蓄利用工程，推广低水头重力式微灌技术。

3. 井渠结合

井渠结合的灌排模式已在许多灌区的实践中证明是提高水资源利用效率和灌溉保证率、防治土壤盐碱化的有效方法。井渠结合，以灌代排，能重复利用渠灌渗漏的水量，不但灌溉水源更有保证，灌溉水利用率也比纯渠灌区或纯井灌区提高。还可有效控制地下水埋深，减少潜水蒸发，减轻灌区排水负担。

井渠结合灌溉措施主要有以下几种：①在渠灌区内发展部分井灌面积；

②在缺水井灌区引地表水补源;③在经济可行条件下,结合灌区改造发展井渠双配套,渠灌补源,井灌控制地下水位,在灌溉季节合理调配。

二、管理节水措施

管理措施的改进是农业节水中最重要的环节,国际上公认农业灌溉节水潜力的50%在管理方面。管理节水措施主要包括以下几个方面。

1. 改进灌溉制度

改进灌溉制度主要是指将一般传统灌溉制度改为节水型灌溉制度,严重缺水区采取非充分灌溉。此外,对于水稻田可以推广浅湿灌溉方式:水稻采用格田化和浅湿控制灌溉技术,淘汰长期淹灌,杜绝稻田串灌串排;推广水稻泡田与耕作结合技术;研究稻田适宜水层标准、土壤水分控制指标、晒田技术及相应的灌溉制度。

2. 灌溉水源优化调配

(1)根据节水型灌溉制度制订灌区用水计划。灌区计划用水是指按照作物的需水要求和灌溉水源的供水情况,结合农业生产条件与渠系的过程状况,有计划地引水、蓄水、配水,为作物节水型灌溉制度的实施提供基础条件,达到适时适量调节土壤水分,满足作物节水、高产的需求。

(2)灌区水量和流量的实时调配。为有效实施灌区用水计划的配水方案,按时按量向田间供水,保证渠道输水安全,减少弃水,提高渠系水有效利用系数,必须对灌溉渠系的水量和流量进行实时调控。中国大多数灌区目前仍采用人工调控,时效性差,弃水较多,造成水资源的浪费。一些科研单位和院校已开发出多种功能的灌区水量和流量的实时调控和监测系统,并在一些大型灌区应用,取得了节水、省工、高效的良好效果。

3. 建立农业节水的管理和保障体系

建立节水型农业不仅要推广应用各种节水技术,更重要的是建立农业节水的管理和保障系统。应构建农业节水"四大保障体系":①农业节水技术推广和咨询服务体系;②农业高效用水监测与评估体系;③农业用水水价体系;④农业节水政策与法规体系。

4. 建立新型的灌区管理体制,用水者参与灌溉管理

让灌区用水户直接参与管理是世界上许多发达国家和发展中国家的成功

经验，也符合中国社会主义市场经济需求。农民参与管理，有利于水资源的合理配置与促进节水灌溉，提高灌溉效益和水费收取率，增强农民自主管理与民主管理意识，改善田间工程的管护状况，减轻地方政府协调与解决用水矛盾和用水纠纷等方面的负担。

三、农艺节水措施

农艺节水措施包括调整作物种植结构，如中国北方适当减少耗水量大的水稻、小麦等的种植面积；采用耐旱节水品种；加强耕作覆盖，如秸秆覆盖、塑膜覆盖等；施用化学保水剂；推行节水灌溉制度；其他耕作技术等等。

(1)耕作保墒节水。包括深耕松土保墒；镇压、耙耱保墒；中耕保墒；少耕免耕保墒。

(2)农田覆盖保墒。包括地膜覆盖，秸秆覆盖。

(3)化学抗旱节水剂。目前应用较多的主要是保水剂、抗旱剂两类。

(4)适水种植，调整种植结构。

建立与水资源相适应的节水高效农作制度，发展和应用适水种植技术，根据当地水、土、光、热资源条件，以高效、节水为原则，以水定作物，合理安排作物的种植结构以及灌溉规模，根据不同作物的需水规律进行作物合理搭配，错开用水高峰；限制和压缩高耗水、低产出作物的种植面积。根据当地水资源情况，选用耗水少、耐旱的作物品种，如种植豆类、甘薯等较耐旱作物。调整种植结构，合理安排各种作物的种植面积，调整作物布局，增加需水与降水耦合性好的作物和耐旱、水分利用率高的作物品种，以充分利用当地降雨；调整作物熟制，使之与水分条件相适宜；调整播期，使作物生育期耗水与降水相耦合，合理轮作换茬，合理间套作。

第六章 虚拟水与农业用水安全

本章在对国内外虚拟水研究进展进行分析的基础上，研究农业虚拟水评估方法，探讨中国农业虚拟水流向格局，并对在虚拟水视角下如何保障农业用水安全进行了研究。

第一节 虚拟水研究进展

一、虚拟水的提出及内涵

1. 虚拟水概念的提出

虚拟水概念由英格兰伦敦大学非洲和东亚研究学院 Tony Allan 教授于 1993 年首次创造性地提出，是指生产农产品所需要的水。研究表明，生产 1t 小麦需要耗水 1000t，生产 1t 玉米需要耗水 1200t，生产 1t 稻米需要耗水 2000t。虚拟水也被称为“嵌入水”和“外生水”．“外生水”暗指进口虚拟水的国家或地区使用了非本国或本地区的水这一事实。

虚拟水具有以下主要特点：非真实性，是以“虚拟”的形式包含在产品中的“看不见”的水。社会交易性，是通过商品交易来实现的，更多强调社会整体交易，而非个体交易，商品交易或服务越多，虚拟水的量就越大。便捷性，虚拟水是以“无形”的形式寄存在其他商品中，相对于实体水资源而言，其便于运输的特点使其贸易成为一种可以缓解水资源短缺的有效工具。价值隐含性，因虚拟水是含在商品中看不见的水，其价值具有隐含性；但虚拟水贸易会对贸易国家及地区的社会、生态和水资源等方面产生值得注意的影响，其价值也就在影响的过程中体现出来。

虚拟水的发展大致可分为三个阶段。第一阶段，虚拟水含义的酝酿阶段。早在20世纪80年代，以色列经济学家就从经济学的角度论证了间接出口有限的水资源的不合理性：生产1t粮食则消耗1000m^3水，如果这1t粮食被运送到缺水的国家（或地区），则可以缓解进口国家（或地区）提供1000m^3水的经济甚至是政治压力。并明确表明，减少耗水量大的产品，特别是农作物的出口，进而促进虚拟水的进口。1999年以色列出口$7\times10^8m^3$虚拟水而进口了$6.9\times10^9m^3$的虚拟水。第二阶段，虚拟水含义的正式提出阶段。虚拟水概念可扩展到生产非农产品所需的水资源量，但Allan仅用于农业。第三阶段，虚拟水发展与完善阶段。20世纪90年代后期，虚拟水研究得到长足发展。国际粮食作物贸易中的水就是虚拟水，因为粮食商品的生产需要消耗水资源，粮食贸易的背后隐藏着看不见的水资源交易，这一部分水被称为虚拟水。荷兰国际水文和环境工程研究所（IHE）为虚拟水定量分析提供了一套较为全面的方法体系。2003年在日本京都举行的第三届世界水论坛，对虚拟水进行了激烈讨论。

2.虚拟水概念的内涵

虚拟水是一个全新的概念，它分别结合了农业科学和经济学两方面的思想，暗示了水资源是农业生产和整个经济社会发展的关键因素。农业科学关注的是生产各种农产品需要的水资源数量，而经济学则关注的是水资源在各种产品（包括工业品）生产过程中的机会成本。两方面含义的结合则意味着虚拟水概念在寻求水资源合理配置方面所具有的重大意义。由于不同国家和地区的资源禀赋不同，粮食输入和用水的直接成本和机会成本也不相同。尤其农业是受自然条件制约最显著的产业，其生产水平受自然生态系统和人类社会经济系统的双重制约，除了水资源外，土壤、气候等自然地理条件，以及区域产业结构、经济管理体制等人文社会因素从更广泛的意义上影响着粮食生产用水的机会成本。由于人口增长是水资源短缺的最原始驱动力，农畜产品作为人类的生活必需品携带有大量的虚拟水，因此，人口—农畜产品—贸易之间的连接关系就成为虚拟水战略分析的主线。目前，虚拟水概念已经从上述农产品扩展到服务、加工以及材料，也可以理解为服务过程中或材料形成过程中所消耗的水资源。

二、国内外研究进展及现状分析

1. 国外虚拟水研究进展

Tony Allan 于 1993 年提出虚拟水的概念以后，经过近 10 年的时间，科学界才认识到虚拟水概念对平衡地区和全球水资源安全的重要性。2002 年以虚拟水为主题的第一次国际会议在荷兰 Delft 召开，2003 年 3 月在日本东京举行的第三次世界水论坛对虚拟水问题进行了专门讨论。这两次会议极大地推动了虚拟水在全球范围内研究工作的开展。

当前国外虚拟水研究的主要方向有以下几种。

(1)虚拟水理论研究。自虚拟水的概念问世以来，有关虚拟水概念与内涵的报道不断涌现。A. K. Chapagain 等将虚拟水分为绿虚拟水、蓝虚拟水和稀释虚拟水。绿虚拟水和蓝虚拟水分别指农产品生产过程中所消耗的绿水和蓝水。稀释虚拟水是指将农产品的生产过程中所产生的污水稀释到达标水的用水量，用于评价水污染状况。在对棉花水足迹的研究中，他们发现农作物的种植过程主要产生的是绿虚拟水和蓝虚拟水；农作物的加工过程主要产生的是稀释虚拟水。有些国家主要进行原材料的出口贸易，那么主要产生绿虚拟水和蓝虚拟水，会影响这些国家的可利用水资源总量。而一些国家进口原材料后，通过国内加工再出口到国外，主要产生稀释虚拟水，对水质会产生影响，但对水资源总量的影响相对较小。根据计算结果，与棉花产品有关的国际贸易中虚拟水量为 204 亿 m^3/年，其中蓝虚拟水占 43%，绿虚拟水占 40%，稀释虚拟水占 17%。

随着工业产品生产和服务业对水资源消耗量的增加，将虚拟水的概念从农产品范围扩展到所有商品，并且将虚拟水分为淡水虚拟水和污水虚拟水。淡水虚拟水是指商品生产过程中所消耗的淡水资源。进口的商品在生产过程中会产生一定量的污水，因此污水虚拟水是指国家进口商品所避免产生的污水量。对于进口国，淡水虚拟水就是进口水资源，而污水虚拟水则是在保护本国的环境和生态。研究者对虚拟水的不断细化，不但使得虚拟水的概念更加丰富，而且将研究方向从水量的多少扩展到水质的优劣，从水资源一个方面的研究扩展到对环境和生态的整体保护范围。

(2)虚拟水贸易与粮食安全。虚拟水具有交易性，在国际和国内贸易中会随着商品的进出口而流动。由于粮食中虚拟水含量较高，因此很多学者将粮食安全与虚拟水贸易联系起来。Allan 等很多学者都认为虚拟水贸易是比较优势理论在资源和环境方面的延伸。Greenaway 提出埃及在橘子、土豆、棉花和番茄的种植方面具有比较优势，而在小麦、玉米和大豆的种植方面具有相对劣势。还有研究表明，在埃及每单位利用的水资源，蔬菜和棉花所产生的价值比玉米、水稻和甜菜的高；而利用每单位的土地资源，水稻所产生的价值比小麦、玉米和蚕豆的高。水资源丰富的国家在水资源方面具有比较优势，应该在国内生产水密集型的商品然后进行贸易。Wichelns 进一步分析了水资源机会成本的作用，利用经济模型讨论了虚拟水在保证食品安全中的作用，并且把虚拟水纳入经济增长、粮食安全、提高人民福利等一系列国家宏观目标下进行研究，扩大了虚拟水研究领域。Wichelns 认为虚拟水贸易只是在水资源方面的比较优势，并不应该在政策的制定方面完全依赖虚拟水贸易，在确定比较优势的时候，不能仅考虑水资源方面的优势或劣势，而应该全面地考虑到土地、劳动力和技术等诸多方面，从而确定优势项目以进行生产和贸易。通过对土地、水和技术等方面可能出现的不同情况进行分析，得出不是所有的国家都适合进行虚拟水贸易。Wichelns 指出了虚拟水贸易与比较优势理论之间的差异，利用比较优势理论对资源与贸易之间的关系进行了理性分析。Alaa El-Sadek 研究了埃及虚拟水与粮食安全，目前，埃及净进口虚拟水占总水资源的 23.55%。Alaa El-Sadek 提出虚拟水贸易可以有效解决水资源短缺问题，但同时也指出了虚拟水贸易会对进口国的农业生产、外贸依赖度及外汇储备等方面产生不利影响，并有可能会招致虚拟水出口国对进口国内政的干涉。Roberto Roson 和 Martina Sartori 分析了在地中海区域虚拟水贸易在保障该地区水资源安全方面发挥的作用。T. M. Abu-Sharar 等通过计算进口商品的虚拟水量，分析了约旦地区虚拟水战略在水资源管理中的优化作用，并且指出粮食作物尤其是油、谷物、肉、活动物及糖的进口，将成为平衡短缺粮食生产、节约水资源的有效办法。D. Vanham估算了欧洲 28 国农产品中的虚拟水贸易，结果表明，这 28 国进口的农产品虚拟水比出口的多。

提高水资源利用率是虚拟水贸易中的又一重要研究课题。普遍认为提高水资源的利用率可以从三个方面进行改进。①通过调整水价、提高节水技术来提高当地水资源利用效率；②将水资源在各个部门之间进行有效分配，使单位水资源产生更高的价值；③利用虚拟水贸易对水资源的全球分布进行合理的“调整”。M. Dinesh Kumar 和 O. P. Sign 发现驱动虚拟水流动的一个重要因素是耕地面积，虚拟水总是从水资源短缺但耕地丰富的国家或地区流入到水资源丰富但耕地短缺的国家或地区。与水资源丰富地区的利用率相比，水资源短缺的地区利用率较高，那么水资源短缺的国家和地区就可以从水资源丰富的国家或地区实施调水工程，然后再将生产出的粮食返销给水资源出口国或地区，提高水资源的利用率。这使得水资源以实体形式从富水国流出，又以虚拟形式流回去。

(3)虚拟水战略。

1)虚拟水战略与水安全。缺水国家可以从富水国家进口粮食食品，从而保证食品安全。世界水资源委员会(WWC)和联合国粮农组织(FAO)以产品使用地为基础估计了 2000 年全球的虚拟水贸易流量为 13400 亿 m^3，其中 60%体现在农作物的产品贸易中。在对未来食品安全的分析中不仅要从整体考虑，还需要关注地方的食品安全问题，真正驱动虚拟水流动的不是淡水的短缺而是耕地资源的缺乏，使得食品安全单纯的水资源方面问题变得多元化。Anthony 等分析计算了中东和北非一些国家农产品虚拟水进出口量的变化情况，阐述了虚拟水对南非粮食安全的作用。结合当前中国对外贸易的发展状况，王红瑞等初步计算了 2000—2002 年中国农产品的虚拟水贸易量。3 年间，中国农产品的虚拟水贸易一直保持较大逆差，虚拟水的净进口总量维持在每年 40 亿 m^3 左右。这意味着通过虚拟水贸易，每年从外部获取的虚拟水资源缓解了国内约 40 亿 m^3 的水资源压力，这个数值相当于每年中国水资源短缺量的 10%～15%。

2)虚拟水战略对水资源管理、生态、经济和社会文化的影响研究。Hong Yang 等量化了水资源与食品进口的关系，发现谷物食品贸易和其他农产品贸易在缺水国的食品安全和经济增长方面起着非常重要的作用，物化了食品中的虚拟水对缺水国来说是一个有效利用有限水资源的方式。在计算了世界上不同国家年平均虚拟水贸易的平衡量后，Chapagain 等发现通过虚拟水贸易，中国相当于节约了 194 亿 m^3 的水资源。此处体现出虚拟水的政治作用和社会作用。对于虚拟水战略的实施，不仅是建立在比较优势的理论层面，而且是从食品安全甚至是社会安全的角度提出的，因此虚拟水对于国家和地区的生态安全和社会安全方面所起到的作用也逐渐成为热点问题。

（4）水足迹。水足迹概念与生态足迹概念和虚拟水概念都是分不开的。一个人口的生态足迹是指在确定的区域内，特定的物质生活条件下，一个丰富的陆地生态系统和水生态系统所需要产生的资源和吸收的废物。

Hoekstra 和 Hung 将水足迹定义为任何已知人口（一个国家、一个地区或一个人）在一定时间内消费的所有产品和服务所需要的水资源数量。生态足迹是从宏观上对资源进行研究，而水足迹是研究对水资源的利用。一个国家或地区的水足迹等于国内用水量（WU）和虚拟水量净进口（NVWI）的代数和。水足迹可以分为两类，一类是内部水足迹，另一类是外部水足迹。内部水足迹是本国水资源的水利用量；外部水足迹是国家进口的产品和服务中所需要的来自其他国家的用水量。A. K. Chapagain 等对棉花消费的水足迹进行了计算，研究范围涵盖整个棉花消费过程，包括棉花原料消费和棉花产品消费，从而提出稀释水的概念，以此来量化棉花消费对水质的影响。通过对国家水足迹的量化，Chapagain 和 Hoekstra 逐步完善了水足迹的概念，也分别计算了内部水足迹和外部水足迹。发现有 4 个因素会直接影响国家的水足迹，分别是消费量、消费形式、气候条件和农业方式。以往对于水资源的评价都是从生产角度出发的，而水足迹是从消费角度进行的。它是从各国对水资源的消费来源来评价水资源的可持续性和利用效率。很多缺水国家缓解水压力的措施就是将水资源外部化，即增加外部水足迹。同时，水足迹也是评价国家水资源独立性的指标，从外部水足迹和内部水足迹方面，每个国家都从国际贸易中获得或支出了虚拟水，在水资源方面各个国家都对其他国家有不同程度的依赖，体现出建立健康、公平的国际市场的重要性。

（5）产品虚拟水的量化研究。由于不同产品生产流程不同，生产地点和时间、衡量的尺度（流域尺度或农田尺度）、生产方法和用水效率、中间产品用水量的计算方法等复杂程度不一，尤其是涉及加工产品（一次加工、二次加工、三次加工）和副产品时，产品虚拟水含量研究计算十分复杂，测算的结果差别很大。如当前测算的小麦、水稻和玉米的虚拟水含量的变化范围分别为 0.116 万～0.2 万 m^3/t，0.14 万～0.36 万 m^3/t，450～1900m^3/t。将不同产品虚拟水含量进行量化显然是十分重要的，它是理解虚拟水概念和作用的第一步，能为评价现有的水资源利用政策、制定合理的水资源利用战略，实现水资源可持续利用提供丰富的科学信息，具有重要的参考价值，因此产品虚拟水的量化是当前国外虚拟水研究的热点和难点。

由于影响产品生产中用水量的因素很多,因此,量化一种产品的虚拟水含量不是一件容易的事情。目前国外比较成功的虚拟水含量的计算方法有 2 种,一种是 Chapagain 和 Hoekstra 2003 年建立的"生产树"法;另一种是 Zimmer 和 Renault 2003 年提出的基于对不同产品类型区分的计算方法。

一些研究者阐述了作物和畜产品在不同的生产和处理阶段的虚拟水含量,估算了不同国家之间虚拟水的贸易量。粮食虚拟水包括作物生长过程中所需的灌溉水和土壤水,因此作物的生长过程将水和食品联系在一起。A. K. Chapagain 和 A. Y. Hoekstra 分别介绍了荷兰咖啡和茶的虚拟水含量的整个计算过程,最后估算了荷兰进口咖啡和茶的虚拟水含量,定量地给出了荷兰在 1995—1999 年期间进口和出口咖啡和茶的虚拟水贸易量。Singh 和 Sharma 等在 2004 年定量地给出了在古吉拉特邦范围内不同地区作物的产量以及其虚拟水的含量,并从农业和经济两个方面评估了作物灌溉用水效率,最后定量给出了在古吉拉特邦范围内不同地区牛奶的虚拟水贸易量。

2. 国内虚拟水研究进展

在国内,程国栋最早提出了虚拟水及虚拟水战略,认为虚拟水理论是保证中国水资源安全的新思路和新方法。此后,中国的学者也对虚拟水的问题进行了相应研究。刘宝勤等认为虚拟水的理论基础主要包括 3 点,分别为资源流动理论、资源替代理论和比较优势理论。以往对于水资源短缺和食品安全的研究仅是从农业科学的角度出发,研究农业生产中所消耗的水资源数量,而虚拟水理论则是从经济学的角度出发,研究生产用水所具有的多种机会成本。虚拟水理论的基本原理为两点:一是比较优势理论,二是社会调适能力。对于后者,虚拟水是一种对于资源短缺而不得不形成的适应。王红瑞等对中国今后的虚拟水及虚拟水贸易研究中值得关注的问题进行了讨论。就目前国内的研究来说,对于虚拟水的理论基础研究刚开始起步,对虚拟水背后隐藏的生态与环境效用以及正外部性还没有更多涉及。

在对中国的研究中,仅从水资源的角度看,中国北方地区应该进口耗水量较高的商品而出口耗水量较小的商品,南方地区则应该相反。这就需要对中国南北方的贸易结构进行一定的调整,增加水资源的分配效率。Hong Yang 和 Alexander L J. B. Zehnder 建议中东南部地区的国家应该大力发展工业和服务业(特别是旅游业),而不应该将有限的水资源大量投入到耗水量很大的农业部门。对于农业部门内部,则应该对耗水量较少而经济价值很高的非谷类农作物多投入水资源。虽然很难说明这种利用在多大程度上提高了水资源利用效率,但虚拟水毕竟是一个新的视角。由于距离、成本、政治等问题,很多国家间的调水都是很难完成的,但贸易中的虚拟水是确实存在的,虚拟水贸易是一种改善水资源利用效率、保证食品安全的途径。

柳长顺等通过对国家市场、外汇能力和对农民所产生的影响从三个方面进行了分析,研究了未来中国实行虚拟水贸易的可行性。尽管虚拟水贸易可以缓解中国水资源短缺问题,但是未来保证粮食安全与粮食进口两者是缺一不可的。实体水从富水地区流向缺水地区,而虚拟水从缺水地区流向富水地区,虚拟水贸易不仅与水资源的丰富程度有关,还与当地的气候条件和技术情况相联系。同时,把南水北调和虚拟水贸易联系起来,认为虚拟水贸易可作为南水北调的一种补充,在保障缺水地区的水安全方面发挥重要的作用。国内学者对虚拟水贸易的研究结果证实了 Wichelns 理论的正确性,说明了虚拟水贸易需要符合比较优势理论学的原理,不应该只关注于水资源利用这一个方面。

秦丽杰等认为虚拟水战略的作用在于三个方面:①可以解决当地的粮食需求、缓解当地水资源短缺问题;②可以促进农业生产结构的调整和优化;③为水资源管理提供新对策。龙爱华等计算了 2000 年新疆、青海、甘肃、陕西四省(区)居民消费的虚拟水数量和人均虚拟水消费情况,分析了虚拟水战略对西北地区解决水资源短缺问题的政策含义,提出了西北地区应用虚拟水战略的前景和有关措施。在对三江平原实施虚拟水战略实际意义的研究中,发现三江平原水资源丰富,开发容易,成本低,实施虚拟水战略可以提高水资源有效利用率和生产率,为国内外水资源短缺地区的水安全、粮食安全、生态环境安全做贡献,从而发展三江平原区域生态和虚拟水经济。虚拟水战略应该适应城市化的发展水平,并结合当地的经济实力和生态平衡因素。前两者为北京实施虚拟水战略提供了进行虚拟水贸易的空间,而后者限制了这一空间的过分扩张。王红瑞等分析了历年北京农产品虚拟水结构的变化,利用投入产出的方法计算了北京市农产品虚拟水的贸易量,并将其与北京市地下水分布和开采情况进行了现状对比,从虚拟水的角度提出了缓解地下水资源紧缺的途径,提出应该调整和优化种植结构,减少水稻种植面积,增加蔬菜种植面积,减少玉米出口、增加大米的进口量。水资源分布不均和水量的不足使得国内的学者们从单纯的节约水资源方面延伸到虚拟水的战略上，今后虚拟水战略在解决上述两个问题方面将起到非常重要的作用。

国内的学者也对水足迹进行了研究，龙爱华等总结了水足迹的概念和计算方法，核算并分析了甘肃省 2000 年的虚拟水消费和水资源足迹。结果表明，2000 年甘肃省全社会的水资源足迹为 221.231 亿 m^3，人均水足迹为865.24m^3/(人·年)和 2371L/(人·天)，大大高于统计的水资源利用量。刘梅等计算了 1995—2008 年河北省 11 个行政区的水足迹及其相关指数(水资源匮乏度、水资源依赖度、水资源自给率及水足迹强度)，分析了水足迹和水足迹强度时间序列，并通过水足迹及其相关指数的系统聚类将河北省进行了空间分类，最后从虚拟水贸易平衡、水足迹与三次产业产值对比分析的角度，进一步探讨了各行政区水足迹的时空差异。蔡燕等采用 2002 年黄河流域流经的主要省区的投入产出表计算研究区以及三产业的用水系数、水足迹和净外部水足迹，结果表明：黄河流域第一产业的直接用水系数和完全用水系数均最高，其次是二、三产业，地区间用水系数相差很大。2002 年黄河流域的总水足迹是 1461.0 亿 m^3，46.9%源于地区内最终消费，53.1%源于资本积累；人均水足迹是359.7$m^3 \cdot a^{-1}$，地区差异明显。2002 年研究区净外部水足迹 132.5 亿 m^3，占总水足迹的9.1%。还有学者利用水足迹和虚拟水的概念，计算了中国及各区域主要农产品的虚拟水含量，通过分析区域的农产品生产和消费关系，计算了中国国际和国内区域间的虚拟水流量，以及相应的水足迹和水的自给率，并进行了相关分析。计算结果表明，中国是一个水资源高度自给的国家，但区域间差别较大。绿水在中国国内总用水中占据了较大份额，对于中国农业生产意义重大。

曹建廷等对农畜产品中虚拟水含量的计算方法进行了总结，揭示了虚拟水对于提高水资源利用效率方面和制定水资源政策方面的作用。王红瑞等对中国畜产品中的虚拟水含量分省市进行了分析和研究，计算出中国各省市畜产品虚拟水含量历年的变化情况及各类畜产品现状分布情况，并与各地的水资源总量进行对比分析；并且利用实际灌溉定额法及全国作物需水量等值线图和投入产出方法分别对北京市农业虚拟水结构变化以及北京市的水资源与产业结构优化进行了研究。王树谦等通过对农作物产品中的虚拟水含量与 ET 之间关系的研究，得出 ET 减少会导致虚拟水量减少的结论，提出了农业结构战略性的调整和区域水资源管理的有效措施和建议。利用投入产出分析方法，计算得到了2002年宁夏虚拟水的输出量和经济社会系统对水资源的消费利用情况，说明宁夏采用虚拟水战略进行更大尺度的水资源配置还面临着很多问题和困难。姚蓝对动植物的虚拟水进行了分析，对中国西北四省的粮食、油料和棉花等农作物中虚拟水的含量进行了计算，还利用数据包络分析（DEA）对八个国家的虚拟水状况进行了分析。项学敏等在总结和归纳动植物虚拟水含量计算的基础上，提出了工业产品虚拟水的计算方法，以辽河油田为例，计算了石油制品的虚拟水含量，从水资源的角度提出了石油行业未来应采取的政策。

三、虚拟水研究展望

（1）虚拟水是实体水资源概念在经济社会领域中的拓展。在以往的研究中，对于水循环的理解仅仅停留在自然水循环方面也就是实体水方面，随着虚拟水研究的拓展，可以将虚拟水循环加入自然实体水循环中并扩展水资源的内涵，即将水资源的社会部分加入传统的水资源概念中。在今后的研究中，不仅要阐述实体水的流动与循环状况，更要描述出虚拟水的流动与循环，这对于全面理解和研究水资源，阐述水资源背后的经济、环境效益是非常重要的。

（2）虚拟水的量化是虚拟水研究的又一重要方面。农作物生长所消耗的水资源会受到当地气候条件的影响，从微观方面考虑，在计算区域虚拟水含量的过程中根据气候条件从生长机制上进行量化，通过模型根据不同地区情况调整气候参数，准确计算各类作物虚拟水量，这是虚拟水量化所面临的一大难题。从宏观方面考虑投入产出法是计算产品虚拟水的有力工具，但该方法计算的准确性不高。进一步完善虚拟水的内涵和分类，进一步明确蓝水虚拟水、绿水虚拟水、稀释虚拟水、淡水虚拟水和污水虚拟水的概念和计算方法都将逐渐成为未来研究的重点，从而挖掘出虚拟水背后更加深层的生态与环境效益。

（3）虚拟水的实践过程会影响当地农业生产格局和结构，以及相关政策的制定。对于缺水地区，需要减少对于水密集型产品的生产，将有限的水资源投入到耗水量少、可产生经济价值高的产品生产中，最大化地发挥水资源的利用价值。这就需要对生产格局和结构进行调整和优化。将基于虚拟水导向制定的政策联系起来，根据当地的实体水与虚拟水情况，制定出相应的贸易和生产政策，缓解实体水资源压力，保证食品安全和水安全，解决地理政治纠纷甚至水资源“战争”，也是当前值得开展的研究工作。

(4)水足迹更是未来研究的重点之一，虚拟水是从进出口贸易方面提出的，而水足迹是从整体角度来评价水资源的消耗。内部水足迹和外部水足迹将水资源消耗的来源分开，计算出国内水资源的消耗和对国外水资源的依赖。从这种意义上看，以虚拟水为基础的水足迹研究更值得深入探索。通过水足迹，可以将地区、国家乃至全球的虚拟水以动态的形式表示出来，研究区域内和区域外的虚拟水流动情况。水足迹所产生的环境影响和经济成本主要是由消费者引起的，如何量化这种影响和成本，将这种影响和成本通过价格的方式转移到消费者、消费地区或国家层面，从消费角度来减少对水资源的消耗，这也是非常重要和有意义的。

(5)当前的虚拟水贸易形式是将人口增长所带来的水压力向富水地区或国家转移，对于富水地区或国家来说虚拟水的流入与流出是非常不平衡的，这需要我们在现行的虚拟水贸易基础上综合考虑多方面的因素来改善这种情况，提高全球水资源的利用效率。M. Qadir 认为虚拟水本身就包含农业、经济和政治 3 个方面。农业方面包括当地的气候条件、土壤特性、农作物特点等等；经济方面主要包括水资源的机会成本和贸易模式等，通常缺水国的水资源机会成本较高；政治方面涉及国家安全、食品安全、就业情况等。在未来虚拟水贸易的研究中，不能仅仅从水资源的角度来考虑，需要综合考虑农业、经济和社会等几个方面，从国家和全球的角度出发提出一种平衡的虚拟水贸易方式。

第二节　农业虚拟水评估方法

一、农业虚拟水评估方法

目前计算农产品虚拟水含量的方法主要有两种。一种是 Chapagain 和 Hoekstra 提出的研究不同产品生产树的方法；另一种是 Zimmer 和 Renault 基于对不同产品类型进行区分的计算方法，二者大同小异。根据 Zimmer 和 Renault 的研究，农产品虚拟水含量具体的计算过程根据不同的产品分类而有所差异。Zimmer 和 Renault 将农产品类型分为初级产品、加工产品、转化产品、副产品、多重产品及低耗水产品或不耗水产品六种主要类型。

1. 初级产品的虚拟水计算

初级产品是指直接从作物身上提取的产品，包括谷物、蔬菜、水果等。生产这类产品需要的水资源主要取决于农作物的类型、生长区域的自然地理条件、使用的灌溉系统及其管理方式等。因此农产品的虚拟水估计只是特定地点的一种粗略估计。首先，利用考虑气候影响因素计算的参考作物需水量乘以作物系数进行调整，得到单位面积作物需水量，然后通过单位面积作物需水量除以单位面积作物产量得到单位质量初级产品的虚拟水含量。参照作物需水量采用联合国粮农组织推荐的标准彭曼公式进行计算。

参考农作物蒸发量代表气象条件对需水量的影响，计算参考作物蒸散量的方法归纳起来大致可分经验公式法、水气扩散法、能量平衡法和综合法等四大类。目前世界上用得最广泛的是 FAO1979 年推荐的彭曼公式一FAO Penman 修正式；Kc—农作物系数主要反映农作物本身生物学特性(如叶面积、蜡质层)、产量水平、土壤、栽培条件对需水量的影响.它是计算农作物需水量的重要参数。计算中需要注意与植物的各生长阶段是不一致的。

每种作物虚拟水含量的计算方法：

$$SWD[e,c]=\frac{CWR[e,c]}{CY[e,c]} \tag{6-1}$$

式中，$CWR[e,c]$为国家 e 作物的 c 需水量，(m^3/ha)；$CY[e,c]$为作物的产量，(t/ha)。$SWD[e,c]$是作物在整个生长过程中蒸散量 ET_c 的累积。农作物蒸发蒸腾所消耗的水量(crop evapotranspiration，ET_c)用参考作物的需水量 ET_0 乘以作物系数 K_c 进行计算：

$$ET_c=K_c\times ET_0 \tag{6-2}$$

式中，ET_0 通常参考适当的气象资料(气温、水气压、日照时数和风速资料)按照彭曼公式进行计算，主要考虑气象因素对作物需水的影响。K_c 是作物系数，是区分作物下垫面与参考作物(reference crop)下垫面之间的差异而引入的一个系数，主要反映实际作物与参考作物表面植被覆盖与空气动力学阻力以及生理与物理特征的差异，通常用作物高度、土壤表面反射率、覆盖层阻力和土壤蒸发 4 个区别于参考作物(草)特征的综合指标反映。参考作物的需水是用一个假想的作物参考面(作物高度 12mm.一个固定的表面阻力系数

70s/m，反射率为0.23，作物类型是草，全覆盖而且有充足的水），将各种各样气候条件的影响融合在参考作物需水的影响中，忽略作物类型、作物发育和管理措施等对作物需水的影响。根据联合国粮农组织的推荐可采用修正的标准彭曼公式计算 ET_0：

$$ET_0 = \frac{0.408\Delta(R_n - G) + \gamma \dfrac{900}{T+273} U_2 (e_a - e_d)}{\Delta + \gamma(1 - 0.3U_2)} \tag{6-3}$$

式中，R_n 为作物表面的净辐射量[$MJ/(m^2 \cdot d)$]；G 为土壤热通量[$MJ/(m^2 \cdot d)$]；T 为平均气温(℃)；U_2 为离地面 2m 高处风速($m \cdot s^{-1}$)；e_a(kPa)为饱和状态下的蒸气压力；e_d(kPa)为实测蒸气压力；$e_a - e_d$ 为饱和水气压与实测水气压的差额(kPa)；Δ 为饱和水气压与温度相关曲线的斜率($kPa \cdot ℃^{-1}$)；γ 为干湿度常量($kPa \cdot ℃^{-1}$)。

综上，每种作物虚拟水含量的计算流程如图 6-1。

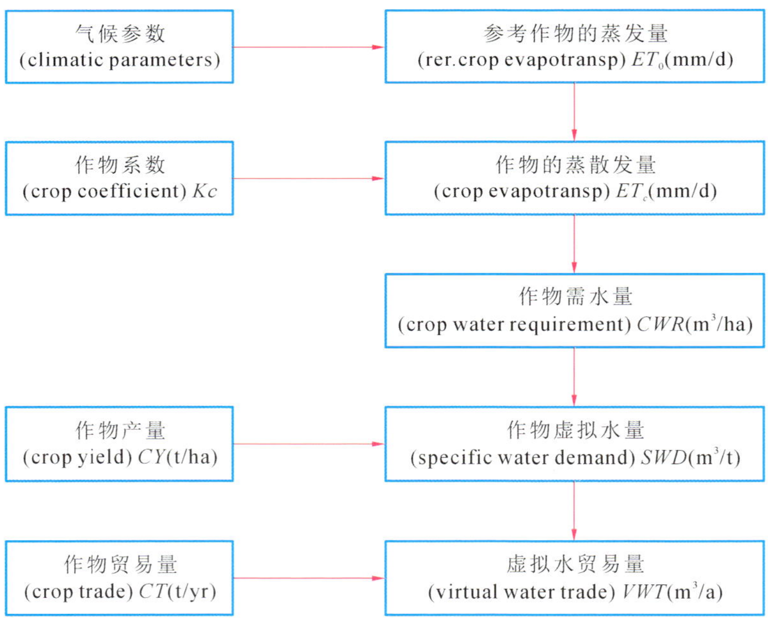

图 6-1　作物虚拟水含量的计算步骤

2. 加工产品的虚拟水计算

加工产品是指以初级产品为原料进行加工后的产品，如糖（原材料为甘蔗、甜菜）、植物油（原材料为菜籽、胡麻、花生等）、面粉、加工饲料、酒精饮料（原材料为粮食)等。加工产品的虚拟水含量取决于加工过程中初级产品的投入比例。通常按照初级产品投入重量比例加权得到。同时,加工产品还需要考虑加工转化效率。如生产 1kg 菜籽油通常需要 2～3kg 的油菜籽,从而菜籽油的虚拟水含量是油菜籽的 2～3 倍。

3. 转化产品的虚拟水计算

动物产品是一种转化产品,因为它们在生长过程中要利用原始的初级产品(如草、谷物和其他副产品),该类产品的计算见动物产品的计算。

4. 副产品的虚拟水计算

副产品是指该类农产品的生产主要是为了其他目的而不是它们的营养价值。如棉油就是一种副产品,因为棉花的生产主要是为了提供棉花纤维,但棉花的籽粒可以榨油供人们使用。副产品的计算主要有三种方法:①按提供副产品的重量比例来分配虚拟水。如 1kg 棉花可以提供 0.625kg 的纤维和0.375kg的种子,纤维和种子的虚拟水含量就按照它们的重量比例分配;②按提供副产品的价值量比例进行分配。这种方法在应用上经常被优先考虑。但该方法也有缺点,因为价值总是随时间和地点不断变化,另外有些副产品价值非常低但又没有其他可以替代的产品;③不考虑实际生产过程用水量,按营养均衡规律来进行分配。如棉油的虚拟水计算可以用其他植物油的虚拟水含量代替。

5. 多重目的产品的虚拟水计算

有些农产品的种植本身就有多重目的,如椰子树,可以提供木材,果实本身可以用于制糖,还可以做椰子汁,当然还有环境价值。动物产品通常也具有多重属性,如羊,可以提供羊毛、羊绒、羊皮、羊肉等。

6. 低耗水/非耗水产品的虚拟水计算

主要指水产品类,海产品不消耗淡水,淡水鱼通过天然河流水体的蒸发和用于喂养鱼类的初级产品(鱼饲料)而消耗少量淡水。还有一些动物是用作物秸秆和家庭生活的残余物喂养的。生产这类产品的虚拟水消费量的计算相当困难。对于前两类产品,目前提出的方法是将虚拟水与实际生产过程相分离,通常采用营养均衡规律计算虚拟水含量。如海产品和淡水鱼的虚拟水含量是通过计算提供同样能量和蛋白质的替代动物产品的虚拟水含量得到的。

二、案例

依据北京市水利科学研究所"七五"以来完成的农业节水研究及对典型区县进行的实际灌溉定额的调查成果，用全国作物需水量等值线图等进行修正，确定北京市主要农作物的需水量。不同作物需水量及其同期有效降雨量列于表 6-1。

表 6-1　北京市主要作物生育期内作物需水量及同期有效降雨量一览表

		有效降雨量(mm)				净灌溉定额(mm)			
		山区		平原		山区		平原	
作物	作物需水量/mm	50%	75%	50%	75%	50%	75%	50%	75%
水稻	720	335.4	299.2	335.3	317.5	384.6	420.8	384.7	402.5
冬小麦	400	103.1	100.6	126.9	80.0	296.9	299.4	273.1	320.0
夏玉米	360	279.8	241.8	350.9	265.0	80.2	118.2	9.1	95.0
作物	作物需水量/mm	50%	75%	50%	75%	50%	75%	50%	75%
露地蔬菜	1050	371.3	352.6	391.9	354.8	678.7	697.4	658.1	695.2
经济作物	550	395.3	337.5	365.5	344.5	154.7	212.5	184.5	205.5
露地瓜类	340	126.7	85.0	108.6	92.6	213.3	255.0	231.4	247.4
牧草	580	395.3	337.5	365.5	344.5	184.7	242.5	214.5	235.5
其他作物	520	395.3	337.5	365.5	344.5	124.7	182.5	154.5	175.5

根据北京市 1990—2004 年农产品产量的数据统计情况，该研究选取水稻、小麦、玉米和薯类作为北京主要的粮食作物，选取大豆、棉花、花生和蔬菜作为北京主要的经济作物，由于西瓜的生产在北京瓜类的生产中占据了较大的份额，亦将其列为主要的经济作物。该研究选取的主要农作物的需水量如表 6-2 所示。

表 6-2　北京主要农作物需水量表

作物类型	水稻	冬小麦	玉米	薯类	大豆	棉花	花生	蔬菜	西瓜
生育期需水量(mm)	720	400	360	520	550	550	550	1050	340
折算成体积(m^3/hm^2)	7200	4000	3600	5200	5500	5500	5500	10500	3400

依据表 6-2 及 1990—2004 年北京主要农产品播种面积、单产的统计数据，在采用公式(6-1)计算得出各种作物单位产品虚拟水含量的基础上，可得各类

作物总的虚拟水含量，计算结果列于表 6-3。

表 6-3　1990—2004 年北京主要农产品历年虚拟水总量($\times 10^8 m^3$)

年份	水稻	小麦	玉米	薯类	大豆	棉花	花生	蔬菜	西瓜
1990	2.466	7.420	8.053	0.379	0.644	0.186	0.608	7.402	0.200
1991	2.486	7.592	8.031	0.365	0.543	0.213	0.619	7.693	0.173
1992	2.278	7.671	8.047	0.342	0.471	0.252	0.642	7.871	0.162
1993	1.908	7.108	7.855	0.343	0.628	0.226	0.636	8.209	0.176
1994	1.659	6.544	7.419	0.317	0.821	0.225	0.639	9.106	0.190
1995	1.678	6.874	7.480	0.287	0.692	0.183	0.615	9.543	0.174
1996	1.661	6.838	7.482	0.268	0.506	0.15	0.563	10.571	0.144
1997	1.668	6.851	7.426	0.271	0.512	0.119	0.522	9.328	0.152
1998	1.399	6.846	7.478	0.258	0.563	0.116	0.508	9.469	0.174
1999	1.379	6.722	7.132	0.272	0.571	0.102	0.542	9.819	0.171
2000	1.013	4.867	4.889	0.314	1.213	0.087	0.705	11.321	0.240
2001	0.492	2.903	3.602	0.304	1.102	0.162	0.729	12.591	0.289
2002	0.322	1.895	3.141	0.320	0.855	0.171	0.840	12.818	0.269
2003	0.116	1.432	2.707	0.283	0.904	0.175	0.733	12.210	0.266
2004	0.115	1.400	2.501	0.267	0.923	0.181	0.851	12.710	0.256

由表 6-3 可知，其中虚拟水量下降较大的依次是小麦、玉米和水稻，而蔬菜、大豆和花生的虚拟水量有了不同程度的上升，西瓜、薯类、棉花的虚拟水量基本保持不变。在粮食作物虚拟水总量变化过程中，除薯类虚拟水总量变化不大外，水稻、小麦和玉米虚拟水总量变化趋势大致相同(图 6-2)，呈下降趋势(在 1999 年以前基本维持比较平缓的下降水平，1999 年以后骤然下降)。由于北京水稻的种植面积占粮食作物的比例不高，所以，小麦和玉米的虚拟水总量与水稻相比，减幅程度较大。其中水稻虚拟水总量由 1999 年的 $1.379\times 10^8 m^3$ 减小到 2004 年的 $0.115\times 10^8 m^3$，小麦虚拟水总量由 1999 年的 $6.722\times 10^8 m^3$ 减小到 2004 年的 $1.400\times 10^8 m^3$，玉米则由 1999 年的 $7.132\times 10^8 m^3$ 减小到 2004 年的 $2.501\times 10^8 m^3$，分别减少了 91.62%、78.76%、62.14%，这与北京近年来采取节水农业灌溉以及减少粮食作物面积有较大的关系，也说明北京的节水取得了成效。

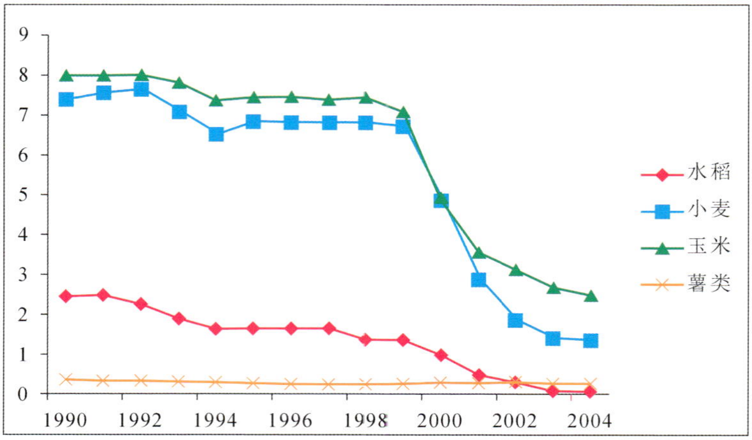

图 6-2　1990—2004 年北京主要粮食作物虚拟水总量变化

由图 6-3 可知，五类经济作物除棉花和西瓜外，其余的虚拟水含量均呈现上升趋势，其中涨幅较大的是大豆、花生和蔬菜。蔬菜与花生的变化趋势基本相同，除在 1997 年和 2003 年有所回落外，其他历史年均呈现增长趋势，花生的虚拟水总量由 1990 年的 $0.61\times10^8 m^3$ 增加到 2002 年的 $0.84\times10^8 m^3$，蔬菜由 1999 年的 $7.40\times10^8 m^3$ 增加到 2002 年的 $12.82\times10^8 m^3$，增幅分别达到 38.16%、73.17%；大豆虚拟水总量变化起伏较大，在 1992 和 1996 年有较大的回落，2000 年达到历史最大值，但基本上仍呈现上升趋势，1990—2003 年间的增长率为 40.37%。棉花和西瓜的变化趋势比较平缓，起伏不大。虽然棉花在 1998 年后单位产品虚拟水含量有所下降，但是其种植面积却在增加，因此，其虚拟水总量基本不变；由于西瓜单位产品虚拟水含量及种植面积历年的变化都不大，所以，其虚拟水总量变化不明显。

由表 6-4 和图 6-4 可知，在历年虚拟水总量的变化过程中，粮食虚拟水总量持续减少，特别是进入 2000 年以来，减幅很大，由 1991 年的 $1.8475m^3$ 减少到 2004 年的 $4.283\times10^8 m^3$；经济作物虚拟水总量却呈现上升趋势，由 1991 年的 $9.243\times10^8 m^3$ 增加到 2004 年的 $1.442\times10^9 m^3$。从 2000 年开始，经济作物虚拟水总量开始高于粮食作物，但农作物虚拟水总量仍呈现下降趋势。

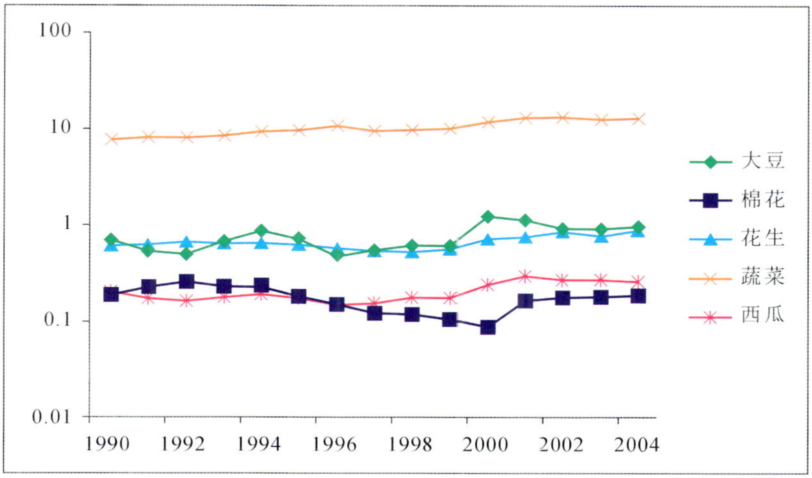

图 6-3 1990—2004 年北京主要经济作物虚拟水总量变化

表 6-4 1991—2004 年北京粮食和经济作物总虚拟水含量(×10⁸/m³)

指标	1991	1992	1993	1994	1995	1996	1997
粮食作物总虚拟水含量	18.475	18.339	17.217	15.939	16.319	16.248	16.217
经济作物总虚拟水含量	9.243	9.398	9.875	10.982	11.207	11.936	8.965
作物总虚拟水含量	27.718	27.737	18.089	26.921	27.526	28.184	25.182
指标	1998	1999	2000	2001	2002	2003	2004
粮食作物总虚拟水含量	15.981	15.504	11.082	7.301	5.678	4.538	4.283
经济作物总虚拟水含量	10.829	11.206	13.567	14.873	14.953	14.288	14.921
作物总虚拟水含量	26.810	26.710	24.649	22.174	20.631	18.826	19.204

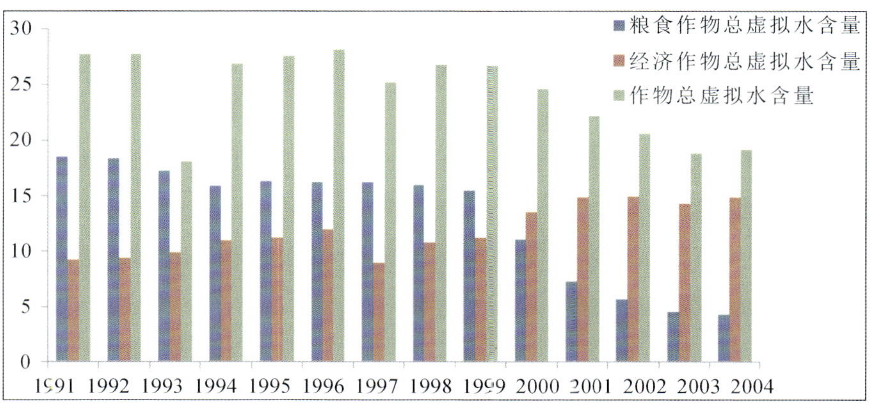

图 6-4 1991—2004 年北京农作物虚拟水总量变化趋势(×10⁸ m³)

第三节　中国农业虚拟水流向格局

马静等将中国 31 个省、自治区和直辖市根据传统的区划分为北方和南方两个一级区。在此基础上，按照地理位置、气候条件、农业生产状况以及与传统区域划分模式保持一致的原则进一步细分为 8 个二级区，其中北方地区包括华北、东北、黄淮海和西北地区，南方地区包括东南、长江中下游地区、华南和西南地区（见表 6-5）。

表 6-5　区域划分

一级区	二级区	省、自治区、直辖市
北方	华北	北京、天津、山西
	东北	内蒙古、辽宁、吉林、黑龙江
	黄淮海	河北、河南、山东、安徽
	西北	陕西、甘肃、青海、宁夏、新疆
南方	东南	上海、浙江、福建
	长江中下游地区	江苏、湖北、湖南、江西
	华南	广东、广西、海南
	西南	重庆、四川、贵州、云南、西藏

1999 年中国南方地区通过农产品的交换从北方地区调入的虚拟水量达到了 520 亿 m^3。这 8 个二级区间，虚拟水的流向是东北、黄淮海、长江中下游平原为虚拟水净调出区，其他 5 个二级区为净调入区，其中华北、东南和华南地区为主要的调入地区。

王红瑞基于 36 种农产品，计算了 2000—2002 年中国粮食贸易中的虚拟水，结果表明，在这 3 年间，农产品虚拟水保持了净进口 400 亿 m^3 的水平。大豆进口虚拟水量占总进口虚拟水量的 85%，玉米出口虚拟水量占总出口虚拟水量的 52%。

张蕾基于水稻、小麦、玉米这 3 种粮食作物，计算了国内区际贸易量，结果表明，2005 年从中国北方向南方通过粮食贸易净调出的虚拟水量高达318.1 亿 m^3。这 8 个二级区间，东北、黄淮海、长江中下游地区调出的虚拟水量最多，长江中下游、东南、华北、华南地区调入的虚拟水量较大。虚拟水的总体流向是：东北、黄淮海地区为虚拟水净流出区，其余6个区域均为虚拟水净流入区，其中东南、华南、长江中下游地区为主要的净流入地区。南水北调的西线工程最大调水量约为200亿 m^3，中线和东线调水工程调入实体水共237亿 m^3，若扣除南水北调东线、中线工程向北京、天津和江苏等地的调水量，向黄淮海地区调入的实体水量已略低于该区粮食贸易净调出的虚拟水。

孙才志等计算了2007年中国粮食贸易中的虚拟水，结果表明2007年只有大豆为净进口，虚拟水量为649.4亿 m^3，小麦由净进口变为净出口，虚拟水量为34.9亿 m^3。结果同时表明，2007年从中国北方向南方地区通过粮食贸易输出的虚拟水量高达331.2亿 m^3，而从南方调往北方的虚拟水量仅有13.6亿 m^3。这8个二级区间，虚拟水的总体流向是：东北、黄淮海以及长江中下游地区为虚拟水净流出区，净流出的虚拟水量分别为156.7亿 m^3、291.4亿 m^3 和62.9亿 m^3；其余5个大区均为虚拟水净流入区，其中华南和东南地区为主要的净流入地区，净流入的虚拟水总量分别为179.7亿 m^3 和150.3亿 m^3。

陈丽新等从国际和区际两个层面上对中国农产品贸易导致的虚拟水流动量进行计算。结果显示中国国际农产品虚拟水净进口量由2000年的117.1亿 m^3 扩大到2008年的798.5亿 m^3，主要原因在于近年来国际大豆进口量的剧增。区际农产品虚拟水流动格局表明，中国北方地区通过农产品贸易向南方地区净调出的虚拟水由2000年的163亿 m^3 增加到2008年的313.5亿 m^3。其中，黄淮海和东北地区为中国虚拟水最主要的调出区，而华南、东南地区则是最主要的调入区。

韩雪计算了中国2000—2010年八大区域间的虚拟水流量关系，结果表明：中国主要农产品虚拟水净进口量呈波动增长趋势，与大豆所含虚拟水净进口量波动趋势基本一致，最大净进口量出现在2010年，为1271.6亿 m^3。十年间中国通过粮食贸易产生的虚拟水流向主要是从北方地区流向南方地区；在八大区域中，东北、黄淮海、长江中下游地区为中国虚拟水净调出区，其他5大区域为虚拟水净调入区，其中华南和东南地区为主要的净流入区。中国区际虚拟水流动格局形成的原因，除受水资源影响外，还受到耕地资源、生态需要、经济因素、人口、政策因素的限制。中国粮食对外贸易中虚拟水流动格局主要受大豆影响，水稻、小麦、玉米虚拟水含量仍以出口为主。

马超等选取了10种典型的农产品进行分析，其中包括粮食产品四种：玉米、大豆、小麦、水稻;经济类作物3种:花生、烟草、棉花;另外包括蔬菜、橘橙和苹果。在2005—2009年期间,中国平均每年约有900亿m^3虚拟水输入,大豆仍然是虚拟水进口中最主要的载体,平均每年由大豆带来的虚拟水进口量达到834.2亿m^3。出口方面,在2007年之前,虚拟水净出口最多的是玉米,其次是蔬菜、水稻和花生。而从2008年开始,由于受到金融危机的影响,中国大多农产品净出口量普遍出现了一定幅度的下降,而农产品的贸易结构也发生了一定的变化。2009年的计算结果表明,虚拟水净出口量最多的依次是蔬菜、苹果、水稻和橘橙,而玉米的虚拟水净出口量则从2005年的64%降到2009年的2.4%。相对而言,蔬菜与水果(橘橙、苹果)的虚拟水出口量却有所上升。研究者针对中国农产品虚拟水流动格局的研究结果见表6-6。

表6-6 各研究者针对中国农产品虚拟水流动格局的研究结果

作者	年份	载体	北方调入南方虚拟水量(亿m^3)	流动格局				
				国际间		国内区间		
				进口虚拟水量(亿m^3)/主要进口地区或产品	出口虚拟水量(亿m^3)/主要出口地区或产品	净调出区	净调入区	主要调入区
马静等	1999	农产品	520	280/北方地区	190/南方地区	东北、黄淮海、长江中下游	其余5区	华北、东南和华南
王红瑞	2000—2002	农产品	—	538.6/大豆	136.2/玉米	—	—	—
张蕾	2005	粮食产品	318.1	728.61/大豆	76.54/玉米	东北、黄淮海	其余6区	东南、华南、长江中下游
孙才志等	2007	粮食产品	331.2	649.4/大豆	80.8/玉米	东北、黄淮海、长江中下游	其余5区	华南、东南
陈丽新	2008	粮食产品	313.5	810.6/大豆	12.1/大米	东北、黄淮海	其余6区	华南、东南
韩雪	2000—2010	粮食产品	—	1271.6/大豆	—	东北、黄淮海、长江中下游	其余5区	华南、东南
马超等	2005—2009	农产品	—	900/大豆	72/蔬菜、水果	—	—	—

中国历史上形成的“南粮北运”格局是符合自然条件和生态环境特点的。而改革开放以来，由于南方经济高速发展，南方粮食生产相对效益下降，农田水利建设比北方明显减缓，导致南方粮食增产在全国的贡献率大幅度减少。随着南方粮食增产速度的减缓和消费水平不断提高的逆向组合，导致了南方粮食总量不足，供求失衡。按现在的发展趋势，缺口还会迅速扩大。粮食流向格局逆转为“北粮南运”，这种格局的急剧变化，使北方地区水土资源地域组合不相匹配的矛盾更加尖锐，缺水干旱问题更加严重，水资源匮乏问题成为难以逾越的障碍，将对未来50年粮食生产总量的增长产生极大的影响。如果未来粮食生产总量配置的格局不发生根本性的区域性转移，北方地区水资源短缺的矛盾又不能得到圆满解决，那么粮食增产计划将会落空。

孙才志等分析了中国虚拟水贸易流动格局，并对其驱动因子做了较详细的分析。马超等从自然、经济、社会、生态、技术和政策6个维度系统分析了以农产品为主要载体的虚拟水贸易实施的影响因素。

主要影响因素为自然和经济因素。从自然因素来看，中国北方较南方而言，耕地多，但水资源少。M. Dinesh Kumar 和 O. P. Sign 发现，驱动虚拟水流动的一个重要因素是耕地面积，虚拟水总是从水资源短缺但耕地丰富的国家或地区流入水资源丰富但耕地短缺的国家或地区。而水资源是土地资源的“附属品”，必须依附于耕地才能发挥其生产力。由此可以看出，耕地资源是制约农业发展的重要驱动因子，这也是中国粮食增长中心“北上”的客观原因。从经济因素看，Turton 把一个国家的需水量、经济实力、农业及工业用水效率作为该国水政治学(Hydro political)的关键变量。在南方地区，以第二、三产业为主，农业机会成本较高；北方在相比之下农业机会成本较低，导致了南方从北方调入农产品居多，而非进行农业生产。

如调水工程一样，虚拟水战略的实施会对水资源管理、生态与环境、经济和文化产生不小的影响，只有在充分理解这些影响的基础上，才能更好地发展和实施虚拟水战略。如有的专家担心虚拟水交易后，中国的一部分粮食市场将被外来的粮食挤占，这对本来就存在有卖粮难和以粮收入为主的农民来说，无疑是雪上加霜。据美方估计，目前中国每年进口美国小麦200万t，今后可能增至500万t，将使中国农民损失54.6亿元人民币，收入受到影响势必影响持续进行粮食生产的积极性。但是，中国是粮食生产大国，也是粮食消费大国。粮食问题必须立足于自给，这是我们一贯的政策。而虚拟水交易是在充分发挥国内农民生产粮食仍不能满足粮食需求情况下的一种解决水资源与粮食安全的战略，进口的一部分粮食是农民因水资源短缺无法生产的，如果没有进口粮食，种粮农民也不会由此受益；相反，进口粮食可以使农民使用有限的水资源生产高附加值的农产品。所以，虚拟水资源对改变种植结构是有利的，对农民增收也是机遇。

第四节　虚拟水视角下的农业用水安全

中国是一个农业大国，农业是国民的根本和基础，粮食生产关系到中国十几亿人民的基本生存问题。同时，农业用水是最主要的水资源消耗途径，粮食产品中隐含的虚拟水含量又很大，对国家整体的水资源消耗有重大影响。而中国不仅水资源短缺，空间分布差异也很大，为平衡地区间的水资源利用，国家每年都要花费大量的人力、物力、财力进行各种各样的水利工程建设（例如在建的南水北调工程，是一项耗费多、规模大、涉及地区多的工程）。虚拟水理论表明通过调整地区的水密集型商品，使得用较小的成本解决水资源分布不均衡成为可能。而最主要的水密集型商品就是农产品。因此，虚拟水战略对优化中国各地区之间的农产品结构，有效提高中国的水资源利用效率，平衡地区水资源，实现中国水资源可持续发展都具有积极意义。

从目前已有的研究来看，虚拟水的定量分析主要有两种取向：一是从生产者的角度将虚拟水定义为生产这种产品所实际使用的水资源量；二是从消费者角度出发，定义为在产品消费地生产同质产品所需要的水资源量。这两种取向各有侧重，前种定义主要反映的是产品生产地的生产条件和用水效益等因素，其计算结果能有效地指导当地的生产部门更好地做好水资源的配置和利用工作；而后者的计算以产品消费地为基准，直接反映的是采取进口替代战略后所能节约的本地的水资源量，其计算结果能帮助当地的政策制定部门，在进行贸易结构调整时科学地决策应对哪些产品实施进口替代战略。

一、缓解水资源紧缺

采用虚拟水概念缓解水资源矛盾的思想，在于将进口的粮食水量和国内粮食生产的水量进行比较。当今世界的经济和贸易越来越趋于全球化，粮食从富水国到贫水国的全球贸易也可以像石油产品从富油国到贫油国输送一样是可行的。谷物和其他农产品贸易已经对缺水国家的粮食安全和经济增长起到重要作用，并且会继续发挥作用，体现在食物进口中的虚拟水对于缺水国家而言，是实现受限制水资源供给价值最大化的有效途径。H. Yang 和 A. J. B. Zehnder 对南部几个地中海国家粮食进口所做的研究表明，粮食进口能够有效地减少本地水资源消耗。

世界水资源委员会（WWC）和联合国粮农组织（FAO）以产品使用地为基础估计了 2000 年全球的虚拟水贸易流量为 13400 亿 m^3，其中 60%体现在农作物的产品贸易中。Anthony 等分析计算了中东和北非一些国家农产品虚拟水的进出口量的变化情况，阐述了虚拟水对南非粮食安全的作用。

虚拟水战略较实体水的输移来说带来的生态环境破坏更小，因此，中国应对那些一次性投资巨大且需要长期维持性投资的大型骨干跨流域调水工程的必要性重新研究，特别在制定解决西北地区水资源短缺的政策时，更有必要借鉴国际上缺水国家采用的虚拟水贸易战略。可以考虑把调水工程的巨大投资和维护性投资，用来作为实施虚拟水贸易的财政补贴。

二、促进农业生产结构的调整和优化

按照虚拟水理论，在测算各种农作物产品虚拟水含量的基础上，依据当地水资源比较优势与禀赋都较低的现实，在保证粮食安全的前提下，充分发挥虚拟水含量的使用效益，同时应该重视看不见的绿色用水（所谓绿水或绿水资源，是指降水直接补给成为土壤水、被土壤蒸发和植被蒸腾消耗的那部分水资源量）的作用，压缩灌溉用水量多的作物种植面积，增加对绿色用水利用效益较高的作物种植。比如，小麦的虚拟水含量虽不高，但其生育期的绿色用水量却很低，需要灌溉来满足其虚拟水含量的不足；相比之下，棉花的虚拟水含量虽然高，但其生育期消耗的主要是绿水资源，需要的灌溉水量较少，经济效益也相对较高。因而适当多种棉花、少种小麦多年来一直是进行结构调整的大政方针。利用虚拟水理论，充分发挥各地优势，调整种植结构，是实现真正意义上的水资源优化配置的有效途径。

王玉宝等计算出 2010 年中国粮食生产蓝水用量约为中国总蓝水用量的

47.9%，省级行政区之间粮食虚拟水流动引起的节水量为578.9亿m^3，节水率（节水量/水资源利用量）为8.5%，其中节约蓝水量478.9亿m^3，节水率为16.7%。蓝水节约量是绿水节约量的4.8倍，以消耗较多的绿水来节约机会成本更高的蓝水，对于减缓区域水资源压力，促进区域可持续发展具有重要意义。中国粮食虚拟绿水含量高于蓝水，绿水在粮食生产中具有重要地位，为充分利用绿水，除应确保粮食播种面积不减少之外，各区域还应通过调整作物种植结构，增加绿水利用比例高的作物种植面积。

通过压缩不适宜进行大规模农业生产的地区的农业生产规模，调整高耗水低效益的农业产业结构，可以大大节约水资源的耗用，缓解区域性的水资源紧缺压力。对传统的经济发展思路下形成的通过调水来维持乃至扩大高耗水农业产业的区域水资源配置的管理战略，应当予以重新审视。因此，水资源短缺的国家和地区在虚拟水战略的指导下，可对当地农业生产结构进行调整和优化，合理配置水资源，既保证水资源安全，又保证粮食安全。

从保障国家安全的角度看，还需要从根本上解决本国农业用水不足问题，一方面应该加强农业用水管理，提高水资源利用效率。另一方面，基于本国粮食贸易安全的考虑，粮食进口应尽可能使贸易伙伴国多元化。

第七章　气候变化与农业用水安全

本章在系统分析气候变化对农业用水影响的研究进展的基础上，研究作物生长季期间气候资源变化特征，探讨中国气候变化与干旱，并对主要农作物生育期内降水变化进行了系统研究。

受全球气候变化影响，过去50年来中国水热资源发生了显著变化。根据联合国政府间气候变化专门委员会（IPCC）第四次评估报告显示，最近100年（1906—2005年）全球平均气温上升了0.74±0.18℃；近50年来，冷昼、冷夜和霜冻的发生频率已减少，热昼、热夜和热浪的发生频率已增加。根据《中国应对气候变化国家报告》，近百年来中国平均气温升高了0.5～0.8℃，略高于同期全球增温平均值。近50年来，主要极端天气与气候事件出现频率和强度发生明显变化，华北东北地区干旱趋重，长江中下游地区和东南地区洪涝加重（丁一汇，2007）。国内有关研究表明，未来中国气候变暖趋势将进一步加剧，这主要表现在：未来50年全国年平均气温将继续上升，温度升高的幅度由南向北递增，西北和东北地区温度上升明显；未来50年中国全国年平均降水量将增加5%～7%；未来100年中国境内极端天气与气候事件发生的可能性增大。

气候变化对农业生产和经营产生重大影响，且以负面影响为主，这主要表现在气象灾害更加频繁、作物布局和结构改变、生产成本增加（IPCC，2007）。利用实际观测资料，揭示气候变化背景下过去50年来中国农业气候资源的时空演变规律，有利于加强对气候变化的认识，有利于分析气候变化对农业用水的影响，有利于农业部门采取措施，适应或减缓气候变化对农业生产的影响。本章重点讨论国内外在农业气候资源时空演变规律、干湿气候变化及气象干旱等方面的研究进展。

第一节　气候变化对农业用水影响研究进展

一、气候变化对水资源影响研究

气候变化对水资源影响的研究起步于20世纪70年代后期，早期的有关研究主要集中在人类活动对局部水气条件的改变，如大型水库对库区局地气候的影响。美国国家研究理事会水与气候委员会组织会议讨论了气候、气候变化和供水之间的相互关系及影响，形成了《气候变化与水法》《水资源系统规划》《水资源与未来气候》等研究成果。1977年瑞士召开的世界气候大会上部分学者呼吁展开气候变化对水资源的影响研究，但当时没有引起足够的重视。直到20世纪80年代中期，国际水文界开始重视气候变化对水文水资源的影响。1985年世界气象组织(WMO)出版了气候变化对水文水资源影响的综合报告，并向相关研究者推荐了一些检验和评价方法，随后WMO又发布了水文水资源对气候变化和气候变率的敏感性分析报告。1987年国际水文科协(IAHS)在国际大地测量与地球物理学联合会(IUGG)第19届大会中举办了“气候变化和气候变率对水文水资源影响”的专题学术研讨会。1988年，联合国环境署(UNEP)和世界气象组织应其成员国要求，成立政府间气候变化专业委员会，旨在开展气候变化、气候变化影响评价和适应对策三方面研究，为各国政府决策提供科学依据。

随着IPCC的成立和《联合国气候变化框架公约》(UNFCCC)的制定，政府和公众对气候变化问题日益重视，气候变化研究特别是气候变化对水文水资源的研究工作迅速增加。截至2007年，IPCC已发布4份关于全球气候变化的综合评估报告。随着IPCC对气候变化成因的认识逐步深化，“气候变化将对水文水资源产生较大影响”这一结论的可信度也在不断提高。2001年IPCC发布的关于气候变化的第三次评估报告(TAR)指出，新的、更强的证据表明，气候变化可能会增加全球平均年降水量，但在区域尺度上的增加和降少都有可能；世界上许多水资源缺乏地区的水短缺问题将进一步加剧；淡水质量也将因水温升高而降低(高可信度)。2007年IPCC第四次评估报告显示，气候变化对淡水资源的不利影响超过其效益(高可信度)。降水和温度的变化将导致径流和可用水量发生变化;许多半干旱地区(如地中海流域、美国西部等)的水资源将因气候变化而减少;受干旱影响的地区将增加,可能对许多行业(农业、供水等)产生不利影响;由于气候变化,灌溉用水需求将出现大幅度增加。

气候变化研究不仅实现了水文、气象、农学等多学科的交叉研究,而且更加注重气候、人类活动、水循环等各方面的相互影响及反馈作用。当前气候变化对水文水资源的影响研究主要集中在以下三个方面。

(1)气候变化对水文水资源的影响评价方法。在气候变化对水资源影响评价研究中,通常将全球气候模型(GCM)的不同气候情景输入到流域水文模型中,模拟气候变化对水循环的影响过程。其中为解决 GCM 输出与水文模型的尺度差异问题,发展了 GCM 的降尺度技术,同时流域水文模型特别是大尺度水文模型和分布式水文模型得到了快速的发展。在一些缺少资料的地区,研究者尝试利用 RS 和 GIS 相结合的技术,为气候变化研究提供技术支持;一些改进后的水文模型不仅可用于模拟区域水量变化,还可以研究面源污染。

(2)气候变化对水文水资源的影响评价。气候影响评价研究是气候变化研究的重要组成部分,其目的是为世界组织和各国政府决策提供科学的技术支持。气候变化对水文水资源的影响评价研究主要包括气候变化对水循环过程的影响,水系统对气候变化的敏感性和脆弱性,水系统发生不可逆转的临界值或阈值等。

(3)应对气候变化的适应性对策。面对气候变化对水资源所产生的影响,水资源管理者面临巨大的挑战。如英国供水公司从 1997 年已开始定期考虑气候变化对未来水资源的影响。水资源管理策略的变化对适应和减少气候变化产生的不利影响具有重要的意义。

二、气候变化—水资源—粮食影响研究

在气候变化背景下,水资源影响粮食生产有多种方式,如降水、农业灌溉、作物蒸散、极端气候事件、土壤湿度、空气湿度、冰川和积雪融化等,这些都直接或间接地影响着作物水分平衡,进而影响作物产量,其中四个方面最为重要。

1. 降水

降水(Precipitation)过程主要包括降雨(Rainfall)和降雪(Snow)两个部分。降

水作为农作物最重要的水分来源，未来降水状况决定着未来的粮食生产，特别是干旱半干旱地区的农业生产。全球 80%以上的农业用地为雨养型，降水的时间和数量决定了这些地区作物的生产力。多数研究表明，降水的多少和降水时间在很大程度上决定着未来气候变化对粮食生产的影响是利还是弊。一般而言，使用区域降水减少的情景进行评估，结果会给农作物生产带来消极信号，反之亦然（Bates B. C.，2008）。目前，针对粮食生产进行的气候影响评估关键取决于所使用的具体的 GCM 降水预估。使用不同的社会经济情景和 GCM 模型会得到不同的降水情景，目前存在着各种各样的降水情景，但多种模式仍有一些共同点：21 世纪全球平均的水汽、蒸发和降水增加，但不同区域气候变化的影响不同，在高纬度和热带部分地区，降水普遍增加；在亚热带地区普遍减少（IPCC，2008）。

2. 灌溉

气候变化对农业灌溉的影响主要是将增加部分地区农业灌溉水资源需求量，与工业和居民生活用水争夺水资源，加剧水资源短缺。灌溉水资源的供需状况直接影响着灌溉农田的面积和产量。灌溉农田的面积和生产力在很大程度上取决于可用于灌溉的淡水资源的数量。随着气候条件变得更加干热，有灌溉保障的农地作物产量将比旱地更大。在有水源保障的情况下，不断干旱的气候条件将增加单位灌溉农田的用水量。Döll 研究利用全球灌溉模型（Global Irrigation Model）分析气候变化对农作物蒸发的直接影响，指出到 2020 年全球农作物灌溉的净需求（即蒸腾净损失）将增加 3%～5%，2070 年将增加至 5%～8%（1995 年为基期）。Frederick 利用 EPIC 模型模拟了在 1931—1940 年和 1951—1980 年两种不同气候条件下内布拉斯加州和堪萨斯州地区粮食作物生长，研究结果表明：与 1951—1980 年相比，在气候更加干旱的 1931—1940 年间，内布拉斯加州地区玉米用水量增加 39%，堪萨斯州地区玉米、小麦和高粱用水量增加 19%。McCabe 使用灌溉模型模拟了在湿润温带不同的温度、降水、气孔阻力等气候变化情景下灌溉需水量的变化，认为气孔阻力对灌溉需水量的影响远大于温度。Herringon 分析气候变化对英格兰和威尔士的水资源的影响后，指出如果气温增加 1.1℃，农业灌溉水资源需求量将增加 12%。此外，气候变化造成全球和区域可利用水资源量的变化，将直接影响到农业灌溉的面积和布局。部分地区因气候变化引起的径流量或融雪的增加，将有更多的可利用水资源用于农业灌溉，灌溉农业面积可能会进一步扩大；而一些地区可利用水资源减少，原有灌溉农田可能会逐步缩小。当前，气候变化对农业灌溉布局影响的研究相对较少，这主要是由于当期气候变化预测存在诸多的不确定性，特别是人们应对气候变化的措施存在不确定性，人们不能准确预测未来气候变化的具体影响和农业灌溉的管理水平。

3. 蒸散

蒸散直接影响作物的水分利用效率。IPCC 研究预计由于大气的持水能力随着温度升高而增加，几乎所有的地区蒸发需求或潜在蒸发都将增加。大气中 CO_2 浓度增加对作物蒸散具有潜在的相反影响。一方面，在较高的 CO_2 浓度下，作物吸收相同量的 CO_2 进行光合作用，所需叶片气孔张开的程度减小，有利于减少作物蒸腾，提高水分利用效率。Ringius 认为 CO_2 浓度倍增后，水费利用效率将提高 10%～30%。另一方面较高的 CO_2 浓度可以促进植物生长，增加叶面积，进而增加作物蒸腾。CO_2 浓度增加对作物蒸散的综合评价仍存在不确定性。Betts 和 Kergoat 利用平衡植被模式研究表明，叶面积的增加可能会抵消气孔关闭所产生的影响，但部分研究者采用全球动力植被模式研究表明，气孔关闭的影响超过叶面积增加的影响。

4. 极端气候事件(干旱和洪涝)

极端气候事件可能超过平均气候变化的影响而降低农作物产量。我国主要农业自然灾害是水旱灾害，干旱和洪涝是造成我国粮食因灾减产的最主要因素。1980—1993 年旱灾和水灾成灾面积占同期播种面积的 17.6%和 8.1%，各省旱灾成灾比例一般为 5%～19%，水灾成灾比例约为 2%～10%。有专家统计，1951—2009 年间，我国平均农作物受灾面积每 10 年增加 7000 亩以上，年均因灾造成粮食损失每 10 年增加 50 亿 kg 以上，其中旱灾造成的农作物损失占自然灾害损失总数的 60%，洪涝和病虫害各占 10%左右。此外，极端气候事件还可能引起粮食价格的急剧波动，进而引发经济乃至社会、政治的动荡。2010 年 8 月俄罗斯因遭受罕见高温干旱天气导致小麦等谷物预期产量大幅降低，俄政府宣布暂停谷物出口，引起国际社会关于粮食安全的忧虑，造成小麦期货价格的大幅上升；10 月加拿大因春夏过量降雨影响小麦播种及初期生长，加拿大小麦产量同比下降 17%，进一步推高了小麦价格的上涨。

气候变化引起的干旱频率可能增加，特别是在干旱和半干旱地区，将加剧局部地区的水资源供需矛盾，一些作物生长阶段的干旱将进一步加重作物的水平胁迫，降低作物产量；一些地区降水频率和强度的加大也将加重地区的土壤侵蚀，矿物质的淋溶，严重影响作物生产。IPCC 预计未来强降水事件将更加频繁，特别是在平均降水增加的热带和高纬度地区；中纬度大陆地区夏季区域变干，表明发生干旱的风险增大。Rosenzweig 等指出在强降水增强的情景下，美国因土壤湿度过大造成的生产损失在 2030 年将达到 2002 年的两倍。

第二节　数据来源与处理方法

本章采用的数据来源于中国气象局国家气象信息中心资料室提供的全国 756 个地面气象观测站 1951—2010 年的逐日气象观测资料。所获得的气象观测资料虽经过了严格的质量控制，但由于各台站的观测资料存在诸多的不一致，特别是许多台站资料序列不完整，直接使用这些数据进行变化趋势研究会产生误差，因此需要对数据进行预处理。

时间域的确定与数据预处理方法：①中国大部分台站是在 20 世纪 50 年代建立起来的，直至 1960 年全国的气象台站数量才基本稳定。考虑到资料的一致性，研究的时间域选定为 1960—2010 年；②针对逐日资料中存在大量的缺测值，对台站进行筛选：在一年内台站有记录量小于 360 天，则该年的统计量设定为缺测；在 51 年序列中，台站有记录量小于 46 年，则该站点排除使用。这样共筛选出 578 个站点；③筛选后的站点仍存在年内或年份资料缺失，采用反距离权重法对各台站一年内各日缺测资料和各年份缺测数据分别进行插补。

一、作物生长季的确定

作物生长季是指一年中作物显著可见的生长时间，与气温条件密切相关。一般地，当春季日平均气温稳定超过 5℃时，早春作物开始播种，多数作物开始恢复生长；当秋季日平均气温下降到 5℃以下时，作物生长缓慢。通常从春至秋日平均气温稳定通过 5℃的时间与多数作物恢复至停止生长的时间大致相同，因此也将日平均气温≥5℃以上的时间称为植物生长期。本章以稳定 5℃界限温度的初日和终日作为划分作物生育期的标准，利用 TFPW-MK 趋势检验法，分析稳定通过 5℃界限温度的时间段内全国各地的水热资源的变化规律。

二、潜在蒸散量 ET_0 的计算

利用 FAO 推荐的 Penman-Monteith 方法，估算各气象站参考作物逐日蒸散量。Penman-Monteith 公式（简称 PM 公式）由两项组成：一是由辐射平衡引起的辐射项，二是由气温、风速和水汽压等引起的空气动力项。PM 公式是计算参考下垫面蒸散量的标准方法。参考下垫面是指高 1.2m 的矮秆绿色作物全部遮蔽地貌，土壤充分湿润下的蒸散量。

三、有效降水量

有效降水量（Effective Precipitaion，EP）是在全年或季节性降水中能直接或间接为作物所利用或用作农田其他必要耗用的水量。有效降水量是制定作物灌溉制度、管理灌溉用水、规划灌溉排水等的重要依据。在雨养农区，有效降水量对确定耕作方法，合理规划农业生产也尤为重要。其计算公式如下：

某日 i 的有效降水量 $P_{e,i}$ 为

$$P_{e,i} = \alpha \times P_i \tag{7-1}$$

式中，P_i 为一次降水量（mm）；α 为一次降水的有效利用系数，当 $P_i \leqslant 5$ 时，则 $\alpha=0$；当 $5<P_i\leqslant 50$ 时，则 $\alpha=0.9$；当 $P_i>50$ 时，$\alpha=0.75$。

在作物生长季期间，当日降水量≥2mm 的日数定义为有效降水次数（EPN）。同时，将期间有效降水的总量定义为有效降水总量（P_e）：

$$P_e = \sum_{i}^{n} P_{e,i} \tag{7-2}$$

四、Angstrom 公式系数的优化

在 PM 公式中，太阳辐射 Rs 采用 Angstrom 公式计算所得。Angstrom 公式中 a_s 和 b_s 为经验系数，多数研究在应用该公式时常取 $a_s=0.25$，$b_s=0.50$。由于太阳辐射是地面所有能源的最终来源，太阳辐射的估算对 ET_0 的计算至关重要。中国地域广阔，跨越不同的气候区，因此经验系数 a_s 和 b_s 采用同一值，明显不合理。本章借鉴 Zeng 的太阳辐射优化算法，结合太阳辐射分布的地域性特征，采用 1971—2010 年全国 122 个太阳辐射观测站太阳总辐射和日照时数观测数据，利用太阳辐射优化模型来拟合 Angstrom 公式系数 a_s 和 b_s。

五、TFPW-MK 检验法

时序数据常具有显著的自相关性，这提高了趋势项的检验结果发生Ⅰ型错误的概率。时序 X 的自相关性对基于独立性假设的 MK 趋势检验产生明显影响。Von Storch 指出，存在自相关的时序样本 X 会降低 MK 检验的精度，这种影响在样本数据较短时尤为明显。若序列样本具有负向的自相关性，直接使用 MK 趋势检验法将低估序列趋势的显著性，可能会使原本趋势显著的序列被误认为不显著；反之，高估序列趋势的显著性，可能使原本趋势不显著的序列被误认为显著。为了消除序列样本中的自相关成分，Von 指出在使用 MK 趋势检验法之前，应对序列进行预置白化处理（Pre-Whitening），但这会降低 MK 方法对序列趋势显著性的判断力。在 Von Storch 等的研究基础上，Yue 改进了预置白化处理，提出了基于无趋势白化处理的 MK 趋势检验方法（Trend-Free Pre-Whitening Mann-Kendall，简称 TFPW-MK 检验法）。TFPW-MK 检验法考虑到序列相关性对 Var(S) 的影响，在保持样本数据的趋势性的基础上消除了序列中的自相关性。

六、湿润指数

湿润指数（Wetness Index）将降水量作为地面水分的收入，将潜在蒸散量作为地面水分的支出，通过降水量与潜在蒸散量指标来判定一个地区气候干湿程度，可较好地反映某地区的水热平衡状况，被广泛地应用于生态环境变化、气候干湿状况评价中。采用文献中（申双和等，2009）的干湿气候划分标准，基于湿润指数的干湿气候划分标准如表 7-1 所示。

表 7-1　基于湿润指数的干湿气候划分标准

湿润指数	干湿区
＜0.03	极干旱区
0.03～0.2	干旱区
0.2～0.5	半干旱区
0.5～1.0	半湿润区
＞1.0	湿润区

七、标准化降水指数 SPI

标准化降水指数(Standardized Precipitaion Index,SPI)能够反映一定时间段内降水量出现的概率程度,适合月度以上时间尺度的干旱监测和评价。在SPI中,降水量被认为服从 Gamma 分布,通过将偏态的降水量进行正态标准化处理,最终得到标准化降水累积频率分布,并据此划分干旱等级。参照国家标准《气象干旱等级》,划分干旱为5个等级(表7-2)。采用 Fortran 软件编译计算1961—2010年全国0.5°×0.5°逐月每个格点的标准化降水指数。

表 7-2　基于 SPI 的干旱等级标准

等级	类型	SPI 值	事件发生概率
D0	无旱	−0.5<SPI	0.691
D1	轻旱	−1.0<SPI≤−0.5	0.150
D2	中旱	−1.5<SPI≤−1.0	0.092
D3	重旱	−2.0<SPI≤−1.5	0.044
D4	特旱	SPI≤−2.0	0.023

第三节　作物生长季期间气候资源变化特征

一、降水量

全国年降水量在空间上呈由东南向西北逐步递减的趋势。华南沿海年降水量最大,可达1500～2000mm。云南南部、四川盆地和长江以南的广大地区年降水量为1000～1500mm。东北东部、黄淮海和陕南年降水量为400～800mm。东北西部、内蒙古中东部和青藏高原东部年降水量为200～400mm。西北内陆和青藏高原北部年降水量最低,不足200mm。类似地,生长季期间的有效降水次数和有效降水量在空间上也呈由东南向西北逐步递减的趋势。从变化趋势来看,作物生长季期间全国平均降水量变化并不明显,但在各区域间降水量有所差异,东北、内蒙古中西部、华北、四川盆地降水量都有所减少,其中黄淮海地区和四川盆地降幅达8～15mm/10a;西北内陆、青藏高原、长江中下游和东南沿海降水量有所增加，其中长江中下游和东南沿海增幅较大，达 9～17mm/10a，西北内陆和青藏高原增加较为显著，通过 0.05 的显著性检验。类似地，在西南—东北方向，生长季期间的有效降水次数和有效降水量在减少。

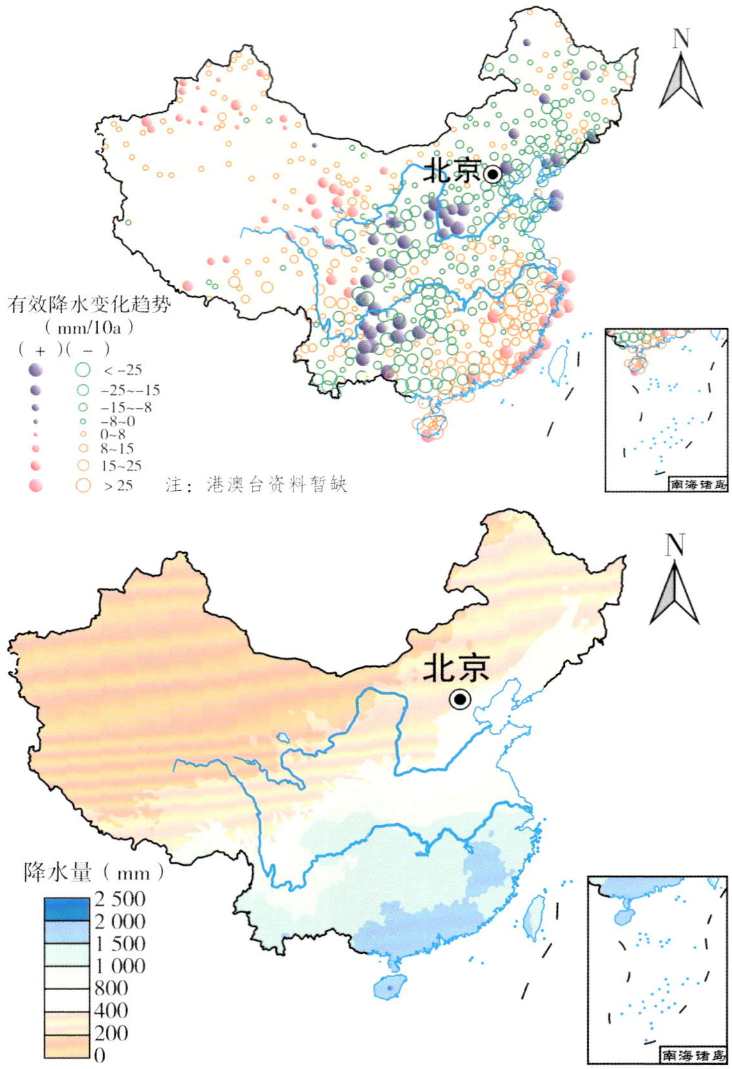

图 7-1　全国降水量空间分布及其变化趋势

二、潜在蒸散量

在中国东部地区，作物生长季期间潜在蒸散量由南向北逐步递减。华南沿海和云南南部潜在蒸散量最大，可达 1000mm 以上，其中海南岛潜在蒸散量可达 1200mm 以上。华北、长江中下游和中南地区潜在蒸散量为 800～1000mm，东北平原、内蒙古东部、四川盆地潜在蒸散量为 600～800mm，海拔较高的大兴安岭和长白山地区潜在蒸散量为 400～600mm。在中国西部，作物生长季期间潜在蒸散量由北向南、由海拔低处向海拔高处不断减小。内蒙古中西部、准噶尔盆地、吐鲁番盆地和塔里木盆地潜在蒸散量可达 800～1200mm，青藏高原、天山山脉潜在蒸散量只有 200～600mm。从变化趋势来看，生长季期间全国平均潜在蒸散量变化不大，但潜在蒸散量在时间上和空间上存在明显的不一致性。从年代变化上看，在 20 世纪 60 年代初至 70 年代末，全国平均潜在蒸散量较高；80 年代初至 90 年代末，平均潜在蒸散量有所减小；21 世纪初期，平均潜在蒸散量又有所上升。从空间上看，新疆、辽河平原、黄淮海和四川盆地潜在蒸散量有所下降，其中新疆潜在蒸散量降幅达 10～20mm/10a；东北北部和青藏高原潜在蒸散量有所增加，其中青藏高原增幅达到 10mm/10a 以上（图 7-2，图 7-3）。

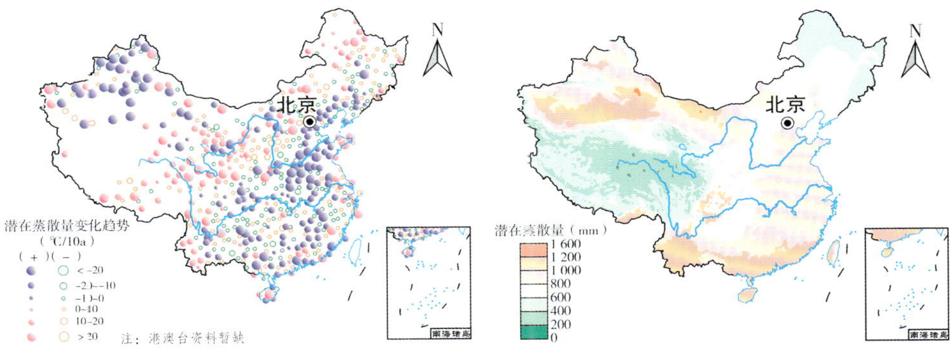

图 7-2　全国潜在蒸散量距平及累计距平图

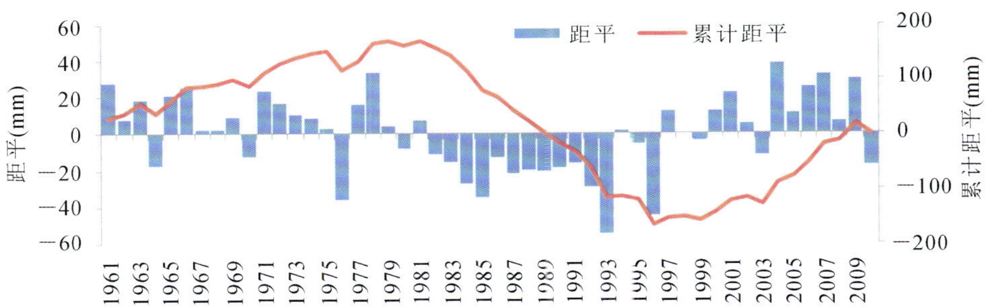

图 7-3　全国潜在蒸散量距平及累计距平图

三、日平均气温

日平均气温在空间上由东向西逐步递减。其中华南部分地区和海南岛日平均气温在22℃以上；燕山—太行山—武陵山以西的大片区域和四川盆地、塔里木盆地生长季期间日平均气温在18～22℃之间；松辽平原、内蒙古中西部、黄土高原和河西走廊日平均气温在15～18℃之间；青藏高原生长季内日平均气温为5～10℃之间。从变化趋势来看，全国生长季期间日平均气温呈显著增加的趋势，增幅为0.12℃/10a。从20世纪60年代初至90年代中期，生长季期间日平均气温较低。20世纪90年代始至今，日平均气温不断增强。从变化趋势来看，全国525个台站生长季内日平均气温呈上升趋势，其中约50%的台站增幅显著。中国北方地区和华南沿海、云南南部生长季内日平均气温增幅较大，一般都在0.1℃/10a以上，而在燕山—太行山以南、南岭以北包括四川盆地在内的中国南部地区日平均气温增幅较小(图7-4)。

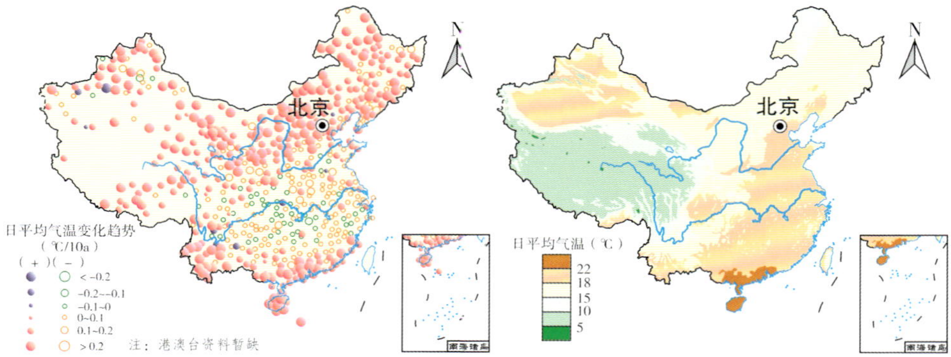

图7-4　全国日平均气温空间分布及其变化趋势

平均日较差在空间上呈由东南向西北逐步增大的趋势。山东半岛、四川盆地和秦岭—淮河以南的地区日较差在10℃以下，特别是东南沿海和四川盆地日较差仅为6～8℃。云南、黄土高原南部和东北平原日较差在10～12℃之间。大兴安岭、内蒙古中西部、青藏高原中东部日较差为12～14℃，内蒙古西北、青藏高原西北部、新疆大部分地区日较差在14℃以上。从变化趋势来看，全国平均日较差在时间上呈显著下降的趋势，降幅为0.12℃/10a。20世纪60年代初至70年代末，全国平均日较差大都高于平常年份，而80年代初至今，全国平均日较差低于平常年份。从变化趋势来看，全国465个台站生长季期间日较差都呈减少趋势，其中39%台站通过0.05的显著性检验，在空间上中国北方地区日较差缩小幅度较南方地区更大、更加显著(图7-5)。

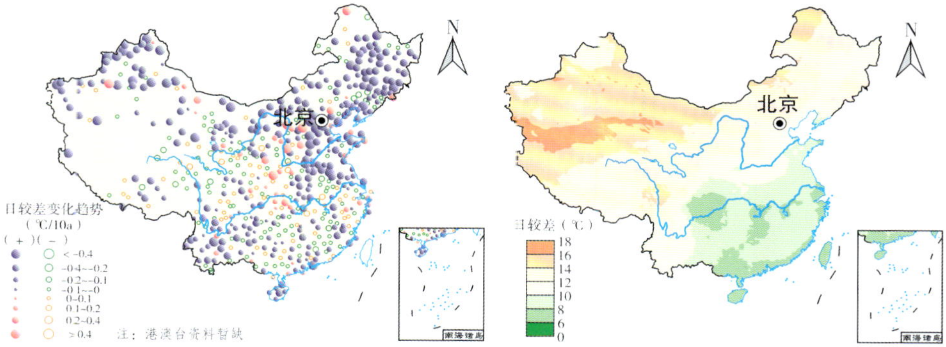

图7-5 全国日较差空间分布及其变化趋势

四、其他要素气候特征

1. 日照时数

在中国东部，作物生长季内日照时数由南向北递减，其中华南沿海、长江中下游、华北平原和辽河平原日照时数在1500h以上，特别是云南南部一些地方日照时数可达2200h，以四川盆地为中心的川渝黔日照时数为900～1200h。在西部地区，作物生长季内日照时数由北向南逐步减少。新疆和内蒙古中西部日照时数在1800h以上，向南至青藏高原日照时数不到900h。从变化趋势来看，生长季内全国平均日照时数呈显著减少趋势，减幅为18.40h/10a。20世纪60年代初期至70年代末，全国平均日照时数普遍高于多年平均值，从80年代初至今，平均日照时数又低于平常年份。从变化趋势来看，全国393个台站日照时数呈减少趋势，其中40%的台站通过0.05的显著性检验。从变化的空间分布上看，辽河平原、华北平原和中国南方地区日照时数降幅较大，一般为30～50h/10a，而在三江平原、西北内陆和青藏高原日照时数有不同程度增加(图7-6，图7-7)。

2. 太阳辐射量

作物生长季期间全国太阳辐射总量在中国中东部地区呈由南向北逐步递减的趋势。华南和云南南部生长季期间太阳辐射总量为4400～4800MJ/m^2，西藏东南、云南南部和海南太阳辐射量能达到4800MJ/m^{2}以上，四川盆地太阳辐

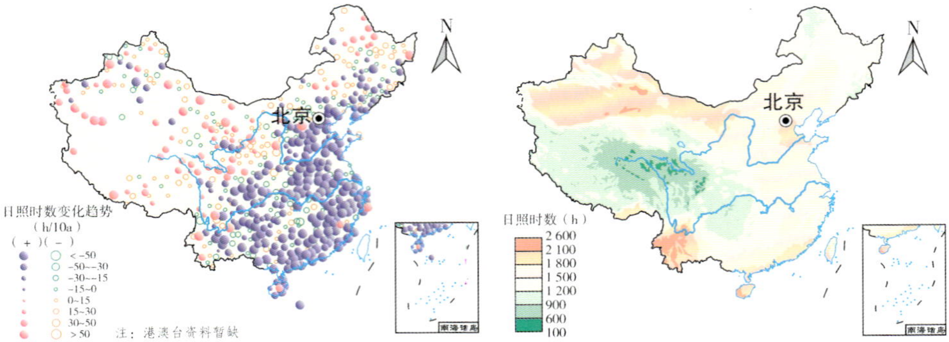

图 7-6　全国日照时数空间分布及其变化趋势

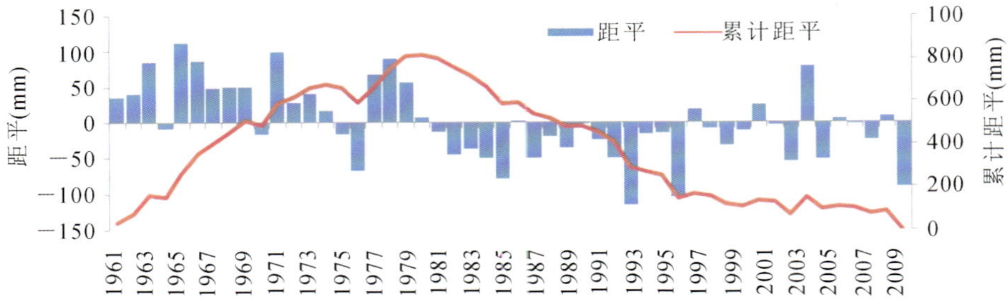

图 7-7　全国日照时数距平及累积距平图

射量为 4000～4400MJ/m²。其次，长江中下游、华北平原和黄土高原太阳辐射量为 3600～4000MJ/m²，内蒙古东部和东北太阳辐射量为 2800～3600MJ/m²。在中国西部地区，太阳辐射量由北向南逐步递减。内蒙古西部、河西走廊和新疆太阳辐射量都在 4000MJ/m² 以上，其中塔里木盆地、吐鲁番盆地达到 4400MJ/m²，青藏高原多数地区生长季期间太阳辐射量不足 3600MJ/m²。从变化趋势来看，全国平均太阳辐射量呈显著下降趋势，平均降幅为 28.67MJ/m²·10a。20 世纪 60 年代至 70 年代中期，全国平均太阳辐射量较高；70 年代中期至 90 年代初，平均太阳辐射量有所减少；90 年代后期，平均太阳辐射量有所增加。从变化趋势来看，全国约 2/3 的台站（36 个）太阳辐射量呈下降趋势，其中 50%的台站通过0.05的显著性检验。从变化的空间分布上看，新疆、华北、长江中下游、中南和华南地区太阳辐射量有所减少，在松辽平原、三江平原和青藏高原及川西地区太阳辐射量有所增加（图 7-8，图 7-9）。

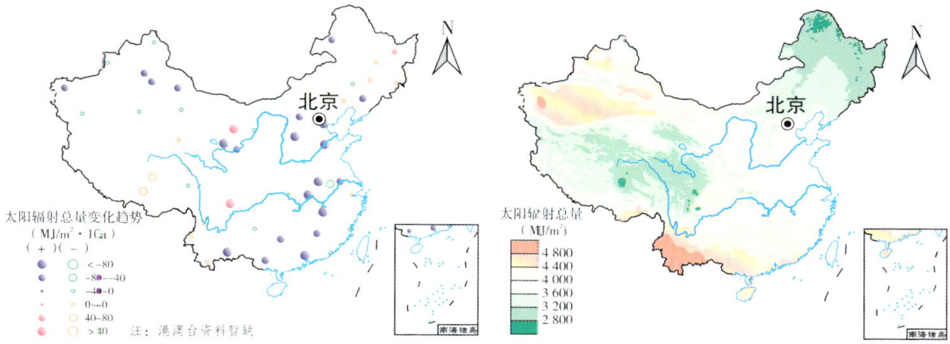

图 7-8　全国太阳辐射量空间分布及其变化趋势

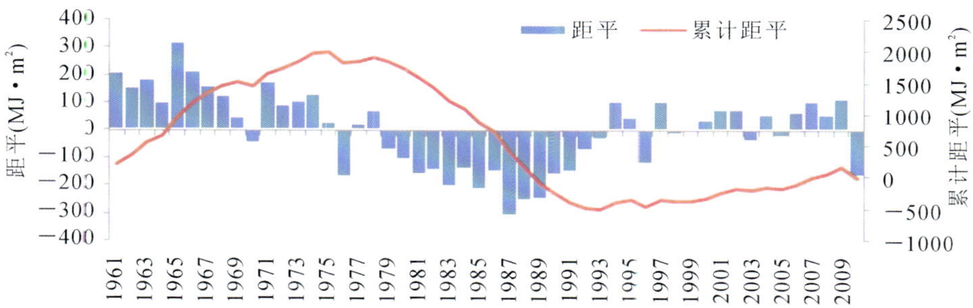

图 7-9　全国太阳辐射总量距平及累积距平图

第四节　中国气候变化与干旱

干旱是中国发生频率最高、影响面积最广、农业损失最大的主要农业气象灾害(张养才等,1991)。近 50 年来全国干旱受灾面积、成灾面积和成灾率都在不断上升(李茂松等,2003)。因此,分析和掌握干旱的时空演变规律在农业气象研究中显得尤为重要。国内外学者已开展了大量关于干旱的研究,多集中在区域级(张强,1998;马柱国等,2005;姚玉璧等,2009;黄晚华等,2010;翟禄新等,2011;蒋冲等,2012)或省级尺度探讨干旱演变特征(黄家龙,1996;程炳岩等,1999;李剑锋等,2012;王文举等,2012),或从宏观上分析干旱灾害对农业生产的影响(王静安等,2002;李茂松等,2003),但对全国的干旱频率、干旱面积和干旱强度鲜有报道。

干旱成因复杂,受人类活动影响较多,为了简化复杂的干旱状况,研究者多采用干旱指数来监测和评估干旱状况。常用的干旱指数有:相对湿润指数、标准降水量指数(SPI)、Z 指数、帕尔默干旱指数(PDSI)、土壤相对湿润指数和综合气象指数等。本节将通过湿润指数、SPI 指数分析中国干旱变化。

一、基于湿润指数的干湿时空演变规律分析

气候的干湿状况直接影响农业生产类型和作物布局。在气候变暖背景下，全球及区域性的干湿状况都将发生变化。气候变化所引起的地表干湿变化必将对农业生产和布局产生巨大影响。湿润指数是中国常用的划分气候干湿区的指标，本节利用湿润指数分析中国气候干湿的时空变化。

从干湿气候的空间分布来看，长江中下游、南方丘陵区、云贵高原区、四川盆地及西藏东南和长白山区属于气候湿润区，湿润指数＞1.0。黄淮海平原、东北平原、黄土高原南部和青藏高原东部的广大地区属于半湿润地区，湿润指数在 0.5～1.0 之间。北部高原、黄土高原北部至青藏高原中东部和新疆伊犁、阿勒泰地区属于半干旱区，湿润指数为 0.2～0.5。内蒙古西部、甘肃西北部、青藏高原西部和西新疆大部分地区属于干旱区，湿润指数在 0.2 以下，其中南疆地区属于极干旱区，湿润指数在 0.03 以下。

图 7-10 是全国 1961—2010 年湿润指数的变化趋势图。从图可知，在全国 592 个气象台站中有 250 个台站湿润指数呈下降的趋势，其中有 28 个台站通过 0.05 的显著性检验，这些台站主要分布在华北平原、黄土高原、四川盆地和云贵高原，东北北部和内蒙古东部地区湿润指数也有下降的趋势。此外，342 个台站湿润指数呈增加的趋势，其中有 47 个台站通过 0.05 的显著性检验，这些台站主要分布在中国的南方丘陵、长江中下游、西北内陆和青藏高原。

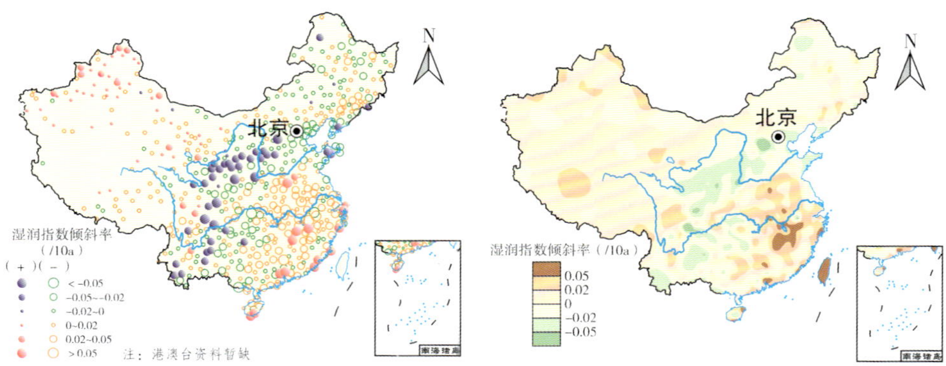

图 7-10　湿润指数的变化趋势

比较20世纪60年代与21世纪初期各类气候区变化发现，干旱区和湿润区面积都有所减少，半干旱区面积不断增加。极干旱区从60年代的27.90万 km^2 增至43.78万 km^2，主要集中新疆和西藏交界处；干旱区面积减少12.29%，其中8.16%干旱区转变为极干旱区，7.43%干旱区转变为半干旱区，这主要分布在北疆和河西走廊部分地区；半干旱区面积增加28.14%，其中主要来自干旱区(8.21%)和半湿润地区(15.77%)，这主要分布在原干旱区的北疆和原半湿润区的东北大兴安岭和长城沿线；半湿润区减少11.43%，主要转变为半干旱区；湿润区面积减少1.44%，主要集中在四川盆地和云贵高原(图7-11，表7-3)。

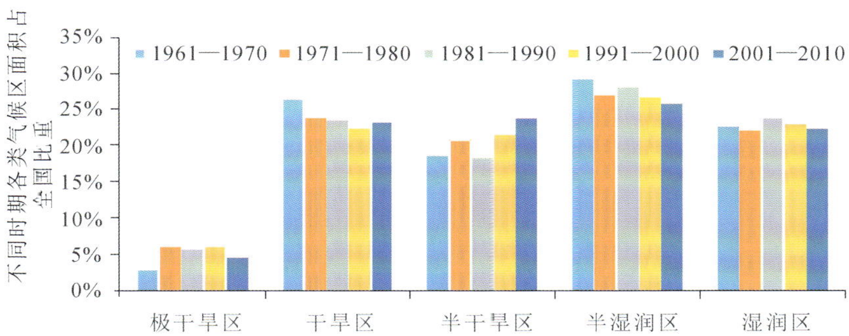

图7-11　不同时期各类气候区面积所占比重

表7-3　全国干湿气候类型区动态变化(万 km^2)

		21世纪初期					
		极干旱	干旱	半干旱	半湿润	湿润	合计
20世纪60年代	极干旱	23.34	4.56	—	—	—	27.90
	干旱	20.44	211.45	18.62	—	—	250.50
	半干旱	—	3.70	172.30	0.89	—	176.89
	半湿润	—	—	35.74	234.53	7.34	277.61
	湿润	—	—	—	10.46	205.20	215.66
	合计	43.78	219.70	226.65	245.88	212.55	

二、基于SPI的干旱变化规律分析

本小节从气象干旱角度，采用SPI作为干旱评价指标，采用12个月尺度的

SPI12 指数和 TFPW-MK 趋势检验法，评估 1961—2010 年全国干旱灾害变化趋势，以期在气候变化背景下为抗旱减灾提供数据支撑。

1. 基于 SPI 的中国干旱评估

图 7-12 为基于 TFPW-MK 趋势检验的 SPI12 变化趋势及其变化趋势的显著性。从干湿变化的空间分布来看，全国干湿变化在区域上存在明显的差异性。在西南、华北北部、东北和内蒙古中东部，SPI12 值都在下降，干旱化趋势明显，其中黄土高原、川东和云贵交界处 SPI12 降幅较大。长江中下游地区（包括江西、湖北、湖南、浙江）和福建，SPI12 略有增加。在东南沿海、青藏高原北部和北疆地区，SPI12 值增加较快，湿润化趋势明显。从变化显著性来看，除中南以外的全国各个地区 SPI12 变化都极为显著，通过 $\alpha=0.01$ 的显著性检验。

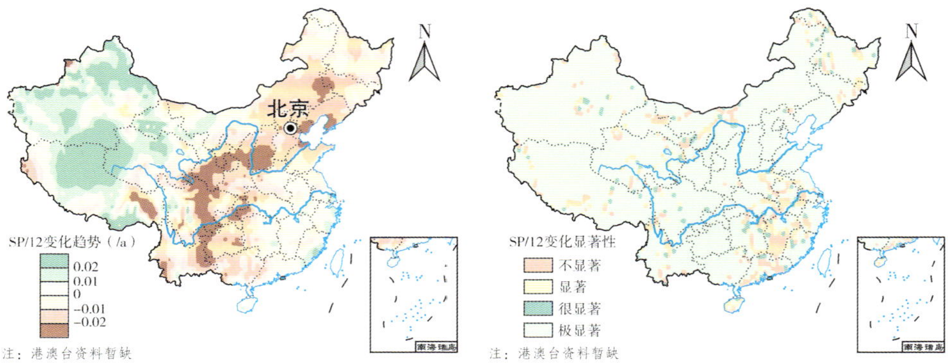

图 7-12　全国 SPI12 变化趋势及其显著性

注：极显著指通过 $\alpha=0.01$ 的显著性检验，很显著指通过 $\alpha=0.05$ 的显著性检验，显著指通过 $\alpha=0.1$ 的显著性检验。

2. 干旱面积及其变化趋势

图 7-13 显示了 1961—2010 年全国各类干旱面积百分率的变化趋势。全国干旱面积整体上呈显著下降趋势，趋势值为 $-1.58\%/10a$。从干旱程度来看，全国中旱面积降幅最大，为 $-0.56\%/10a$；其次是轻旱（$-0.47\%/10a$）、重旱（$-0.34\%/10a$）；特旱面积变化最小，为 $-0.13\%/10a$。从年代际变化来看，20 世纪 60 年代、70 年代后期至 80 年代初期、21 世纪初期全国干旱较重，干旱面积达 30%以上，这些时期重旱、特旱面积也较平常年份要大。

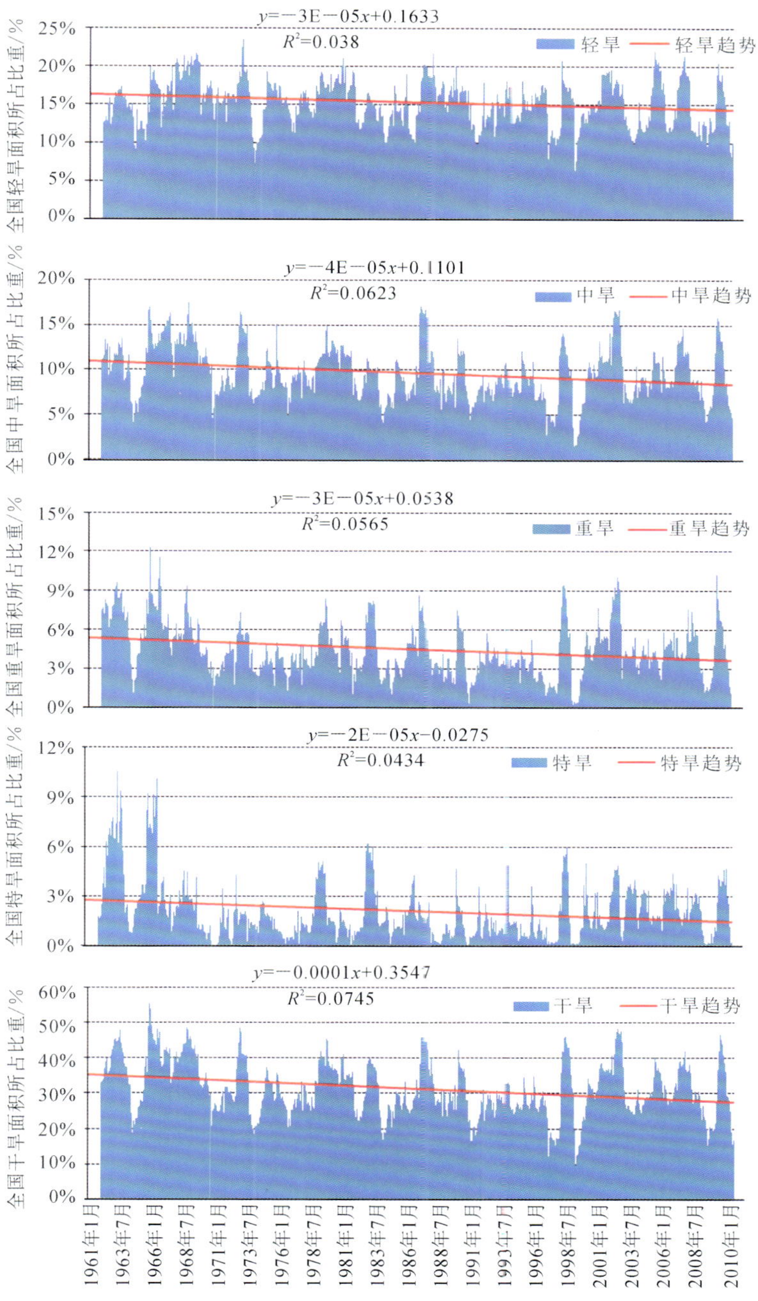

图 7-13　1961—2010 年全国各类干旱面积变化趋势

注：干旱面积是指轻旱、中旱、重旱和特旱面积之和。

从区域来看，东北、华北、西南和华南地区干旱面积都显著增加，其中川陕盆地和北部高原区干旱面积增幅达4%/10a以上；东南沿海、西北内陆和青藏高原干旱面积有所减少，其中西北内陆和青藏高原干旱面积减幅达5.0%/10a以上。具体从农业区域来看：东北区干旱面积显著增加(1.80%/10a)，其中2008年初干旱面积最大，达到80%，其次是1980年初，达到了77%。从年代变化来看，20世纪70年代末至80年代初、21世纪初期干旱范围较大。北部高原区干旱面积呈显著增加(4.07%/10a)，其中1972年秋旱面积达到了79%～83%，其次是1966年的春旱(77%)；此外，21世纪初期出现了数次干旱面积达40%以上的大面积干旱。黄淮海区域干旱面积在近50a呈增加趋势(1.68%/10a)，其中轻旱增加1.52%/10a，中旱增加0.43%/10a，重旱和特旱变化不明显。2002年和1981年有大范围的干旱，但持续时间不长，1966年至1967年有一次持续时间达一年以上的干旱。长江中下游干旱面积呈显著减少趋势(−1.24%/10a)，其中1976—1979年、1966—1967年和2002年干旱范围最大，均在60%以上，个别月份干旱覆盖可达到80%。南方丘陵区干旱面积呈显著下降趋势(−0.73%/10a)，其中2004年、1963年两次干旱面积范围最大，均在90%以上。华南地区干湿变化较为频繁，干旱面积在年际间波动较大。从整体上看，该区域干旱面积呈弱的增加趋势(0.99%/10a)，其中1963年干旱覆盖面积最大，达到85%以上，其次是2004年干旱，持续时间接近一年，覆盖面积在60%以上。川陕盆地干旱面积有较大幅度的增加(4.40%/10a)，其中1998年初和2006年夏干旱面积最大，超过了80%。云贵高原干旱面积显著增加(2.92%/10a)，其中2010年、1993年、2006年和1963年干旱面积最大，严重时期达到了80%以上。西北内陆地区和青藏高原干旱面积呈显著减少趋势，分别为−6.11%/10a和−5.05%/10a(图7-14，表7-4)。

表7-4 全国及十大农业区干旱面积率变化趋势

区域	干旱面积率变化趋势(%/10a)				
	轻旱	中旱	重旱	特旱	干旱
全国	−0.47***	−0.56***	−0.34***	−0.13***	−1.58***
东北区	0.21	0.56***	0.13***	0.00***	1.80***
北部高原区	1.33***	1.65***	0.45***	0.00	4.07***
黄淮海区	1.52***	0.43***	0.00	0.00	1.68***
长江中下游区	0.45**	0.00	0.00	0.00	−1.24***
南方丘陵区	−0.17	0.00	0.00	0.00	−0.73***

续表

区域	干旱面积率变化趋势(%/10a)				
	轻旱	中旱	重旱	特旱	干旱
华南区	0.23*	0.36***	0.00	0.00	0.99***
川陕盆地区	1.49***	1.15***	0.50***	0.00	4.40***
云贵高原区	0.95***	0.81***	0.34***	0.00	2.92***
西北内陆区	−1.95***	−2.17***	−1.09***	−0.16***	−6.11***
青藏高原区	−1.17***	−1.84***	−0.75***	−0.21***	−5.05***

注：* 表示通过 0.1 的显著性检验；** 表示通过 0.05 的显著性检验；*** 表示通过 0.01 的显著性检验。

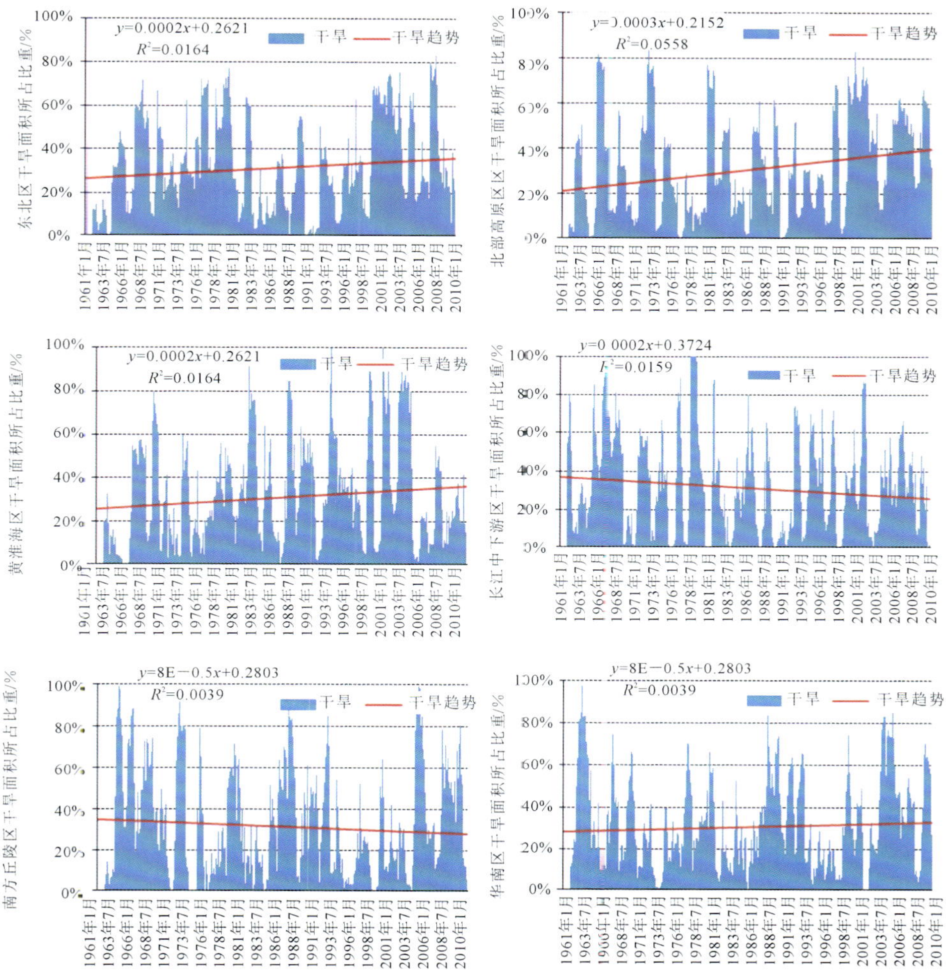

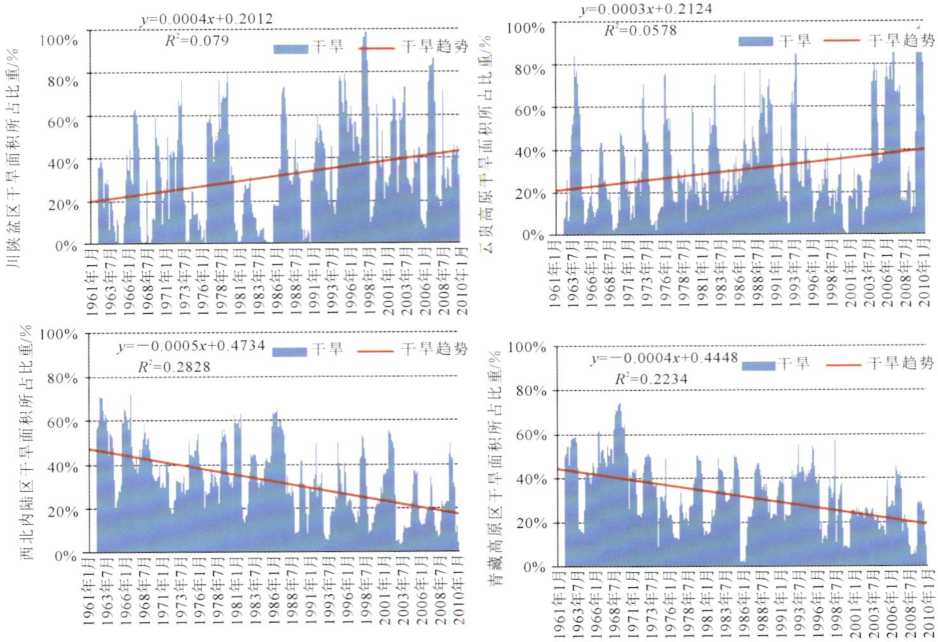

图 7-14　全国十大农业区干旱面积变化趋势

第五节　主要农作物生育期内水资源变化

一、观测到的作物生育期变化

从作物生育期天数(出苗—成熟期,下同)时序上看,春小麦、冬小麦生育期天数有所缩短,一季稻生育期天数延长。春小麦生育期天数平均缩短 1.39d/10a。胶东半岛、渭河平原、四川盆地冬小麦生育期天数提前 3～5d/10a 以上,太行山脉冬小麦延长 1～3d/10a。东北平原、长江沿线一季稻生育期延长 1～5d/10a。早稻和晚稻平均延长 0.75d/10a 和 0.14d/10a。

从空间来看:春小麦全生育期天数由东向西逐步增加。东北春小麦的多年平均生育期为 90d 左右,河套和黄土高原为 90～110d,青藏高原和河西走廊多在 110d 以上。冬小麦全生育期由北向南逐步增加。黄淮海平原、黄土高原、西北地区冬小麦生育期为 220d 以上,黄淮海平原以南则在 220d 以下。黄淮海地区夏玉米多年平均生育期多在90～95d，渭河平原95～105d，云贵高原超过105d。东北地区和四川盆地一季稻多年平均生育期为145～165d，长江中下游地区为145d以下，云南超过155d。早稻生育期由北向南逐步延长，湖北、湖南、江西在110d以下，湖南、广西、广东多在120d以上。晚稻生育期由北向南逐步减少，湖北、湖南、江西、浙江多在110d以上，"两广"多在110d以下(表7-5)。

表7-5　全国主要粮食作物物候变化趋势

类型	GS1	GS2	GS3	GS4
春小麦	0.2899	−1.0591**	−0.6182	−1.3873*
冬小麦	−0.5834	−0.9928	0.4524	−1.1238
春玉米	0.0150	−0.3526	0.7092	0.3716
夏玉米	−0.6750	−0.0769	1.0906**	0.3387
一季稻	−1.0683**	1.0135*	1.3996***	1.3447**
早稻	−2.12***	3.8419***	−0.9681*	0.7538
晚稻	−1.7954***	2.1183***	−0.186	0.1369

注：GS1、GS2、GS3、GS4分别指小麦的出苗—分蘖期、分蘖—抽穗期，抽穗—成熟期，出苗—成熟期；玉米的出苗—拔节期，拔节—抽穗期，抽穗—成熟期，出苗—成熟期；稻类的出苗—分蘖期，分蘖—抽穗期，抽穗—成熟期，出苗—成熟期。

二、作物生育期内降水资源变化

冬小麦、春玉米、早稻、晚稻生育期内降水量分别减少7.06mm/10a，25.68mm/10a，59.09mm/10a，27.14mm/10a。从空间来看，河西走廊和新疆春小麦生育期内降水量减少10mm/10a，青藏高原降水量减少10～30mm/10a。河北、北京、新疆冬小麦生育期内降水量增加15mm/10a，河南、陕西、湖北、安徽、四川降水量减少10～50mm/10a。长江中下游一季稻降水量增加50mm/10a，云贵高原减少30mm/10a左右(表7-6)。

表7-6　主要粮食作物生育期内水热资源变化趋势

类型	年平均降水(mm/10a)			
	GS1	GS2	GS3	GS4
春小麦	4.2356**	1.7082	−5.4790	0.4648
冬小麦	−1.8427	−6.4239	1.2097	−7.057
春玉米	4.387	−9.1819	−20.8851*	−25.6800
夏玉米	−7.1545	10.3466	24.3781*	27.5703

续表

类型	年平均降水(mm/10a)			
	GS1	GS2	GS3	GS4
一季稻	−5.4577	8.2098	6.0887	8.8408
早稻	−46.4442***	27.8185	−40.4676*	−59.0933
晚稻	−57.5779**	29.677	0.7576	−27.1433

注：GS1、GS2、GS3、GS4 分别指小麦的出苗—分蘖期，分蘖—抽穗期，抽穗—成熟期，出苗—成熟期；玉米的出苗—拔节期，拔节—抽穗期，抽穗—成熟期，出苗—成熟期；稻类的出苗—分蘖期，分蘖—抽穗期，抽穗—成熟期，出苗—成熟期。

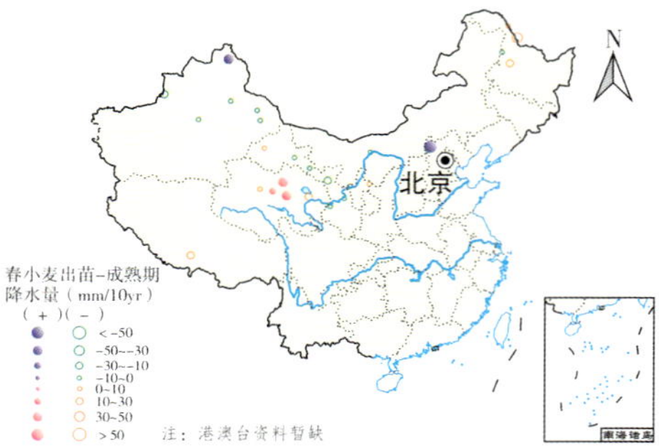

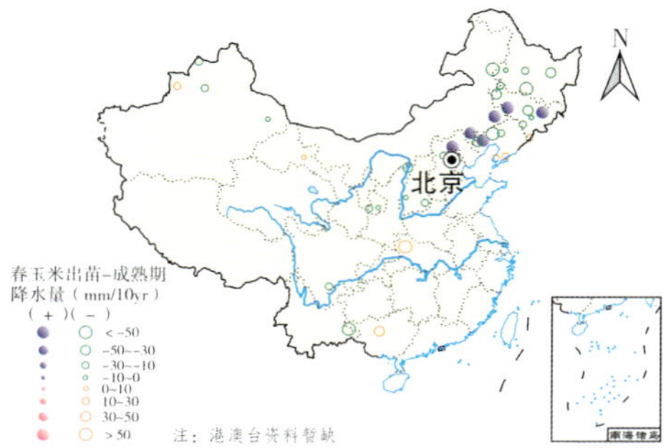

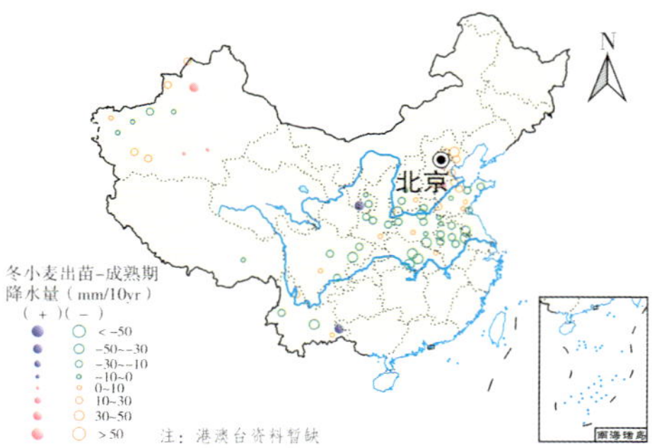

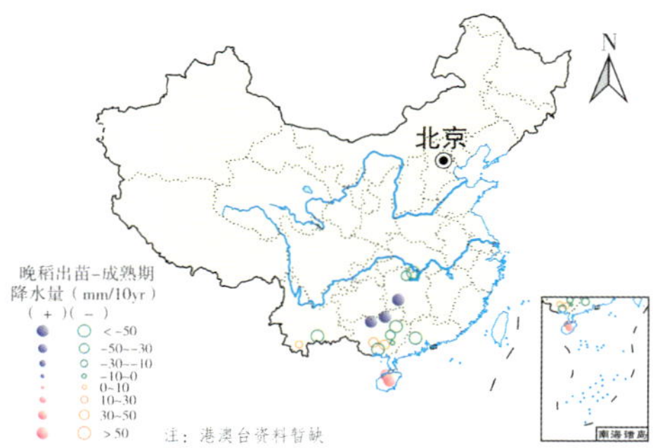

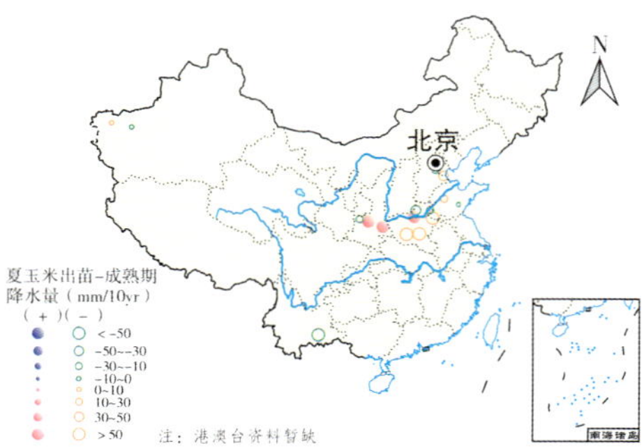

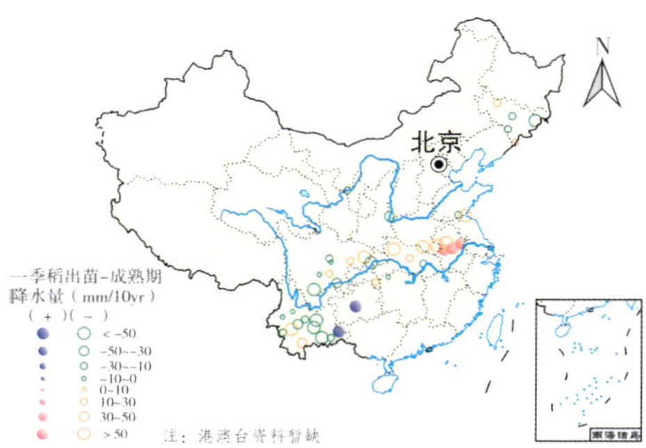

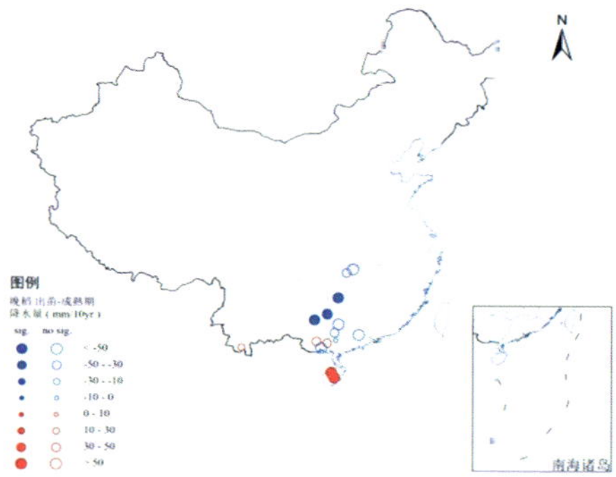

晚稻

图 7-15　近二十年主要粮食作物出苗—成熟期降水量变化规律

第八章　农业用水质量安全

本章分析农业用水质量安全现状和存在的问题，探讨非常规水资源灌溉的影响，提出了农业用水质量安全保障体系。

进入 21 世纪以来，农业用水量一直呈小幅下降趋势。据《中国水资源公报》显示，全国农业用水总量从 2000 年的 3782.62 亿 m^3 减少到 2011 年的 3743.5 亿 m^3。农业用水量占总用水量的比例从 2000 年的 68.8%下降到 2011 年的 61.3%，下降了 7.5%。但是，农业用水的水质情况不容乐观。大量化肥和农药的使用，致使水体中氮、磷元素严重超标，造成严重的水体富营养化，引起水体中藻类和其他浮游生物的大量繁殖，进而影响正常的大气—水体传质过程，以致水体的溶解氧浓度降低，导致水体中的鱼类及其他生物的大量死亡，死亡后的动植物继续在水体中腐烂，从而对水质产生恶性影响。

为使农业用水能够得到充分有效的利用，现在国外普遍采用节水灌溉技术。节水灌溉是指以较少的灌溉水量取得较好的生产效益和经济效益的措施。而目前国内使用较多的灌溉方式仍以浸灌、沟灌、串灌等传统的地面灌溉为主，存在水资源利用率低、自动化程度小及易破坏土壤结构等缺陷。因此，需要大力推广高新节水灌溉技术，如微灌、喷滴灌、低压管灌和渠道防渗等。

第一节　农业用水质量安全现状

中国《地表水环境质量标准》(GB 3838—2002)第三条规定：Ⅳ类水主要适用于一般工业用水区及人体非直接接触的娱乐用水区；Ⅴ类水主要适用于农业用水区及一般景观要求水域。当前随着人类生活水平的日益提高和环境污染问题的日益加重,人们在满足了自己的生存需要的同时开始更加重视食品中的有害物质对身体健康的危害。

中国农作物发生的病虫害、草害、鼠害有1358种之多,每年造成农作物产量损失高达10%～25%,严重影响农业生产的稳定发展。因此,为提高作物产量,降低病虫鼠害造成的损失,农药的使用量在逐年递增。但农药的不恰当使用不仅会造成严重的环境污染和破坏农业生态平衡,而且严重者会有健康危害。农药中大量的化学物质长期存在于土壤和水中,同时进入生物系统,并在食物链中不断传递、浓缩、迁移,并在此过程中结合形成新的化合物,对水生物造成影响,对长期生活在农业生态系统中的人类构成危害,同时也对大气、土壤和水源造成污染。

农药污染水体的主要途径:向水体直接施用农药;含农药的雨水落入水体;植物或土壤黏附的农药,经水冲刷或溶解进入水体;生产农药产生的工业废水或含有农药的生活污水污染水体。其中,直接向水体或水中作物表面喷洒农药,是使用农药最常用的一种方式,也是造成农业水土污染的重要原因。研究表明,一般农田水体均受到不同程度的污染。农药使用量从2004年的138.61万t上升到2010年的175.82万t,年平均增长速率为4.48%,其中2005—2006年的农药使用量增长幅度最大,增长率为7.05%,超过年平均增长率2.57%,说明抗药性虫害也正逐年增多。

加之中国每公顷耕地年均使用标准化肥达300kg,是世界上施用氮肥最多的国家之一。农田施用的任何种类和形态的化肥,都不可能全部被植物吸收利用。化肥利用率:氮为30%～60%,磷为2%～25%,钾为30%～60%。在良田地,平均施用化肥141kg/hm^2(以N计),未被植物及时利用的氮化合物,若以不能被土壤胶体吸附以NO_3-N的形式存在,就会随下渗的土壤水转移至根系密集层以下而造成污染。磷肥施入土壤后2个月内,65%以上变成不溶性磷,通过径流而流失。

另外,为满足人口猛增对畜禽的需求,中国畜禽业发展迅速,由家庭式逐渐向规模化转变,但在规模和产值增加的同时却忽略了环境污染防治工作。2009年中国畜禽粪便的产生量超过工业固体废弃物,成为环境污染的主要来源。据2010年第一次全国污染源普查公报显示,畜禽养殖业粪便产生量2.43亿t,尿液产生量1.63亿t。其中主要污染物:化学需氧量1268.26万t,总氮102.48万t,总磷

16.04 万 t,铜 2397.23t,锌 4756.94t。水中以悬浮物或溶解状态存在的腐败有机物质极易导致池塘、湖泊、水库等死水区域产生富营养化现象,甚至产生水华,从而降低水体中的溶解氧,造成水生动植物减产、死亡。

例如北京,农业用水短缺状况十分严重,其“大城市、小郊区”的特点决定了水量分配必须优先满足工业和城镇生活用水,农业用水只能在保持城市生活和工业用水的前提下进行安排,随着工业和城镇生活用水的增加,可供农业灌溉的水量必将大幅度减少,这将直接对农业生产活动造成不利影响。

北京市农业用水愈来愈依赖地下水。地下水主要靠降雨补给,目前地下水资源采补不平衡,农业生产潜伏着危机。灌溉水资源的短缺是制约北京灌溉农业发展的最重要因素。

随着人口数量的日益增长和国民经济、城市化的持续发展,北京生活、工业用水量都急剧增加,在“限工、压农、保生活”的供水方针下,农业用水被大量挤占,官厅、密云两大水库供给农业灌溉的水量被急剧压缩,用于农业灌溉的地表水只有依靠分散于各郊区的中小水库、河流基流、工业退水和部分城市污水。

由于单位水资源用于农业所产生的效益远远低于工业所产生的效益,中国水资源“农转非”现象非常普遍。“农转非”是指农业用水通过不同途径改作他用,使单位水资源所产生的效益高于原有的水资源利用模式。水资源“农转非”挤占了农业生产所必须的农业用水财产,所以必须在数量上给予限制。水资源的“农转非”在一定程度上侵犯了农民的水权,即水资源的所有权和使用权。我国宪法规定水资源归国家所有(集体经济组织所有的水塘、水库中的水除外),但现实中存在着水资源的所有权及其实现形式不明晰以及所有权与使用权分离的状况。国有水权的代表者——各级政府的水利主管部门并不一定是国家利益的真正代表者,在水资源逐渐成为稀缺资源的情况下,时常不能维护水资源的重要使用者——农民的用水权益,由此产生不少用水纠纷事件。随着经济的逐步发展,水权问题更加突出,近些年来,农民收入增长缓慢不能认为与此无关。必须认真研究水权取得、水权交易、水权的实现与水权的调控等一系列重大问题,使水资源“农转非”问题在水权方面得到圆满解决,否则势必将引发一系列的社会矛盾,影响社会稳定。

第二节　农业用水质量存在的问题

水的质量是决定其利用价值的关键。污染的水不但没有利用价值，而且有害。如果生产用水污染严重，与质量安全农产品生产用水质量标准差距较大，则不可以批准生产质量安全农产品，不准使用农产品质量安全产品标志。如果生产用水有少数指标达不到农产品质量安全生产用水质量标准，但可以经过整改和处理达到标准，则必须采取相应措施和技术，使生产用水达到有关标准，才能生产相关等级的质量安全农产品。消除污染源，防止水污染。生产用水的少数指标不达标，一般是由个别污染源的存在造成的，应查找污染源，采取相应的处理措施，防止污染物质进入生产水域。具体措施为：①科学用肥，严格控制化肥用量，防止水体富营养化；②科学用药，严格控制农药用量，防止有害物质污染水资源；③禁止生物尸体、残体、排泄物、废弃物及生活垃圾等进入水资源；④禁止在基本农田保护区及周围一定范围内建立对水资源有影响的工厂。

灌溉用水目前进行水处理的很少，因为处理成本较高。较为经济的方法是用生物氧化塘处理，即用各种水生生物（包括微生物）进行吸附分解，去除水中的污染物质，使水质达到农产品质量安全灌溉水标准。

缺乏完善的节水灌溉管理。随着国家对于农田节水灌溉的不断重视，加快了农田水利工程建设的投入和步伐，有效地解决了中国目前农田水利工程中的节水灌溉问题，提高了节水灌溉的效率。但是在水利工程投入运营以后，由于缺乏完善的节水灌溉管理，同时大部分农村地区农民的文化水平较低，缺乏节水的意识，缺乏对节水灌溉对于农业发展和农民增收作用的正确认知，仍然还采用着传统的灌溉方式，从而导致节水灌溉难以实现其真正的效果。

相关的节水灌溉设施不完善。由于各个地区的气候条件和环境都不一样，有的地方降水量少，有的地方降水量比较充足，因此，每个地区的农田水利节水灌溉的情况都不同。相关的节水灌溉设施的配置也应根据地区的不同条件来进行配置，节水灌溉的设施可以有效地提升灌溉的效果，对于一些降水量稀少的地区，基础设施的配置就显得尤为重要。但是，目前中国很多地区的灌溉基础设施的配置都存在数量不足的情况，灌溉的方式和技术也相对落后，这些情况都会影响到水利节水灌溉的效果。

节水灌溉规划不够科学。对农田水利节水灌溉工程进行科学合理的规划可以有效地提高农田灌溉的效率。但是,目前中国很多地区在进行节水灌溉水利工程的设计时,没有对当地的实际情况进行认真了解,仅仅依据一些地质勘探的资料或者设计人员主观的设计经验来进行设计,这样的设计方案是不科学的,是不符合实际的,会导致建设出来的灌溉水利工程缺乏实用性,很难实现理想的节水灌溉效果。

先进的农田节水灌溉技术很难落实。随着中国农业技术的不断发展,相关的节水灌溉技术也取得了较好的进展,在部分地区已经投入了使用,并发挥了高效的节水灌溉效果。但是,这些先进的农田节水灌溉技术在大部分地区都没有得到落实,主要原因是没有完善的节水灌溉机制和配套的资金不足,缺乏相应的政策优惠和资金的补贴。这些因素使得农民的积极性不高,从而导致先进的农田节水灌溉给水很难落实,影响了节水灌溉的效率。

第三节　非常规水资源灌溉的影响

随着水资源的日益紧缺,非常规水资源的开发和利用越来越受到各国的重视。非常规水资源主要包括微咸水、再生水、雨水和海水等,如果合理利用,可有效缓解水资源短缺矛盾。

微咸水的农业利用方式目前主要有三种:微咸水直接灌溉、咸淡水混灌和咸淡水轮灌。①微咸水直接灌溉,仅限于在没有淡水资源或淡水资源十分紧缺的情况下应用,为了防止地表积盐对作物根系造成伤害,采用这种灌溉方式一般应注意应用滴灌这种先进的灌溉技术。因为滴灌以点水源的形式由地面向作物根系分布范围的土壤中频繁供水,部分盐分随水分向下运动,达到淋溶的目的,部分盐分随水分运动向根系外围的土壤中运动,最终除滴头周围很小的湿润区由于土面蒸发有些积盐外,根系生长范围的土壤不积盐或积盐很少,有利于根系的发育生长。滴灌为作物生长提供了良好水盐环境,是微咸水利用的最好灌溉技术;②咸淡水混灌,是将微咸水与淡水合理配比用于灌溉或者采用咸淡双滴灌系统进行供水,目的是降低灌溉水的含盐量或改变其盐分组成。咸淡水混灌在提高灌溉水水质的同时，可增加可灌水的总量；③咸淡水轮灌，是在作物生育期利用微咸水和淡水进行轮流灌溉。轮灌时间和水量随微咸水的矿化度、作物种植方式和水资源供给条件的不同而有所变化。如在作物耐盐生长阶段利用微咸水灌溉，而在作物的非耐盐阶段（如苗期阶段）用淡水灌溉。总之微咸水灌溉技术的关键是把握好满足作物对水分的需求与控制盐分危害的关系。

雨水的自然利用是指雨水或土壤水被植物吸收利用，即植物对没有人为活动影响的、自然水文循环过程中的雨水被动利用。本章所谈的雨水集蓄农业利用是指经过一定的人为措施，对自然界中的雨水径流进行干预，通过一定的工程措施增加拦蓄入渗（如梯田）或减少蒸发（如覆盖）来利用雨水或通过一定的汇流面将雨水汇集蓄存，到作物需水关键期进行补灌的主动利用。和被动利用相比，主动利用中须使用灌溉手段，使作物不完全依赖于降水，从而提高了可控性。

雨水是半干旱地区农业生产的主要水资源。中国半干旱地区面积占国土总面积的 1/5，其同时也是中国新世纪粮食生产的重点开发地区，这些地区农业生产主要依赖 200～600mm 的年降水量，雨水资源化已成为该区域可持续发展的关键。前人曾总结出多种半干旱地区的雨水收集利用模式，如庭院集雨的人畜饮用利用模式、庭院集雨的多种经营利用模式、人工集雨的农田补灌利用模式、山坡地集雨的林草建设利用模式以及水流域集雨综合利用模式等。按照雨水利用方式，雨水集蓄农业利用技术一般分旱地微集水利用体系和人工汇集雨水利用体系。①旱地微集水利用体系，主要指通过增加土壤蓄水和改善土壤保水性能的田间农业工程，提高降雨的利用率，使雨水能充分被农作物利用的技术体系，是一种集雨“平面”利用方式。旱地微集水利用技术主要包括蓄水和保水两部分。增加土壤蓄水的措施有：水平梯田，等高隔带种植，沟垄种植，格田种植，深松耕等；改善土壤保水性能的措施有：耙耱保墒，中耕保墒，覆盖保墒（地膜覆盖、秸秆覆盖、砂田等），保水剂保墒，培肥改土等；②人工汇集雨水利用技术，主要指通过建立雨水集流场和雨水存贮设施，将雨水收集存贮，在作物受旱或需水关键期进行补充灌溉的技术体系，集雨农业中的补灌必须用节水灌溉方式（微喷灌、滴灌、渗灌、点浇、穴灌等）并与农业节水措施（覆盖、松耕等）相结合，有条件的地方应使用设施农业。人工汇集雨水利用技术人为地使雨水在农田时空上再分配，使水分供给与作物需水期相吻合，是一种集雨“立体”利用方式。它将雨水积蓄和节水灌溉技术相结合，是旱区发展灌溉的“小水利”工程。

海水灌溉农业的方式主要有:用海水直接灌溉耐盐经济植物、用不同比例的海水与淡水混合灌溉耐盐经济植物、利用海水淡化技术降低海水盐度灌溉植物。

再生水利用方式目前主要有3种,即网络混合法、土壤稀释法、轮灌法。①网络混合法是利用供水网将不同水质的水分进行混合,混合后的水用于灌溉,混合水设计的水质根据所灌溉的植物来确定。在混合灌溉方式的选择上,滴灌是最好的灌溉方式。传统的大水漫灌灌溉利用效率低,且易对地下水形成非点源污染,滴灌的灌溉量和灌溉均匀度能得到高度控制,可以根据作物需要量以很高的均匀度直接将水供到作物根系范围的土壤内,可有效地利用再生水中丰富的营养物质而不至于对环境带来污染。②土壤稀释法,是在设计灌水时间内,先用再生水灌溉,然后再用淡水灌溉,或者先用淡水灌溉然后再用再生水灌溉,或者采用双灌溉系统进行供水。③轮灌法,是在植物生育期利用再生水和淡水轮流灌溉,由于再生水的水质特性,在农灌过程中对不同作物、作物不同部位的影响不同,所以存在再生水资源和清水在农田灌溉中的合理优化配置问题,即轮灌间隔和水量,这与各地的再生水水质情况、土壤类型(质地、排水情况及深度)、作物类型等密切相关。3种灌水方法主要取决于土壤特征、植物种类、气候条件、供水水源和经济状况分析。

污水灌溉对于农业生产有诸多优势。首先,污水灌溉可以扩大农业生产面积。将城市的工业生产排放的废水和生活污水进行处理,达到农业水体灌溉标准后对耕地进行灌溉,由于缺少灌溉水源,每年的耕地面积大量减少,随之而来的是农作物产量的降低,包括重要的粮食作物,污水灌溉能解决灌溉水源不足的问题,对于耕地的扩大起着关键作用。其次,污水灌溉对耕地的土壤质量进行了改善,提高了农作物的产量。由于污水的来源主要是工业废水和生活污水,水体中含有丰富的矿物元素和有机物质,对于耕地而言是最好的肥料,土壤肥力的提高,有利于农作物的生长,农田的作物产量也会增加。污水的灌溉对于耕地不仅是水资源,而且水体中有丰富的养分,灌溉的同时也是进行施肥,一举两得,既节约了肥料费用,又降低了农业生产活动的总成本,这部分支出省给了农产主节约农业生产成本,也间接提高了农产主的收入。

若是污水进行直接灌溉,可以降低污水的处理成本。由于污水的直接排放可能引起水体富营养化,但经过简单的处理后,将污水引入农田进行灌溉,农田会将这些污水进一步净化,包括土壤自身的净化和农作物对污水的净化,都可以降低由于直接排放污水所引起的水体污染情况的发生，在改善生态环境的同时也减少污水处理费用。充分利用工业废水和生活污水，缓解了水资源缺乏带来的农业生产活动的进行，由于各地气候条件的限制，在少雨干燥的地区，河流多为内陆季节性河流，水源严重缺乏，农田灌溉水更是不足，所以在这种情况下，运用污水灌溉解决了水源不够这一问题，灌溉的同时也是施肥的过程，提高了土壤的质量，增加了农作物产量。在污水灌溉中也存在不少的问题，如灌溉方式不合理、灌溉水平低等，由于水资源缺乏，所以运用污水进行处理时，怎样最大限度地利用水资源是一大难题，改善农田灌溉方式，将污水充分利用到农田的灌溉方面，而不是将水浪费在灌溉引用的途中，提高灌溉水平，使有限的水资源灌溉更多的农业生产耕地，促进农业生产的发展。

污水灌溉对于农业生产而言优点不在少数，同时我们也要看到该种方法的缺点和不足。第一，污水存在着质量问题。因为灌溉所用污水主要是工业废水和生活污水，二者相比，生活污水的质量较好，含有丰富的营养元素，水体较为干净，是农业灌溉用水的最佳选择，但是工业废水是工厂排放的生产废水，含有较多的重金属盐类，对于农作物的生产有害，长期引用工业废水进行灌溉，有害物质在土壤里慢慢累积，生长出的农作物吸收了有害物质，对于二次进行加工，或人类直接食用有害。第二，土壤自净能力不能消化沉积重金属。污水灌溉中的有害金属元素，在土壤里累积，虽然土壤自身具有净化能力，但不足以消化工业废水中的有害物质，污水灌溉会引起耕地板结、肥力下降、土壤环境恶化等生态问题，严重的，土地不能进行农业活动，破坏生态的可持续发展。

第四节　农业用水质量安全保障体系

大量的研究结果显示，中国农业用水短缺已是不可逆转，并且供需矛盾会随着未来社会经济的发展而不断加剧。农田灌溉用水是农业用水的主体部分，因此缓解农业用水紧缺状况，除了继续开发新的农业用水之外（潜力已很小），最重要的还是提高现有农业用水的利用率和利用效益，使有限的水资源发挥最大的作用。实现这一目标，最主要的技术措施包括如下一些方面。

（1）完善灌溉基础设施，提高灌溉管理水平。基础设施条件差，灌溉管理水平低是中国灌溉水利用系数普遍偏低的重要原因。针对这种实际状况，在节水农业发展过程中，要大力抓好以下一些主导技术的推广与应用，使其在大面积上发挥节水作用。这些主导技术包括：完善现有灌区的灌溉基础设施；在自流引水灌区适度发展井灌；积极引导，推广改进地面灌溉技术，适度发展喷灌和微灌；加强灌溉管理，提高科学用水水平等。

(2)大力抓好各项农业配套技术。发展节水农业，提高有限水分的利用效率和效益，除了建设良好的灌溉基础设施和实施高水平的管理外，还需要采取各类配套的农艺节水技术措施，包括在旱作物中采用地面覆盖技术减少棵间土壤蒸发量，在水稻种植中推广控制灌溉技术，选择适宜的作物和品种，采取适宜的耕作栽培模式以及合理施肥等。在北方地区，还应当对如下两个方面予以特别的重视：一是提高灌溉保证率；二是抓好中低产田的改造。

(3)制定配套的政策和管理措施。提高灌溉用水利用效率，一方面取决于采用的技术措施的节水效果，另一方面取决于这些技术措施能够在多大面积上得到推广应用。前者主要是技术层面的问题，通过试验研究应该能够提出很好的方案。但后者与社会经济的许多其他方面都有关联，已经大大超出节水技术措施本身所能影响的范围，因此需要来自其他方面的强力支持。从当前的节水农业发展实际看，为了保证节水潜力开发工作的持续稳定发展，需要在非技术层面上重点做好以下一些工作：一是建立稳定可靠的投入机制，实行国家、地方和农民三方共同集资，不断提高节水农业发展的投入水平；二是改革与完善现有水价的制定和征收机制，逐步实现供水按成本定价，以及"用水计量，按方收费"；三是建立完善的水权分配与交易机制，使灌溉用水管理逐步市场化。通过经济的手段提高各方的节水积极性，加快中国灌溉农业节水潜力的开发速度，为区域农业及社会发展提供更好的水资源保障。

防止农药污染，可从以下方面进行：①加强市场监督，淘汰高毒、高残留农药品种，规范农药市场秩序，保证农药产品质量。通过税收、补贴等经济手段，控制"致癌、致畸、致突变"的"三致"农药的市场流动。②鼓励、支持高效、安全环保型农药的研制开发。目前，中国生物农药的开发处于起步阶段，距离产业化的目标较远，政府可通过税收等方面的优惠政策、技术引进鼓励开发安全环保型农药。③提高农药使用者的环保安全意识。积极进行以农药使用者为中心的参与式推广，充分发挥政府农技推广部门在提供病虫害预报等信息咨询、技术培训与指导等方面的作用，提高广大农民的安全环保意识。

为防止污染环境，应对使用的化学肥料进行控制和管理。措施包括：①防止化肥污染，不要长期过量使用同一种肥料，掌握好施肥时间、次数和用量，采用分层施肥、深施肥等方法减少化肥散失，提高肥料利用率；②化肥与有机肥配合使用，增强土壤保肥能力和化肥利用率，减少水分和养分流失，使土质疏松，防止土壤板结；③制定防止化肥污染的法规和无公害农产品施肥技术规范，使农产品生产过程中肥料的使用有章可循、有法可依，有效控制化肥对土壤、水源和农产品产生的污染。

针对畜禽排泄物对农业水环境污染严重的现象，建议从以下三方面进行改善：第一，增加环境监管力度。政府应对畜禽养殖地进行环境监察管理，实时了解当地环境状况，监督畜禽养殖场及时缴纳排污费或超标排污费。第二，畜禽养殖地的合理规划。养殖地应建立在饮用水水源下游，远离人口集中地区。在养殖地内，养殖户可根据具体地势情况，建立相应的粪便处理设备。第三，对畜禽排泄物分类处理，做好生态农业。虽然畜禽排泄物会对环境造成很大的影响，但同时又是一种宝贵的资源，畜禽粪便中含有大量的有机物和氮、磷等营养元素，对其进行肥料化、能源化和饲料化等一系列资源化利用，在促进农业的可持续发展和维护生态平衡方面起到重要作用。

利用和推广节水农业技术。要解决农业用水短缺的问题，最主要的是要发展节水农业。节水农业的目的不仅是要使宝贵的水资源得到最有效的使用，更重要的是要使有限的水资源促进农业增产、农产品品质提高、土地资源改善、农业生产生活环境持续改善等。节水农业技术包括：旱作农业技术（免耕理论、地膜栽培、秸秆覆盖耕作等）、抗旱耐碱的栽培育种技术、水稻旱育稀植技术、浅湿灌溉施肥及其他栽培技术，利用气象降水和土壤水分运动规律对水资源进行蓄积调节利用技术，化学制剂调控节水技术（保水剂、抗蒸腾剂、化学乳液覆盖剂、复合包衣剂等的应用）等等。以上技术都已比较成熟，可以大力推广使用，对提高农业节水十分有益。

大力建设节水灌溉工程设施。我国水资源虽十分短缺，但在灌溉中浪费的现象仍很普遍，有些地区仍在沿用“土渠输水、大水漫灌”的方式，一半灌溉用水在输水过程中就浪费掉了，虽然有部分水量渗入地下，转化为土壤水和地下水，但据观测试验资料，灌溉用水所占比例不超过20%，大部分水则蒸发消耗掉。

由于蔬菜和果树的节水灌溉起步较晚，发展速度相对滞后，目前尚无成熟的发展模式，急需建立节水灌溉试验示范区，包括对露地菜田发展管道输水灌溉和试验推广微灌。温室和大棚菜田，大力试验推广滴灌；果园发展管道输水、小管出流和微喷、滴灌等。提出适合我国实际情况的、较为成熟的蔬菜和果树的节水灌溉工程的配置模式。

调整种植结构，发展特色农业。中国加入 WTO 后，种植业受到重大冲击。因此，须大力调整农业种植结构，压缩粮食种植面积，降低用水量和化肥施用量。例如北京地区，根据地域特点、优势和市场需求，依靠科技发展饲料作物、经济作物，发展畜牧业、养殖业，发展农产品加工业、绿色生态农业、乡村旅游观光农业等，逐步形成符合首都城市功能的有别于周边地区的富有特色和竞争力的现代化节水高效农业结构。

适度发展污水灌溉。污水灌溉不但要考虑污水对作物的影响，还要考虑污灌对地下水的影响。

加速推广雨洪利用技术。深度开发雨洪资源，增加可用水资源量，有利于缓解农业用水短缺的状况和水土保持。目前国内外雨洪利用已有很多较成熟的应用技术。在平原区可采取田间、河道和渗井控制降雨就地入渗，两用井回灌，利用河道闸蓄水入渗。实施人工增雨工程。人工增雨是有效补给陆地水资源的措施，因它不受地形地势的影响，随云层覆盖都可得到水源补给，而且范围广、成本低，国内外已有不少成功的例子。

加强农村水资源的宏观管理和微观管理。改进农村水资源的管理体制。建立农村水资源的统一管理机构，加强基层管理人员综合技能培训，建立农村水资源管理信息系统，实行本区地表、地下水联调及本区与外水源联调，依法治水和管水，通过租赁、承包、股份合作制等多种形式，使小型水利设施和工程效益的好坏与农户的个人利益直接挂钩，落实并实施取水许可制度，完善农村用水社会化服务。加强灌溉水管理，实行计划用水、限额供水和按计量征收水费。组建灌区用水者协会，加大灌区农民参与管理的力度，水价核定及水费的收取和支出科学化、民主化。目前供水只计量到斗口水价(斗渠出水口的水价)显然是不够的，要逐户计量到田间水价(供给农户农田最终用水价)，在节水工程建设中必须完善计量设施。只有这样农户才有可能重视节约用水，自觉地节水，才能从根本上杜绝水资源的浪费使用，节约用水才会产生明显的效果。

第九章 农业用水与生态安全

本章分析了农业用水对生态安全的影响、生态文明视角下的农业用水要求、农业用水与生态和谐发展，提出建立利水型农业体系保障农业用水安全。

生态安全是一个国家赖以生存和发展的生态环境正处于不受或少受破坏与威胁的状态。随着社会进步和经济发展，资源约束趋紧，环境污染严重，生态系统退化的形势日益严峻，生态安全问题已经成为国家安全体系的重要内容。农业用水对生态安全的影响具有两面性，一方面，农业生产作为中国水资源的主要消耗对象，每年消耗全国水资源用量的60%以上，加重了水资源的供给压力，过度开发引发了一系列的生态问题；另一方面，合理地利用农业用水，增加农民收入，减少贫困，对生态环境保护具有积极的影响。

第一节 农业用水对生态安全的影响

农业属于半人工的生态系统，受气候、资源和周围生态环境影响，同样，在农业生产过程中，人类的活动对生态环境也产生了一定的影响。水是万物之源，是农业生产中最重要的因素，影响作物的生长和产量，同时也是保障生态安全的重要因素，而农业生产中低效的水资源利用及过度的化学投入，对生态安全造成了巨大的威胁。但相对于工业等其他产业来说，农业本身具有生态保育功能，包括涵养水源、保育土壤、净化环境、固碳供氧和生物多样性，以及与水资源密切相关的滞蓄雨水、净化水质、防洪等功能，农业生态保育功能为人类的生存和生活环境带来了巨大的未在市场中折现的效益，这部分价值难以估量，但效用极大。

一、农业用水对生态安全的威胁

1. 过度利用地表水影响生态安全

农业生产严重依赖水资源，但由于中国水资源时空分布的严重不均，水资源呈现短缺状况，同时由于农业用水的粗放管理、水利设施陈旧、灌溉设备低效和节水灌溉技术局限等原因，中国农业灌溉存在严重的低效和浪费情况，进一步加剧了水资源危机。据有关部门测算，目前中国的农业用水有效灌溉系数仅为 0.53，而发达国家则达到 0.7～0.8。农业耗水量大，2014 年农业用水量为 3870 亿 m^3，占全国用水量的 60％以上，每年水资源的逐渐短缺和过度开发与农业用水有密切关系。

水资源开发利用率是指流域或区域用水量占水资源总量的比率，体现的是水资源开发利用的程度。国际上一般认为，对一条河流的开发利用不能超过其水资源量的 40％，如果超过 40％就会对生态环境产生不同程度的影响。

表 9-1　1990—2000 年中国水资源开发率

流域或地区	多年平均地表水资源量(亿 m^3)	流域水资源开发率(％)	流域地表水水资源开发率(％)
全国	27328.4	18	15
南方	22963.4	12	—
北方	4365.0	45	36
松花江	1295.7	*	16
辽河	408.0	40	24
海河	216.1	101	57
黄河	594.4	76	67
淮河	676.9	53	47
长江	9857.4	*	16
东南诸河	2622.8	*	13
珠江	4708.2	*	15
西南诸河	5775.0	1	1
西北诸河	1173.9	41	40

* 说明：松花江、长江、珠江和东南诸河流域水资源开发率在 13％～22％。

从表 9-1 可以看出，全国水资源开发率只有 18%，整体不算高，但区域利用率不平衡，北方流域水资源开发率为 45%，辽河、海河、黄河、淮河、西北诸河水资源开发率都超过 40%，对生态环境产生不同程度的影响。

河道径流的开发利用缺乏科学的管理和高效的调度，用水量极高，造成过去常年流水的大江大河、重要支流及主要内陆河的 1550 条河流中，有 60 条河流发生断流，断流河长 799km，占河流总长度的 36%，使河流水功能衰减或基本丧失，并造成河道与河口泥沙淤积，成为防洪隐患，河道内生态环境遭受破坏，下游生态环境恶化，河湖萎缩等生态环境问题突出，生态安全面临严峻挑战。湿地、海岸带、湖滨、河滨等自然生态空间不断缩减，水源涵养能力下降。三江平原湿地面积减少了 4/5，海河流域湿地面积减少了 83%，长江中下游地区的 100 多个通江湖泊如今只剩洞庭湖和鄱阳湖，且面积不断萎缩，沿海湿地面积大幅减少，渔业资源严重衰退，自然海岸线保有率不足 35%。

由于对辽河流域水资源的人为过度开发，西辽河径流量日益减少。特别是 2000 年以来，台河口以下河段常年断流，河床干涸，河滩裸露，失去了给地下水补给、输沙、排盐等功能，春季风沙弥漫，土地沙漠化扩大，土壤盐碱化加重，地下水盐碱度也不断提升，生态环境恶化，同时，在其入海口处泥沙淤积，出现海水倒灌现象。

黄河自 20 世纪 80 年代以来，流域内一直处于降水偏枯期，导致黄河水资源紧缺问题更加突出，干支断流现象频繁发生。黄河断流状况除了受气候变化影响之外，更多的是受人类活动影响，黄河灌区是中国农业生产的重要大型灌区，农业生产耗水量巨大，每年农业用水量达到黄河总供水量的 70.84%。特别是 20 世纪 90 年代最长断流时间达 226 天，断流距离达 700km，给黄河沿岸的工农业生产和人民生活造成极大困难。断流使得大面积农田减产甚至绝收，引起河道萎缩和滩区土壤沙化，对黄河三角洲湿地自然保护区的淡水资源和与其相伴随的泥沙资源、各类营养物质的补给断绝，在海水入侵，土壤盐化、沙化等多重因素作用下，生态环境恶化加剧，造成生态系统失衡和生物多样性的损失。

受水资源时空分布影响，中国西北内陆地区水资源量分布较少，降水期短，降水量少，该地区为常年灌溉区，农业生产严重依赖灌溉，对水资源的消耗巨大，上、中游开采严重，严重危害下游生态需求。巨大的水资源需求，为西北内陆地区水资源供给带来了巨大的压力，同时也引发了一系列的生态问题。新疆内陆河地区由于上中游大量引水，下游水量大量减少或完全断流，土地退化和沙化。甘肃省河西走廊的石羊河，上游过量用水，减少了对下游地区地下水的补给，造成民勤县绿洲萎缩，沙枣树大面积枯死，植被退化，土地沙化、碱化，腾格里沙漠向南进逼，农户纷纷离开家乡。河西走廊的黑河流域，也出现了类似情况，由于上游用水量剧增，流入下游内蒙古额济纳旗的水愈来愈少，居延海自1949年以来共干涸了6次，大片的绿洲萎缩，胡杨林干死，土地沙化严重，当地农牧民基本生存条件已成问题，2003年以后在中央的支持下，投入了大量的资源居延海生态才得以恢复。新疆塔里木河上中游不断扩大灌溉面积，天然草场大水漫灌，造成流入下游的水量愈来愈少，使其长度急剧萎缩至不足1000km，超过300km河道干涸；下游湖泊水位下降，矿化度增加，导致著名的罗布泊干涸，罗布滩也被沙漠吞噬；下游绿色走廊地下水位下降，植被失去生存条件，胡杨面积减少100万亩出头，土地沙化面积比例从60%多上升到80%以上。

2. 农业用水带来的水资源及生态环境污染

农业面源污染一直是环境污染的重要来源。农业生产过程中对空气、水和土壤所造成的污染已经成为整个环境污染的主要污染之一。据环境部门检测，农业污染占环境污染的60%以上。秸秆焚烧时产生了大量的可吸入微粒和有害气体，造成了严重的大气污染，威胁人类健康；过量地使用农药，以及一些高毒性农药的使用，造成了农产品严重的重金属残留。过量使用的农药化肥，伴随着灌溉用水流入周边水体，及周边生态环境中，造成了严重的污染；畜禽养殖过程中产生的废水、废料排放，更是造成了环境污染。农业用水将田间化肥农药和畜禽养殖废弃物，带入了江河、地下水以及周边环境，是农业污染进入生态环境并扩散的主要介质，农业用水在大量消耗中国原就紧缺的水资源的同时，还造成了严重的污染，严重威胁了生态安全。

畜禽养殖造成的农业废水污染环境。畜禽养殖业的迅速发展，带来巨大的经济收益，同时畜禽养殖的污水及粪便未经处理排入环境中，使得畜禽养殖成为农业污染的重要来源之一。环境监测部门调查显示，畜禽养殖废物污染占农业污染的30%以上。对德国、荷兰畜禽养殖的研究显示，养殖过程中60%的尿液，约80%的圈舍冲洗水都流入环境中，国内的流失比例会更高，这些水里含有大量畜禽粪便及废水未经处理排放后进入河流，许多河水变黑变臭，伴随着河水流动进入大江大河造成河流富营养化，河流中的生物难以生存；一些污染物随着流水下渗，污染地下水；这些废水中一些有机物发生分解，产生有害气体。江汉平原地区畜禽养殖粪便产生量 206.61 万 t，污水年排放量 1155 万 m^3，很多污水、粪便不经处理排入河流水体，河水变臭，鱼类大量死亡，环境污染严重。北京近郊一处禽畜养殖场里，排放的有机物污染竟相当于全市的工、农业所生产的污水和生活废水所含有机污染物的 2～3 倍。太湖流域将畜禽养殖业所产生的畜禽粪便往往集中施在农田中，由于施入量大大超过了农田所需量，导致大量的畜禽粪便得不到充分利用而通过地表径流的作用进入周围的水体，造成水质恶化。在上海市郊，畜禽养殖业生产过程中所排放的污染物质已经超过种植业，成为上海附近水体水质恶化的最主要原因。

水产养殖污染水体。随着需求和技术水平的不断提升，水产养殖的经济效益不断提升，规模也不断提升，水产养殖在向人类提供水产品、获取丰厚利润的同时，也向水环境排放了大量的污染物质。在水产养殖过程中，需要投入大量投入品(包括水产苗种、渔用肥料、饲料、渔用药物及环境改良剂等)，其中约 80%～90%的物质无法被鱼类利用，因此流入水体。据统计，每收获 1t 鱼大约可向水体中排放 40kg 氮类污染物质。养殖过程中还会产生大量的固、液态废弃物(残饵、化学药品、抗生素、动物粪便和排泄物以及淡水养殖固态物质的溶出成分等)，对养殖水体造成污染，形成水产养殖废水。这些水产养殖废水中含有大量可溶性有机物、悬浮物、营养元素、硫化物、病原菌、氮矾元素，未经处理排入水体，会导致水体污染、富营养化，同时还会干扰野生种群的繁衍生存。据统计，目前水产养殖业生产过程中所排放的污染物质仅占农业生产过程污染物排放总量的 14.6%。在江苏太湖地区水产养殖业发展迅速，带来了巨大的经济效益，但也导致太湖水质持续恶化，富营养化严重。江汉平原水产养殖用水总量为 42 万 t，鱼药使用总量为 4 万 t，肥料使用总量为 70 万 t；废水总量为 135.07 亿 m^3，其中排入外部水体废水量高达 131.83 亿 m^3，89%的用户不处理废水就排出，造成污染。

灌溉是农业生产(种植业)的重要内容，灌溉用水带着农业生产的废物(农药化肥)流入江河、地下水和周边的生态环境，威胁生态安全，灌溉用水是农药化肥进入自然环境中的主要途径之一。农业生产过程离不开化肥、农药和各种改良剂这样的化学投入，为了追求产量和经济效益，滥用农药化肥的现象更是普遍，中国只有全球 7%的耕地，却使用了全球 35%的化肥，2015 年全国投入化肥 6022.6 万 t，化肥施用量是国际安全标准的 1.9 倍，化肥利用效率低，仅为 35%；2015 年全国使用农药 32 万 t，利用率为 36%。灌溉及降水在农田中形成地表径流，未被利用的农药化肥进入地表径流，跟随地表径流流入田间灌溉用的水渠，再随着水渠流入江河或者进入周边自然环境中；还有一部分化肥农药随着灌溉用水下渗，灌溉用水在补给地下水的同时，带着大量未被利用的化肥农药进入地下水，造成地下水污染。

3. 地下水超采严重影响生态安全

中国华北地区及东北地区是全国粮食的主产区，也是国家大宗农产品供给区，分别拥有全国 17.54% 和 15.15% 的耕地，占全国粮食产量的 15.81% 和 19.53%。整个华北东北地区承担了全国粮食供给的 41.44%。区域内包括松花江、辽河、海河、淮河及黄河下游 5 条河流，属补充灌溉区，降水分布不均，灌溉需水量年际变化大，区域内河流年径流总量尚不及珠江的年径流量，与长江差距更大，地区水资源供给压力大，辽河、海河及淮河流域地表水资源开发率高，威胁流域生态安全，但地表水资源难以满足水资源需求，地下水资源被大量开发，地下水超采严重，目前，全国地下水超采面积达到 23 万 km^2。

农业用地下水量巨大，北方地区农业用地下水占农业用水的 36%，东北地区农业用地下水量比率超过 40%，华北地区超过 50%。全国农业用地下水量占地下水开采量的 65.6%，北方农业用了全国农用地下水量的 95% 左右。中国地下水超采区也主要集中在华北地区的黄淮海平原及山前平原和东北区的松辽平原，中国北方农业灌溉是造成中国地下水超采的主要因素。这些地区地下水资源消耗巨大，过量的开采导致这些地区地下水位下降严重，同时引发了一系列严重的生态问题。2013 年底，河北地下水开采程度高达 126%，累计超采地下水 1500 亿 m^3，占全国的 1/3，伴随着超采的是河北地区的生态环境受到严重威胁。随着地下水超采量不断增加，造成的生态影响越来越严重，多地出现地面沉降、海水倒灌、水质恶化、地面生态景观变化。

(1)地面沉降。地下水超采是地面沉降的最主要原因，在许多地区所起作用甚至达到了 90%，研究显示，地下水位每下降 1m，对应的地面沉降将达到 10.12mm。由于抽取地下水，京津冀地区地下水降落漏斗和地面沉降问题已经非常严重，形成枣冀衡、衡水和南宫三个深层地下漏斗。自 1959 年以来，华北平原地面累积沉降超过 200mm 的区域达 6 万多 km^2，超过华北平原总面积 14

万 km^2 的 40%。

(2)海水入侵。沿海平原地下淡水水位下降,出现地下水负值漏斗区,地下水淡水头低于附近海水水头,陆地含水层中的淡水与海水之间的平衡被破坏后,导致海水沿含水层向陆地方向入侵,从而形成海水入侵现象,对陆地地下淡水造成极大污染,造成生态灾害。秦皇岛市及天津滨海地区都发生了海水入侵的生态问题。仅秦皇岛北戴河区,海水入侵面积就达 $24km^2$,年均入侵速度为 16～22m。地下水受到严重污染,地表植被发生变化,种植业也受到影响。

(3)水质污染。地下水超采,造成局部地区水资源衰减并伴随地下水污染。由于过量开采地下水导致岩溶塌陷,破坏上覆第四系隔水层,地表污水及劣质潜水通过塌陷段渗入。部分地区造成海水入侵,严重污染地下水质,发生地下水盐度增加。河北平原中东部有咸水区,上部咸水体底界面向下移动,对埋藏在下部的深层淡水造成威胁。沧州市沧县和衡水市阜城县两个典型区的咸淡水界面下移超过了 10m,最大下移深度超过 30m。

(4)地表生态景观遭到破坏。地下水超采造成地下水位下降,导致天然植被衰退,生态环境恶化。历史上河北省泉水资源丰富,特别是太行山山前平原西部有许多历史名泉。进入 20 世纪 80 年代以来,各大名泉相继断流,部分名泉出水量急剧减少,甚至多处历史名泉也已因地下水位严重下降而枯竭。地下水位下降还导致了河床干化,河道断流、干涸,加重了湖泊湿地萎缩,不仅进一步增加了气候干化的趋势,而且导致了一些水生及滨水生物群落的减少甚至消亡。

二、农业用水的生态服务功能

农业是一个通过利用自然资源来获得农产品的产业,大家一直认同农业为人类提供食品、工业原料及药品等产品的功能,同时,也将农业视作环境污染和资源短缺的元凶。但大多数人忽视了农业生产建造了一个人工生态系统,带来了许多生态效益,是支撑人类赖以生活的环境的重要部分,也是农业的贡献,我们把农业的这些功能统称为农业生态服务功能。以下是目前国际上对农业生态系统服务功能最全面的概括,把农业生态系统服务功能划分为气体调节、气候调节、干扰调节、水调节、水供应、防侵蚀、土壤形成、营养循环、废物处理、授粉、生物防治、避难所、食物生产、原材料、基因资源、休闲娱乐、文化 17 种功能。

而农业用水是农业生产中最重要的元素，作物、动物生长、生存都依赖于水资源，目前超过60%的耕地都进行灌溉，灌溉农业生产效率是雨养农业的好几倍，畜禽养殖和水产养殖更是离不开用水。从一定意义上来说，农业生态系统的生态服务功能都依赖于农业用水。但农业用水不止有间接保障生态安全的功能，更是在很多方面直接显示了其生态服务功能。

1. 农田灌溉用水补充地下水资源，抵抗风蚀

灌溉水入渗到土壤后，当灌溉量足够大时，超出土壤田间持水量部分的水量将下渗，部分补给地下水。灌溉后，入渗水主要在土壤水吸力和重力作用下逐层运动。在内蒙古河套地区，农田灌溉补给地下水是保障地下水为补充潜水蒸发量的重要途径，影响灌区水盐动态和区域用水量。同时，农田灌溉后可以更加有效地保土、减少风蚀，通过提高土壤含水量来防风，当土壤中水分含量较高时，水分子被颗粒所吸附，在颗粒间的接触处形成一层膜，适量的灌溉使土壤颗粒之间黏性更大，吸附能力更强，增大了土壤颗粒对风的抵抗作用。在西北干旱地区，合理灌溉可以有效减少田间扬尘，抵抗风蚀。合理的灌溉再结合使用改良剂能够有效地改良盐碱地。

2. 水稻田的生态服务功能

水稻农业作为中国农业生产的重要组成部分，一直以来被我们认可的是它的粮食生产功能，但除此之外水稻田还有其生态功能及社会服务功能。水稻田的生态功能有很多，包括蓄水防洪、涵养水源、净化空气、消纳废弃物、水土保持、调节气温和保护生物多样性等。其中，水稻田中农业用水的功能则主要体现在蓄水防洪、涵养水源上。水稻田田埂平均高度26mm，稻田平均浸水深4.5mm，2016年中国稻田种植面积为3025.71万hm^2，那么稻田蓄水量约为62.7亿m^3，涵养水源180.8亿m^3。内陆地区本身干旱缺水，水稻田发挥人工湿地功能更加明显，增加了内陆地区水面面积，从而增加了水资源蒸发量，有效调节气候，改善周边生态环境，补给地下水，并为周边生态环境中的动植物提供了水源，对改善内陆地区生态环境具有重要意义。

3. 微咸水、再生水灌溉——农田的生态屏障功能

随着水资源需求的不断增加、水资源污染的不断加重，水资源短缺不断加重，合理利用微咸水和再生水就成了缓解水资源短缺的重要途径。再生水的标准满足农业灌溉的要求，补充了农业用水量，从而减轻了用水的压力；其次，利

用再生水进行农业灌溉可以将污水处理中二级处理也难以去除的氮、磷等营养物质作为农作物的肥料，减轻了污水处理的压力，提高处理效率；第三，农田有效吸收了再生水中的营养物质，再下渗补给地下水，滋养周边的生态系统，避免了直接排放可能造成的水体富营养化。使用微咸水灌溉一方面可以缓解水资源紧缺，同时微咸水灌溉还有增产的效果，最重要的是合理的微咸水灌溉方式，提高了灌溉保证率，还加强了咸淡水的循环交替，能够调控地下水埋深在临界深度，减少潜水蒸发，增大降雨入渗，减少径流流失，使自然降雨转化为综合治理旱涝盐碱的可靠水资源，增强防涝淋盐作用，达到改良盐碱地和淡化地下水水质的目的。

4. 渔业生态功能

一直以来渔业生产为我们提供了大量的水产产品，但同时过量的饵料、药品、肥料投入也造成了严重的水体污染，但我们看到这些的同时还应该意识到，合理的养殖方式和投入品使用下，渔业也具有一定的生态服务功能。近年来中国多地渔业资源衰退严重，通过增殖放（主要通过人工繁育苗种，将苗种直接放入近海，补充野生种群数量），有利于改善和提高自然海域基础生产力的利用率，同时有效地增加了近海渔业资源群体数量，丰富物种多样性，优化渔业水域中的食物链结构，改善水域生态环境，维护海域生态平衡。新疆位于西北内陆地区，在这里发展渔业具有人工湿地的作用，可以增加水面面积，提高地区蒸发量，减少浅层地下水蒸发，减缓盐碱化，具有调节气候、防风固沙（特别是具有一定设施水平的渔业基地）、改善生态环境的功能。

5. 农业水利工程的生态功能

随着农业节水技术的推广以及农业灌溉用水的高效化和科学化，中国农业灌溉用水的效率不断提高，水资源总供给量中农业用水的比重不断降低，从最初的 90%多降低到如今的 60%，越来越多的农业用水用到了工业、城市和生态保障中去，农业水利工程在保障农业用水的同时，补充其他方面水资源的不足。如今，农业用水的“农转非”，为生态景观补水提供了有力支持。位山灌区多年来共 17 次引黄入冀，已累计向河北输送 51.044 亿 m^3 黄河水，其中多次是为改善白洋淀、衡水湖沿线生态环境进行的应急生态调水，仅 2010—2011 年，位山灌区就向白洋淀送水 0.93 亿 m^3，将白洋淀水位抬升 0.87m。位山灌区的紧急生态调水，有效改善了白洋淀及衡水湖沿线面临干涸的生态困境，保障了白洋淀湿地上百种生物的生存空间，为白洋淀湿地保护区生态安全的保障做出了重要的贡献。

田间渠道，是用来实现农田给排水的水利工程，但在保障农田给排水的同时，对周边生态环境也做出了贡献。首先，渠道联通了江河，有贮存多余降水，雨季分散洪水的功效；第二，渠道在长期的使用中，渐渐出现了各种植物，田中多余的富营养物质，流过渠道中，会被下游的各种植物吸收，流入自然地水经过净化，沟渠成了生态屏障；第三，长期使用的沟渠，逐渐形成了生态系统，有利于保证生物多样性；最后，渠道流经的地区，都受到了渠道水的滋养，为周边生态环境提供了生态用水。

第二节　生态文明视角下的农业用水要求

改革开放以来，中国经济社会飞速发展，粗放式的生产经营方式消耗了大量的资源，生态环境遭到污染，资源危机、环境危机频发。党的十七大报告中首次提出了“生态文明”的概念，并将“生态环境保护”列入“促进国民经济又好又快发展”的宏观调控体系。到党的十八大再次重申“生态文明”，并将“生态文明建设”列入中国经济社会发展“五位一体”的总体布局，意义更为重大，目标更为明确。《中共中央国务院关于加快推进生态文明建设的意见》中指出，加快推进生态文明建设的基本原则就是坚持把节约优先、保护优先、自然恢复为主作为基本方针；坚持把绿色发展、循环发展、低碳发展作为基本途径；坚持把深化改革和创新驱动作为基本动力；坚持把培育生态文化作为重要支撑；坚持把重点突破和整体推进作为工作方式。

农业作为第一产业，是人类衣食之源、生存之本，是一切生产的首要条件。农业为我们提供了大量的物质资源，保障我们的生存发展，但同时农业生产也消耗了大量的资源，每年60%的供水被用于农业，是水资源短缺的重要因素；同时农业生产也是目前生态环境污染的主要来源，农药、化肥、农膜污染对水体、土壤和周边生态环境造成了严重的危害。所以有效推进生态文明的关键点，是将农业生产作为首要改进目标。生态文明视角下，农业用水作为农业生产中消耗最多的资源，是有效缓解水资源短缺的重要路径，同时农业用水是农业污染扩散的重要介质，因此高效管理农业用水成为农业生产实现生态文明的着力点。

生态文明视角下，农业用水应以《中共中央国务院关于加快推进生态文明建设的意见》中生态文明建设的基本原则为标准，节约用水，提高用水效率，避免不必要的水资源浪费，保护水资源安全；发展绿色农业，循环农业，减少农业生产中污染和废物的产生，实现农业用水的循环、多效利用；加强农业用水管理系统管理方式改革，开发节水灌溉技术，推进微咸水、再生水灌溉技术的改进；大力推广“生态文明”观念，将节约用水、减少污染这样的观念传达到农户，树立农业用水生态文明观念，是实现生态文明的关键；抓住农业用水改革的关键点，节水技术的开发和推广、科学的管理方式以及用水方法的生态文明观念都是实现农业用水生态文明的着力点。

一、节约(高效)用水

中国农业生产每年要消耗大量的水资源，是河流过度开发和地下水超采的主要因素，并由此引发了一系列的环境危机，包括河道干涸、绿洲消失、地面下沉、海水倒灌等。中国农业灌溉用水效率非常低，粗放式的管理模式和低效的灌溉方式，浪费了非常多的水资源，中国目前农业用水灌溉有效系数仅达到0.53，而发达国家可以达到0.7～0.8，那么中国农业节水的潜力非常大，而节水灌溉的实现要从以下几点着手。

1. 节水灌溉技术

采用高效的节水灌溉技术，是在保障粮食安全的基础上有效节水、提高水资源利用效率的重要途径。目前国内推行的几种灌溉节水技术节水效果显著，其中，低压管道输水灌溉可节水20%～30%，滴灌可节水70%～80%，喷灌可节水40%～50%。目前，中国推行的节水灌溉技术主要以灌溉工程技术及灌溉农艺技术为主。

(1)农艺节水技术。非充分灌溉：是一种不同于普通灌溉的灌溉方式，在水资源短缺的地区，根据作物与水分的关系，在作物需水关键期或者敏感期进行灌水，来节约水资源。

调亏灌溉：从作物生理生态角度着手，人为地制造一定程度的水分亏缺，然后利用作物对干旱自动做出生理抗旱反应来提高作物抗旱能力，以此来节约水资源。

地面覆盖：利用化学、物理和生物物质覆盖农田的地面，以此来减少土壤中水分的蒸发，达到保水、保土的效果。

(2)节水灌溉的农田水利工程技术。渠道防渗技术：通过技术措施减少在渠道运送水资源的过程中，因为渠道渗透所造成的水分损失，以此提高灌溉用水效率。

低压管道输水灌溉：灌溉水通过低压管道被输送到农田后进行灌溉的输水灌水系统，也称“管灌”。灌溉效率高、增产效果明显同时易于掌握。

喷灌：利用专门设备将有压水流通过喷头喷洒成细小水滴进行灌溉，提高灌溉水效率，同时省工、增产。

滴灌：利用安装在毛管上的滴头、孔口或者滴灌带等灌水器，使灌溉水成水滴状，缓慢、均匀地滴入作物根区附近浸润根系最发达区域的灌水方法。能够有效地提高灌溉水有效利用系数。

渗灌：继喷灌、滴灌之后的又一节水灌溉技术，是在低压条件下利用修筑在地下耕层的渗水毛管将灌溉水引入耕作层，借毛细管作用，定时定量地按照作物所需以土壤渗水方式供水的方法。

微喷灌：利用专门的喷灌设备将有压水送到地块后以较大的流速由微喷头喷出进行喷洒灌溉的方法，是一种局部灌溉技术。

痕量灌溉：在满足植物水分需求的前提下，通过特制的控水头，将低压水转化成极细小的水流，均匀不间断地将水直接慢速输送到植物根系附近的土壤的灌溉技术。

2. 修建水利工程

修建水利工程是实现有效灌溉的基础，同时也是实现节水灌溉的前提。目前，仍有很多地区受自然条件及经济状况等因素限制，农业水利设施建设滞后，灌溉用水获取过程中水资源损失严重；一些地区农田水利设施年久失修，损坏严重。中国灌溉水损失总量的3/4发生在从水源到田间的输水过程中，明渠输水的灌溉面积占总灌溉面积的75%以上，超过300万km的输水渠道中只有1/5进行了防渗处理。节水灌溉技术中，水利工程节水灌溉技术的基础是完善的农业水利工程。实现农业节水，农业水利工程建设是重要内容，节水设施的建设是实现农业节水的关键。

修建农田水利工程首先为实现农田灌溉提供了基础，是保障粮食安全的必要条件，合理地使用农业用水进行灌溉，可以有效提高农产品产量，从农田水资源投入产出效率上来说，水资源的投入产出效率能够有效提高。其次，完善的水利工程能够有效提高灌溉效率，省工省力，同时减少灌溉水从来源地到灌溉田间这一过程中的损耗，包括渠道渗漏和蒸腾及其他不必要的损耗。最后，水利工程为节水灌溉技术提供了基础，有了基本的水利工程，并在此基础上根据不同灌溉方式配套使用专业化的设施，来实现喷灌、滴灌、渗灌等节水灌溉技术。

一些水利设施年代久远，缺少管理和维修，断渠和损坏严重，利用率低，同时因为技术差距，当初的老旧水利设施的防渗做得不好，泡水渗漏严重，渠道运送水资源损耗严重。对已有的水利工程进行巡视、检查、维护也是非常重要的环节，维修老化水利工程，提高工程防渗能力是实现节水灌溉的重要途径。

3. 充分利用洪水及降水（集雨灌溉）

提高农业用水效率，一方面要从节约入手，随着技术的进步和配套设备工程的配合使用能够有效提高农业用水效率，但其效果是有限度的，高效利用水资源的有效途径一方面是节流，还有一方面就是要开源。

中国水资源时空分布极其不均，降水主要集中在7—9月，大量的降水难以为农田全部利用，一方面在地表形成径流，流入河流等自然水体，难以充分利用，部分地区在缺水的同时在雨季又浪费了多余的水资源；另一方面，地表径流带走了地表养分充足的土壤，造成水土流失，土壤肥力下降，同时过多的泥沙进入河流会造成新的环境问题，此外，地表径流还会带走农田中未被利用的化肥农药，造成水体富营养化。充分利用降水进行集雨灌溉，是缓解地区水资源压力，实现高效利用农业用水的重要方式。

集雨灌溉工程是指在缺水地区采取工程措施对雨水进行收集蓄存和调节利用，并采用先进的节水灌溉方法灌溉农作物而建立起来的微型水利工程。集雨灌溉属于微型水利工程，工程规模小，成本低，技术要求低，容易推广，适应范围广（凡有效降雨在250mm以上的地区，都可开发雨水资源）。集雨灌溉是解决干旱、半干旱地区农业灌溉的重要途径，近年来，集雨灌溉工程已从单一的集蓄雨水解决农业生产缺水转向兼顾农、林业等多元生态性发展。集雨灌溉相对通过其他方式引水，成本和工程量都比较低，而且还有保持水土等较强的生态效果，是保障农业用水与生态安全的有效方式。

中国是洪涝灾害严重的国家，洪水为人类生产生活带来了巨大威胁。中国幅员辽阔，地形复杂，季风气候严重，是世界上洪水频发且影响面积广的国家。全国约有35%的耕地、40%的人口和70%的工农业生产经常受到江河洪水的威胁。通常，洪水多发于人口稠密、农业垦殖度高、江河湖泊集中、降雨充沛的地方，破坏力极大，对国家和人民的生命财产造成巨大损害，洪水过后农田尽毁，家园破坏。农业生产破坏一方面威胁粮食安全同时为农户带来了巨大的经济损失，遭受洪水侵害的耕地短时间难以恢复。但我们看到洪水带来的损害的同时，还应该看到洪水带来的巨大的水资源，如果可以对洪水进行合理配置，将洪水资源化，既可以减轻洪灾带来的损失，同时也可以缓解中国水资源短缺的现状。

洪水资源化利用，在汛期将多余的洪水储存下来，供干旱季节利用，或者将洪涝地区多余的洪水引到干旱地区缓解干旱，就实现了洪水资源的有效配置。如果能充分合理开发洪水资源作为农业用水，可以有效缓解大量农业用水需求下日益严重的水资源短缺，同时也可以减少由洪水带来的经济损失。天津地区修建了12座水库，用于储存农田涝水，有效缓解了农田涝害，同时解决干旱时期的农业灌溉用水，为缓解海河流域水资源过度开发和天津地区地下水超采做出了重要贡献；2003年长江流域安徽省及时关闭泄洪通道，充分拦截汛期尾水，共拦蓄洪水3.66亿m^3，在抗旱时期提供了宝贵资源，同年湖北拦截12亿m^3，有效避免了省内旱灾的发生，旱年也保障了农业用水。有效利用洪水的主要途径包括人工修建蓄水池等蓄水工程，同时发挥湿地的蓄洪功能；充分利用南水北调工程，将南方洪涝频发的地区雨季多余的用水北调，缓解南方涝灾，同时缓解北方供水压力。

一方面充分利用降水和洪水，可以缓解中国水资源短缺带来的生态危机，同时修建集雨工程以及洪水资源化利用，能够缓解涝灾对生态环境的破坏，所以农业生产中合理利用降水资源及洪水资源是保障生态安全的重要途径。

4. 高效利用微咸水、再生水

技术的进步和水资源短缺的加剧，促使人们开发新的水资源，这就包括微咸水和再生水的利用。微咸水及再生水的利用成了农业灌溉的新思路，也是节约水资源的重要途径。

华北平原地区长期以来地下水资源超采严重，因此引发了浅层地下水矿化度增加、海水倒灌等环境问题。华北平原地区咸水资源非常丰富，河北平原地区咸水资源达56亿m^3，天津咸水面积达到9238km^2，河北省东部沿海地区咸水达到7亿m^3，该地区淡水资源紧缺，但是又是中国重要的粮食产区，灌溉用水需求大，华北平原地区地下水超采严重，生态环境面临严重威胁，微咸水灌溉是解决当地水资源危机的有效途径。

再生水灌溉作为灌溉水源，减少对地表水的开发利用，同时有效缓解地下水超采的加重，避免了农业用水引发的水资源短缺以及伴随而来的生态环境危机。再生水作为灌溉用水，其循环路径大致呈现为，再生水引入到田间成为灌溉水，一部分渗漏补给地下水，另一部分则通过农作物的叶面蒸腾作用以及棵间的土面蒸发过程进入大气，灌溉水最终也都流入天然水体中，形成了对生态环境的水资源补给。最重要的是，再生水中难以处理的氮、磷等营养物质，都能为作物所用，一方面为农作物提供了养料；另一方面，灌溉过程也避免了再生水直接进入环境中所存在的富营养化危险。

二、减少污染（农牧渔）

农业污染一直是中国环境污染的主要来源，据统计，农业污染占环境污染的60%以上，随着近年来环境问题的不断突出，对于农业污染的关注也不断提升。随着社会及经济的飞速发展，生态问题已经是中国综合发展的重要内容，作为环境污染的元凶之一，减少农业污染是保障生态安全的重要途径。农业生产中过度的投入品伴随着农业用水流入周边环境，造成周边环境及水体的富营养化，造成严重的生态问题。生态文明视角下，农业用水的利用及排放过程，需要有效控制污染。

1. 农药、化肥的合理使用

在如今的农业生产中，农药、化肥成为不可或缺的投入品，化肥成为植物生长所需氮、磷、钾元素的最直接来源，而农药则是病、虫防治的有效手段，但目前农药、化肥的使用呈粗放状态，过量的化肥农药投入不仅难以有效提高农产品的产量，同时大量的富养物质随地表径流流入周边自然生态环境，造成环境、水体的富营养化，此外，剧毒农药的使用使得重金属有毒物质也伴随着田间用水进入周边环境。有效控制农药、化肥造成的环境污染，应从以下几点入手：一方面，要从源头上控制，即控制化肥、农药的过度投入，控制剧毒农药的使用；另一方面，采取科学的灌溉方式，避免大水漫灌造成的地表径流带走大量未被利用的化肥农药及地表土层。

2. 水产养殖业投入品的合理使用

目前水产养殖主要包括天然水体和人工水体养殖，天然水体养殖就是在天然河道、浅滩、海岸等圈出水面，适量的养殖规模还有利于丰富物种，提高生态环境稳定性；人工建设、注水的水面属人工水体养殖，合理利用人工水面有利于增加环境水面积，发挥湿地蓄水、涵养等功能。但是，一方面，水产养殖（特别是人工水体养殖）需要消耗大量的水资源；另一方面，近年来养殖饵料、药品的过量使用造成了水体及环境的严重污染。保障生态安全，就需要合理使用饵料、药品，避免因过度投入造成的环境污染；天然水域养殖一定要考虑生态承载率，避免破坏水域生态平衡；同时人工养殖废水应处理后再进入生态环境。

3. 畜禽养殖废物、废水处理

畜禽养殖废水威胁生态环境安全有多种途径。主要途径是，冲洗圈舍时冲走的畜禽粪便、尿液形成养殖废水，未经处理排放造成污染；其次，畜禽养殖过量的粪便作为有机肥施入农田，未被利用的氮、磷元素随地表径流流入周边环境。养殖废水、肥料污染环境成为环境污染的重要来源，养殖废水中含有大量的污染物质，包括有机质、重金属、残留的兽药和大量的病原体等，会造成地表水、地下水污染，土壤重金属超标，生态环境受到严重破坏。为了减少畜禽养殖废水对生态环境的破坏，首先，畜禽养殖废水需经处理后排放，未经处理的废水排放会造成严重环境污染；其次，养殖废物应安置在合适的位置，避免被雨水冲走造成环境污染；第三，农田中施用的废水、肥料，也应该经处理后使用，避免重金属及微生物污染农田，同时有机肥应适量使用，避免过度投入造成环境污染。

三、科学的农业用水管理

在农业节水及水资源污染防治上，不仅要从技术、工程方面入手，科学的管理也是水资源高效利用的关键部分。水资源危机出现及恶化与人类在生产、生活过程中缺乏有效保护和科学管理有着不可分割的关系。所谓水资源管理，就是为了满足人类水资源需求及维护良好的生态环境所采取的措施。科学的水资源管理，有利于提高水资源利用率和利用效率，保障水资源的可持续利用。

而农业作为严重依赖水资源的产业，同时也是目前中国消耗水资源最多的产业，面对当前中国日趋严重的水资源危机，加强农业用水管理，成为生态文明视角下农业用水的关键要求。中国农业用水效率仍然存在很大的提升空间，通过科学管理，必然能有效提升农业用水效率，避免浪费；同时中国农业用水严重分布不均，地区水资源禀赋差距极大，更需要通过科学的管理优化配置；随着农业的不断发展，农业污染成为重要的污染源，农业用水管理还应该包括污染管理，避免农业污染造成的水污染及环境污染。

农业用水作为水资源消耗的主要途径，是水资源管理的重要部分，农业用水的科学管理应该遵从水资源管理的基本原则和方法。生态文明视角下，农业用水的科学管理是对农业用水的必然要求。

1. 法律手段强化

《中华人民共和国水法》（简称《水法》）为水资源管理提供一部统管全局的水基本法，使水资源管理做到有法可依，也通过法律的强制性，更好地发挥水资源管理的效用。《水法》中明确指出：农业“应当推行节水灌溉方式和节水技术，对农业蓄水、输水工程采取必要的防渗漏措施，提高农业用水效率”。强化了农业用水管理的法律地位，明确了农业节水及水污染防治的法律意义。

中国于 1988 年颁布《中华人民共和国水法》，其第一条中明确指出：“为合理开发利用和保护水资源，防治水害，充分发挥水资源的综合效益，适应国民经济发展和人民生活的需要，制定本法。”2002 年对《水法》进行了修订，《水法》要求“合理开发、利用、节约和保护水资源，防治水害，实现水资源的可持续利用，适应国民经济和社会发展的需要”。

最初《水法》的颁布使得中国水资源管理做到了有法可依，到 2002 年《水法》引入了节约、保护和可持续利用的概念。理顺了水资源管理体制，引入了水资源统一管理的理念，着重强调发挥流域机构在管理中的主体作用；在水资源保护方面，强调了水质管理，规范明确相应法规，与水污染防治法相配合，完善了水质管理的制度体系；将节约用水纳入法律体系，为推进节水工作提供了有效的执行和保障手段；《水法》明确了“总量控制和定额管理相结合的制度”，要求“城市规划、各产业发展应以当地水资源状况为准则”，要求“制订年度水量分配方案和调度计划”等。《水法》完善了水资源管理的制度体系，通过法律的强制性强化了管理部门的权力，强化了节约用水和可持续发展的法律地位。

虽然经过2002年的修订，中国《水法》对于水资源的综合保护有了更加明确的制度体系，但《水法》在水资源管理中的应用和其法律效力在实际管理中的应用仍存在诸多不足。当前生态文明的视角下，一方面应突出水资源管理过程中《水法》的指导意义，将《水法》真正体现在水资源管理中，而非空洞的制度框架；另一方面中国水资源法律体系不健全、法律制度不完善，仍然需要不断完善、修订，西方国家的水法拥有更加完善的制度体系及更加悠久的历史，应充分发挥其参照作用，并结合中国的基本国情，完善《水法》，同时建立、健全节水、污染防治方面的法律、法规。

长期以来农业用水粗放的管理方式造成了严重的水资源浪费，同时农业生产造成的污染严重危害到水环境的健康发展，这与当前生态文明的要求相背离。同时《水法》中强调节约用水及水质管理的重要性及其法律地位，除了《水法》之外，《中华人民共和国水污染防治法》《中华人民共和国防洪法》和《中华人民共和国水土保持法》共同构成规范中国水管理事务的主要法律。农业用水管理应强化相关法律的存在，更多地发挥水管理相关法律的法律效力，完善法律体制，明确执法部门职责、权利，加强执法力度，强化农业节水及水污染防治方面的法制建设，提高农业用水效率，实现农业节水，减少农业污染，保障水资源及生态环境安全。

2. 充分利用行政手段

法律在农业用水管理中，要通过各级政府及水资源管理部门的行政手段实现。法律赋予其权力，确立其管理合法性，但行政部门需要将法律通过政策、规定的制定在实际管理中实现。水资源是一种共同拥有、分别使用的公共资源，在用水过程中会存在大量的“搭便车”和过度利用的行为，这就要求政府提供制度，加强对水资源的管理。

中国农业用水地区水资源量分布差异大、用水方式多样、用水点多且分布广，同时，受长期依赖粗放式的用水方式影响，农民对农业用水稀缺性的认识严重不足，使得农业用水管理难度大，管理部门管理低效，政策推行缓慢、实施程度低。生态文明视角下，要求行政部门发挥其管理职能，科学管理农业用水，推动农业节水，控制农业污染，促进农业用水可持续利用，保障生态安全。

加强农业用水管理效力，主要应从以下几点入手：明确政府部门事权划分及职责分工，需要明确部门责任，实行责任追溯体制；加强部门间配合，各部门从自身需求出发制定政策，存在一水多治，部门间职权冲突，政策失灵、管理低效，政策难以落到实处，加强部门间沟通、配合，政策制定应从全局出发，追求总体效率最优；提高管理部门对于农业用水节水及污染控制重要性的认识，部分地区管理部门在认识上的欠缺，是导致农业用水管理工作不足的重要因素；政策实施应因地制宜，全国农业用水情况复杂，地区用水方式、水资源状况差异较大，中央及各级政府、管理部门制定的政策有其局限性，实际实施应发挥能动性，根据当地实际情况进行落实；加强用水农户自治管理及农民用水者协会建设，加强公众参与程度，农业用水管理透明化，一方面满足公众(用水农户)的知情权，另一方面农户作为农业用水的直接使用者，对于农业用水情况更加了解，同时将职权、责任赋予农户，将管理工作与用水农户利益直接挂钩，能够有效提升管理效率；明确水权，加强水权制度建设。

3. 经济手段管理农业用水

长期以来，中国农业用水因水利设施薄弱，运行维护经费不足，管理不到位，水价形成机制不健全，价格水平偏低，不能有效反映用水成本，价格过低无法有效实现农业节水，整个农业用水方式呈现粗放的状态，农业水利工程因资金短缺难以保障正常维护、修理，使农业用水处于恶性循环。

中国一直实行较低的农业水价政策，很多地区采用按亩收费，一些水资源充足的地区甚至不收水费，这样的状况造成了农民商品水意识弱，水资源利用率低，浪费严重的现状，近年来中国开始进行农业水价综合改革试点，通过提高水价和累进制水价直接控制农业用水的使用量，合理利用经济手段能够有效提高农业用水效率，同时，农业用水收费为农业水利工程的运营维护提供了经费，保障农业工程有效运行，实现节约用水，提高灌溉效率。但是，农业节水不能单靠水价提升进行调控，农业生产原本就是低产出高投入的产业，农业生产收益较低，而灌溉是农业生产的必需过程，随着农业水价的提升，原本较少的收益被进一步压缩，农户压力不断增加，甚至威胁粮食安全，所以如何合理地使用经济手段科学地调控，实现农业节水，同时保障粮食安全，是生态安全视角下对农业水价综合改革的要求。

农业水价政策的推行面临许多问题，需要不断完善、不断改进，必须注重以下几点：末级渠系改造工程打通最后一千米，保障农田灌溉，是农业用水的基本需求，农业节水的前提是保障农业灌溉，打通渠系也避免了取水到田间过程中不必要的水资源浪费，同时打通渠系也是安装计量设备的基础；安装计量设备，保障农业用水精确计量；科学、合理定价，不能单纯靠提高水价来实现农业节水，还要在农民承载能力之内，保障粮食安全；精准补贴，多年来的试点及研究显示，农业水价补贴应采取“明补”（先收取水费，再进行补贴）而非“暗补”（将补贴反映在水价中，直接降低水价），在实现农业节水的同时减轻农民负担；严格管理水价、水费，避免部分地区存在的收费“搭便车”情况，水价高于实际水价，部分部门、个人从中牟取利益，严格管理收取的水费，保证水费用于农业水利工程的管理、维护，机构运营等；因地制宜制定水价，根据不同地区水资源状况、农业生产情况、作物类型等方面来确定农业水价；促进政策落实，贯彻落实中央及各级政府政策，尽快根据自身情况对各项政策进行解读，制定适合本地情况的执行方式，保障政策落到实处。

4. 加强农田水利工程建设管护

农田水利工程是农业灌溉的基础设施，农业灌溉是农业生产的基本需求，但是由于中国许多农田水利工程建设年代久远，缺少管护，漏渠、坏渠情况严重，渠系水利用系数低，渠道输水过程中损失了大量的水资源，严重制约了中国农业节水的实现，生态安全视角下要求农业用水的高效利用，降低渠系水损失，提高渠系水利用系数。

提高渠系水利用系数，要从农田水利工程的维修管护上入手，目前中国农田水利工程管护体系严重缺失，部分地区存在零管护，要改善这一现状，要从以下几点入手：确定农田水利工程所有权，农田水利工程的归属不明晰，难以确定所有者，也难以合理安排管护工作，确定水利工程所有者后由所有人安排管护工作，确定权属之后，涉及个人利益，更有利于管护的实现；明确管护主体，可以根据实际情况确定管护主体，对于大型且集中的农田水利工程可以选择将管护外包，由专门管护的企业团体承包管护工作，或者部分地区多为小型农田水利工程，数量多、分布广，管护难度大，可以采用“谁使用、谁受益，谁管护”的原则；加强农业水价改革推进力度，农田水利工程管护缺失的关键原因之一就是缺少管护资金，水利工程的维修成本和管护人员的工资难以落实，管护工作被资金制约，收取农业水费的重要目的就是为水利工程管护提供资金，加快农业水价改革，提高水费实收率，保障管护经费来源；加强技术管理，通过与相关科研机构的联系，在农田水利工程建设、管护上，加强科技成果转化率，利用科技手段提升管护效率，降低管护成本，提升渠系水利用系数。

5. 加强农业用水污染防治

农业生产不仅是满足人类需求的重要产业，同时也是资源消耗、污染输出的重点产业，目前农业生产是中国环境污染的主要来源之一，水资源污染尤其严重，农业生产在消耗大量水资源的同时还在不断污染着本就有限且紧缺的水资源，愈发加剧了水资源危机，因此生态文明视角下，对于农业用水必须加强污染防治。

一方面，大量的农业污染是伴随着农业用水扩散到周边环境中的，另一方面，过度投入的有机、有害物质，最先污染的便是农业用水，因此加强农业用水的污染防治尤为重要。对于农业用水污染防治，首先需要完善水污染防治法律体系，2008 年修订的《中华人民共和国水污染防治法》中对农村农业水污染做了具体规定，但是内容不够全面，规定模糊，难以实施落地，因此应该加强农村农业水污染法律体系的建设，完善内容，清楚地确立相关规定，发挥法律的强制性，使农村农业水污染防治有法可依；其次，明确农业水污染监管主体，目前对于农业水污染没有明确的监管主体，存在管理“缺位”，大部分地区无人监控农业水污染，需要确定农业水污染到底由谁监管，谁又是农业水污染的责任人，必须加强监管队伍建设；再次，加强政府对于农业水污染的重视程度，政府应发挥其行政力量，将法律法规转化成实际可行政策，目前政府部门对于农业水污染的关注不多，更多的关注都在工业、城市水污染上，应明确相关规定，加强执法、管理队伍的建设；最后，加强资金支持，治理好农业水污染就需要有庞大的资金支持，而现实中国家对农业、农村水污染问题关注不足，更没有相关资金支持，缺乏资金来源无法保证农业水污染治理的监督管理工作、农业科技设备和农业科技人才，目前国家有关农业的相关补贴有很多，唯独没有农业水污染防治方面的，目前严峻的农业水污染现状，需要更多关注农业水污染防治，提供有力的资金支持。

四、大力弘扬“生态文明”观念

中国农业生产已经有几千年的历史，农业灌溉是农业生产的关键过程，农业用水长期处于低价甚至不收费的状况，农民对于水资源的商品性认识不足，更体会不到水资源的稀缺性，农业用水管理粗放，水资源浪费严重，农田灌溉系数严重低于发达国家，一方面是技术、设施存在差距，但最关键的问题原因在于观念落后、认识不足。农业节水、水污染防治是生态文明视角下对农业用水的必然要求，农业节水及水污染防治的实现需要先从根本上改变农民对于水资源的认识，强化水资源商品意识，充分认识当前水资源的危急现状，认识到农业节水的重要性。不仅仅是农民的认识不足，政府部门对于农业节水、水污染防治的认识也存在欠缺，虽然国家对于农业节水的重视不断加大，但一些水资源丰富的地区仍存在不足，对于农业水污染防治的认识更是少之又少。必须加强“农业用水安全”宣传，大力弘扬“生态文明观”。

第三节　农业用水与生态和谐发展

近年来随着人类文明及物质、技术的进步，农业生产力不断提高，农业受自然规律的影响相对减弱，使得人们逐渐忘记了自然、生态环境与农业生产的重要关联，农业生产力的提高放大了农业的产出功能，却忽略了农业生产的依托是生态环境，将生态环境作为单纯没有生命的生产工具，伴随着物质需求的不断增大和生产力水平的不断提升，农业向生态环境的索取已经严重超载，生态平衡被打破，生态环境的输出严重超过了生态系统的恢复能力，农业生产的飞速发展伴随的是生态环境的极度恶化。农业通过利用自然环境中的温、光、水、土壤等资源完成生产，其中温、光资源取之不尽用之不竭，是自然对人类最好的馈赠，土地以及水资源原本属于可再生资源，但在人类不加克制的过度利用及污染中，资源面临的是难以恢复的损坏，其中最为严重的就是水资源问题。农业生产中过度、低效的水资源开发及过量投入品造成的水污染，成为中国水资源危机的主要元凶，并由此引发了一系列的生态问题，农业用水成了生态安全的最大威胁。

随着农业用水不当带来的水资源危机愈演愈烈，生态环境用自己的方式警示人类，农业生产受到严重影响。大量农业用水的使用造成部分地区地下水超采严重，形成地下漏斗，周围侧向补给的地下水中的盐分也在灌区聚集，在缺乏排水措施的情况下水分经腾发而散失后，盐分大部分留在土壤中，使地下水的矿化度逐步增加，土壤盐渍化面积增大。陕西泾惠渠灌区的部分地区使用矿化度较高的地下水进行灌溉，导致土壤盐渍化和农作物减产；甘肃民勤各灌区地下水连年超采，灌区内形成地下水位下降漏斗，不仅灌区地下水盐不能向外排除，周边沙漠地区地下水还要向灌区补给，大量的盐分进入灌区农田，使灌区土壤盐渍化面积增加，严重影响了农业生产。

中国传统水产养殖业一直处于"资源利用—产品—污染输出"的单向资源利用模式，水产养殖中大量投入饵料、药品，同时产生大量的排泄物，全都进入水体中，在水中分解，消耗大量的溶解氧，富含大量的氮、磷物质，造成水体污染、富营养化，水体流动将污染面积不断扩大，严重破坏周边生态环境，藻类丛生，污染加剧，但事实上这种影响不是单向的，水体污染严重影响了渔业发展。长江口地区因水体污染，近河口及沿岸浅海地区渔业资源衰退严重，原是中国重要的渔业基地，如今区域内鱼类、贝类和藻类生物资源大量减少甚至消失。如皋市在2011—2013年间，确认的渔业污染事故共101起，污染养殖面积3800亩，死损水产品127t，直接经济损失超过125万元，其中农业污染作为渔业污染的主要元凶，占污染事故总数的60.4%。农业用水带来的水资源污染严重影响到渔业发展。

农业用水造成的生态环境问题，已经威胁到农业生产的正常进行，因水资源的过度开发及水体污染造成的农业生产事故频发，让人们关注到农业用水低效的现状必须要加以改变，生态环境不是无限支持人类生产生活的机械工具，农业用水带来的生态危机正威胁着农业生产。

人类应该意识到农业是与资源、环境关系最为密切的产业，生态安全是农业可持续发展的核心和基础。农业是严重依赖水资源的产业，有研究显示，灌溉农田的水稻平均亩产约为460kg，其他灌溉粮食作物平均亩产约为350kg，雨养粮食作物平均亩产仅为140kg，一般灌溉农田的粮食产量要比非灌溉农田的产量高1～3倍；畜禽养殖同样需要充足、安全的水资源，来保障其生理需求；渔业的发展更是离不开水，同样对水质水环境有着要求，一经破坏渔业发展也将受到威胁。

的确农业是一个不断消耗资源，为了保障农业生产力也一定会造成污染输出的产业，但农业难道就不能与生态和谐发展吗？其实不然。

农业生产在中华大地上已经发展了几千年，传统农业文明社会中，人和自然一直和谐相处，人对自然持一种崇拜、依赖和敬畏态度。自然环境被视为一种非常重要的农业生产资料，农业生产对自然环境的依赖性很高。因为认识到农业生产与自然环境之间的这种密切关系，所以在传统农业社会中，农业生产表现出人类活动与生态环境之间处于和谐状态。“和谐”是指人类通过农业活动对自然环境的物质输入和输出呈现出动态平衡。人们通过农业活动从自然环境输出农产品,以满足自身基本的生活需求;与此同时,通过向自然环境输入农肥、作物残留物等有机物质,土地得到肥力补给。

尽管农业生产过程需要消耗大量的水资源,同时带来一系列的污染,但农业用水的使用不应该与生态安全相背离,农业用水应该同生态和谐发展,相互包容、相互促进。历史时期人类的农业生产力水平、物质基础、科技力量与当今有着天壤之别,几千年来生态系统为农业生产提供大量的水资源,保障农产品供给,也承受住了农业用水带来的一系列问题,现代农业的发展不能破坏农业用水与生态之间的平衡关系,在如今不断进步的科技水平及经济实力下,科学高效利用农业用水,控制投入品的合理使用,严格监管农业污水的排放,充分发挥农业的生态保育功能,必然能够保障农业用水与生态和谐发展。

第四节　建立利水型农业体系

一、利水型农业内涵

面对农业用水存在的问题,发展利水型农业是农业与水资源保护共赢的战略。“利水”并不仅仅是“水利”两个文字的颠倒,具有新的内涵。利水是针对水利过程中,由于缺乏对水资源的有效保护,导致水资源利用过程中出现水质污染严重、河流断流等水生态环境问题突出,湖泊萎缩严重、地下水开采等引发系列问题而提出的,为了解决这些问题,建立“利水”战略势在必行。“利水”就是人的行为和规范要关爱水的健康、维护水的健康,保护水资源,至少不对水造成伤害。“利水型”农业就是在发展农业的同时,保护水资源、对水资源不造成伤害的农业。利水型农业是从农业行业的角度对水友好,其对利水型社会建设具有重要的支撑作用。

二、利水型农业特征

1. 对水友好性

农业用水是农业发展的物质基础,两者相互依赖。长久以来,农业的发展是依靠农业用水的不断增加而实现的，特别是在灌溉面积不断扩展的阶段。正因为农业发展对农业用水的过分依赖，导致部分地区为了满足农业发展需求无节制地向自然索取水资源现象较为普遍，出现了河流断流等各种生态环境问题。利水型农业正是针对此类问题而设计的新理念和新思想，它寻求农业的发展与农业用水承载力相适应，并且强调对水资源不造成伤害，包括水生态、水文化和水质等，提倡对水不造成伤害的条件下发展农业，实现农业发展和水资源和谐共赢的局面。利水型农业充分地体现了对水的友好性。

2. 高效性

农业用水的高效性是利水型农业的重要特征。农业用水的高效性是指以最可能少的农业用水创造更多的农业价值和服务。值得注意的是，这里的高效性并不是仅仅指高的经济价值，也包括社会效益和生态效益。为了加以区分，能用价值进行衡量的效益采用价值度量，不能用价值度量的效益则采用“服务”来描述。如农业用水除了具有农业生产功能之外，还具有一定的景观、生态、文化等多种属性，在高效性评估中必须将其纳入考察范围，否则高效性存在缺失，低估了农业用水的效能。农业用水的高效性促进了农业节约用水，可以最大限度地减少水资源利用，因此会有效地降低对水的伤害。

3. 绿色性

绿色内涵丰富，并非单纯指颜色中的绿色，其内涵包括环保的、与环境协调和谐的、人类适应环境的、安全的等。目前，社会上充满了对“绿色”的呼唤，冠上“绿色”的名词或者行为如雨后春笋层出不穷，并且向多个领域拓展，如绿色食品、绿色投资、绿色规划、绿色设计、绿色技术、绿色贸易、绿色产业、绿色农业等等。利水型农业具有很明显的绿色性特征，它是绿色农业的重要组成部分，其强调在利用水资源的时候对水资源、环境的保护。

4. 文化性

我国农业文明源远流长，农业发展是伴随着文明的发展而不断向前演进，其文化内涵越来越丰富。利水型农业是在解决农业用水过程对环境造成不利影响的基础上逐步提出的，利水型农业形成的知识必将逐步纳入农业文明中，成为农业文明重要组成部分。农业的功能不是单一的，具有多功能性，其中文化物质遗产保护功能和文化多样性保护功能是农业功能的重要组成部分，在这些区域内开展利水型农业建设会进一步增添文化的内涵。此外，中国的农业用水文化历史悠久，从我国最早的有坝引水灌区典范智伯渠（位于山西太原市在西南25km的晋祠镇），到无坝引水的人水和谐样板都江堰，无不闪烁着中华民族智慧的光辉。利水型农业将会融入这些文化体系之内，其文化性必将更加凸显。

三、利水型农业主要实现途径探讨

1. 在农业用水中树立利水价值观

在人类诞生之始，人类就自觉或不自觉地充分利用水资源，“趋利避害”成为利用水资源的重要原则，水利的思想已经深入人心。由于人类对水资源过度开发利用，超出了水资源本身的承受能力，水资源本身对人类造成了伤害，人们才开始逐步关注水资源保护问题，这只是利水思想的萌芽。随着水对人的伤害越来越大，保护水资源呼声越来越高涨，利水的思想逐步产生和发展。尽管如此，利水和水利相比还很弱小，利水价值观还远未形成，树立利水价值观是非常必要的。价值观对于人的行为具有潜移默化的作用，是行动推动力。通过各种形式的宣传和教育，在全社会逐步建立“利水”的观念，建立与水和谐相处的理念，在农业用水中形成知水、爱水、护水、利水的风尚，减少对水的伤害。

2. 建立利水型农业技术体系

利水型农业是针对农业用水对水造成不同的伤害而提出的，实践利水型农业离不开技术的支撑，单一的技术是无法完成的，要形成利水型农业技术体系。利水型农业技术体系主要包括：利水型农业用水配置体系，通过科学的配置，包括地表水、地下水、土壤水、雨水和其他非常规水源的合理配置和高效利用，尽可能减少地表水和地下水的利用，减少对水的伤害；利水型农业高效利用技术体系，选择合适的综合节水技术，实现农业用水的高效利用，高效利用技术体系要考虑合理的成本和效益，要方便可行，尽可能实现高技术的“傻瓜化”；利水型农业监测评价体系，建立科学合理的利水型农业评价指标，对其进行监测和评价，评估利水型农业进展、利水型农业优点、存在的问题和改进的方法，制定利水型农业发展战略；利水型农业基层技术服务体系，利水型农业技术的推广和利用离不开基层技术服务体系的支撑，对基层农业技术推广体系人员进行适当的培训，使其成为利水型农业发展积极的推动者和指导者，和广大农民一道共同推进利水型农业的发展。

3. 强化利水型农业研究

目前,有关涉水农业的研究,主要集中在农业用水配置、农业用水的利用、农业结构调整等方面,对于如何在发展农业过程中对水资源进行有效保护则重视不足。利水型农业是一种新概念,有许多内容需要认真研究,主要包括:利水型农业发展趋势研究,对利水型农业的过去、现状和未来进行深入研究,科学定位利水型农业地位;利水型农业对水生态影响定量研究,利水型农业对水生态影响的机制是什么,其影响如何定量表达,在区域上有何差别等;利水型农业评估理论与方法研究,建立利水型农业评估理论与方法,评估利水型农业的进程,为利水型农业可持续发展奠定基础;利水型农业与节水高效农业的关系研究,目前我国正在积极推进节水高效农业发展,利水型农业如何嵌入节水高效农业中得到生长,其对节水高效农业的影响和作用等需要深入研究;利水型农业如何在最严格的水资源管理中发挥作用,最严格的水资源管理是未来我国水资源管理积极推进的管理方式,利水型农业如何促进最严格的水资源管理,如何与最严格的水资源管理融合等,需要进行深入的研究。

4. 构建利水型农业发展政策体系

利水型农业的发展需要一定的政策体系做支撑,支撑利水型农业发展的政策体系主要包括:鼓励利水型农业发展的政策,目前,生态文明建设已经进入十九大报告,各地也在不同程度地推进生态文明建设,利水型农业发展符合生态文明建设的战略,应进一步明确利水型农业在生态文明建设中的作用,将其作为生态文明建设的重要支撑点进行推进;利水型农业科技支撑政策,对利水型农业相关研究进行政策性支持,鼓励利水型农业研究,列入相关研究计划中,适当予以政策性倾斜;利水型农业基础支撑政策,支持利水型农业技术体系建设、提高基础服务手段等政策,在利水型农业技术教学、科研、推广等方面提供支持,特别是对简便易行、经济实用的新技术和新产品大力支持;建立利水型农业投入机制,有关部门加强合作,对资源进行有效整合,形成一股合力,建立以政府为主导、社会共同参与的投入机制,积极引导地方政府和社会各界加大对利水型农业的投入力度,提高利水型农业整体水平。

第十章　农业用水台账

本章探讨农业用水台账制度的必要性和可行性，对农业用水台账制度的基本理论进行了研究，提出了农业用水台账制度框架和农业水资源台账制度建设建议。

“水利是农业的命脉”，水与农业的发展休戚相关。水资源作为农业资源的重要组成部分，是发展农业生产、实现农业现代化的物质基础，水资源的绿色利用是农业绿色发展和区域平衡协调发展的重要保障。但目前农业用水数据管理分散、底数不清，对农业用水的科学利用和决策有严重影响。

党的十九大报告提出“设立国有自然资源资产管理和自然生态监管机构，完善生态环境管理制度”。《生态文明体制改革总体方案》对中国资源管理提出明确的时间表、路径图，就是到2020年，中国要“构建归属清晰、权责明确、监管有效的自然资源资产产权制度”。2015年1月，习近平主席在云南考察时指出：“要把生态环境保护放在更加突出位置，像保护眼睛一样保护生态环境，像对待生命一样对待生态环境。在生态环境保护上一定要算大账、算长远账、算整体账、算综合账。”这就要求我们弄清包括农业用水在内的水资源底数，使中国农业用水保护与利用工作规范化、制度化。2016年8月19日农业部联合国家发展改革委、科技部、财政部、国土资源部、环境保护部、水利部、国家林业局制定的《国家农业可持续发展试验示范区建设方案》中正式提出农业资源台账制度，并规定到2020年基本建立重要农业资源台账制度。水资源自身的可再生性、广泛性、流动性，使得水资源资产负债表的编制与其他自然资源有所不同，研究农业用水台账制度，是摸清中国农业用水底数、评价农业用水资源稀缺程度和利用效率、构建完善农业用水监测体系、监测农业用水变化的需要，具有重要的理论和现实意义。

第一节 农业用水台账制度的必要性

随着中国人口增长和经济高质量发展，水资源危机日益突出，水量分配争议不断升级，全面改革中国水资源管理体制已势在必行。党中央在十九大中明确提出中国要推进资源全面节约和循环利用，实施国家节水行动，推动绿色发展；要设立国有自然资源资产管理和自然生态监管机构，完善生态环境管理制度，建设生态文明。这表明，中国对更准确的、持续的水资源信息的需求正逐渐增长，并将此信息转化为高质量、可及性、共享性数据。这种需求在农业生产活动中更加明显，掌握水资源底数和动态变化，能有效保障国家粮食安全和水安全。在这种情况下，运用会计记账方式标准化收集、记录、处理水资源的工作，是建设人与自然和谐共生的现代化农业的必然要求。

一、水资源永续利用是水生态文明的重要内容

习近平总书记在党的十九大报告中指出，要加快生态文明体制改革，建设美丽中国，并把“坚持人与自然和谐共生”作为新时代坚持和发展中国特色社会主义的基本方略之一，充分体现了社会主义生态文明观的新境界。党的十八届三中全会提出，建立系统完整的生态文明制度体系，健全自然资源资产产权制度和用途管制制度，将成为中国今后10年全面改革的重要内容。《生态文明体制改革总体方案》对中国资源管理提出明确的时间表、路径图，就是到2020年，中国要“构建归属清晰、权责明确、监管有效的自然资源资产产权制度”。为贯彻以上战略部署，国务院编制发布了《编制自然资源资产负债表试点方案》，努力摸清自然资源资产的家底及其变动情况，为推进生态文明建设、有效保护和永续利用自然资源提供信息基础、监测预警和决策支持。水资源是生态环境系统最活跃、影响最广泛的自然资源之一。

农业用水台账制度的建立和完善，是农业自然资源台账的重要部分，将有力配合中央生态文明整体战略部署，促进编制自然资源资产负债工作的深入推进，为科学管理、利用农业自然资源提供有力支撑。

二、水资源资产化管理是未来水资源管理的趋势

无论是水资源丰富还是水资源短缺的国家，都把水资源持续利用作为经济社会发展必不可少的前提条件。目前，水资源数量和质量安全已对人类经济社会的可持续发展构成了巨大威胁，迫使人类对水资源价值观、利用和管理方式进行反思。许多国家都有比较完善的水市场，并都把水资源作为一种资产，实行资产化管理(或有偿使用水资源)。目前，美国、澳大利亚、欧盟等 20 多个国家和地区都在不断探索水资源环境核算体系，以完善本国或本地区的水资源管理体系。按照中国《生态文明体制改革总体方案》要求，需健全国家自然资源资产管理体制，完善资源总量管理和全面节约制度，划定粮食生产功能区和重要农产品生产保护区，开展农业水价综合改革，逐步建立农业灌溉用水总量控制和定额管理制度。这一系列改革任务需要大量及时、准确的农业用水数据支持，这就对农业用水的管理和利用提出了新的要求，迫切需要推动完善农业用水监测体系，建立农业用水台账制度。

三、水资源经济核算是资源环境综合账的必要子账户

习近平总书记要求发展经济要算资源环境综合账，多次讲话强调自然资源要纳入经济核算和政府考核，既要创造更多物质财富和精神财富以满足人民日益增长的美好生活需要，也要提供更多优质生态产品以满足人民日益增长的优美生态环境需要。2015 年 10 月，他在党的十八届五中全会上指出："必须加快推动生产方式绿色化，构建科技含量高、资源消耗低、环境污染少的产业结构和生产方式，大幅提高经济绿色化程度，加快发展绿色产业，形成经济社会发展新的增长点。必须加快推动生活方式绿色化，实现生活方式和消费模式向勤俭节约、绿色低碳、文明健康的方向转变，力戒奢侈浪费和不合理消费。"人与自然是命运共同体，要建立健全绿色低碳循环发展的经济体系，推动形成人与自然和谐发展现代化建设格局，不能以 GDP 增长率论英雄，算好资源环境综合账至关重要，水资源核算是其中重要的一环。

四、建设现代农业对水资源环境工作提出了新要求

"十三五"是全面建成小康社会的决胜期，是加快推进农业现代化的关键

期。习近平总书记多次强调，农业的根本出路在于现代化；没有农业的现代化，国家的现代化是不全面、不完整、不牢固的。新时期中国农业发展方式正向数量效益并重、注重提高竞争力、注重农业技术创新、注重可持续的集约发展上转变，要走产出高效、产品安全、资源节约、环境友好的现代农业发展道路。但水资源紧张和水污染加剧，已成为现代农业发展的短板，加强水环境监测是优质、绿色现代农业发展的源头和基础。这就迫切需要建立农业用水台账制度，实现数据共建共享，全面掌握水资源底数，用真实可靠的水资源数据，客观评价农业农村经济发展，提高农业资源监测预警能力，推动农业技术研究和产业创新。

当前中国农业现代化已进入全面推进、重点突破、梯次实现的新阶段，面对水资源短缺、地下水超采、水污染严重、水资源利用率偏低等问题，坚定树立生态文明理念，顺应资源资产化管理趋势，建立水资源台账制度，完善水资源监测管理成为政府的必要职能，算清资源环境综合账，推动绿色高效、可持续的现代农业更加急迫。

第二节　农业用水台账制度的可行性

一、政府介入和推动为水资源台账制度提供助燃剂

一直以来，国家高度重视资源资产化管理，已出台很多政策文件，为水资源台账制度建设提供了极佳的政策环境。1996 年 1 月，由水利部、国家国有资产管理局颁发的《水利国有资产监督管理暂行办法》在全国首次将资源性资产纳入了国有资产监管范围。2007 年 7 月，水利部和国家统计局在《关于水资源核算体系研究项目任务书的批复》中提出开展流域和区域的水资源核算试点工作。这一系列文件的出台说明国家高度重视水资源存量、水资源使用量监测和水资源利用效率评价等工作，为水资源台账制度的建设提供了助燃和催化作用。

二、国内水资源统计为水资源台账制度提供参考

在全国层面，中国已进行了一次全国水利普查和两次全国水资源及其开发利用调查评价。一方面，普查和评价的统计指标为水资源台账的设立提供了重

要参考；另一方面，统计数据为农业用水台账提供了部分数据来源。在地区层面，部分省市的水资源核算工作已经相对深入，有相对完善的供用水统计表格，并进行了一系列的调查和考核，如上海、山东和北京等地。以上海市为例，2010年1月，上海市水务局为全面掌握本市的取水、供水、用水、节水的基本情况，用16张调查表主要调查了各用水单位的用水量，按用途（居民生活用水、非工业用水、工业用水、其他用水和外售水量）和水来源（地表水、地下水、土壤水）进行了细分。在全国和地区层面的水资源统计实践为农业用水台账设计、制度建设和台账数据提供了原始参考。

三、国际水资源核算为农业用水台账提供借鉴

2007年联合国统计署正式通过了水资源环境经济核算体系（SEEAW），提供了一个记录水资源供、用、耗、排的标准信息平台，并于2012年进行了完善。该体系框架详细记录了水资源存量，以及这些存量由于自然原因（如入流、出流和降水）以及人类活动（如取水和回归水）所发生的变化。这与中国水资源台账的建设不谋而合，关注水资源的静态存量和动态流量情况。事实上，世界上水资源比较丰富的国家（无论是发达国家还是发展中国家），都对水资源实行了资产化管理（或有偿使用自然资源）。资产化管理的第一步就是实物量统计，这为中国农业用水台账制度建设提供了丰富的可供借鉴的经验。

四、人力资源充足为水资源台账制度实施提供了动力

在中国，各级水利部门和从事水资源科研、教学、勘探、设计、行政管理的人员以及在水资源行业工作的工人众多，为实行水资源台账制度建设提供了一支庞大的人力队伍。而且，经过多年生产实践，他们熟悉水资源管理的各项业务，在水资源生产利用效率、水资源配置、水资源安全、水环境安全和经济社会增长等方面不断探索，为农业用水台账制度提供了创新动力。

五、先进科学技术为水资源数据监测和共享提供支撑

现代科学技术正加速发展，并呈现整体化趋势。地理信息系统、遥感等技术在地球系统科学、资源与环境科学以及农业、林业、水文领域，发挥着越来越大的作用。地理信息系统、遥感等先进技术将为水资源数据更新和水资源动态

监测提供技术支撑，以研究分析农业资源变化及利用效率，评估农业资源开发利用成效、问题和预测未来发展趋势。大数据、云计算、物联网等先进技术具有强大的信息交互、综合检索、态势标绘、查询、分析等功能，并且已经广泛应用于社会管理的各个方面，将为建立农业用水数据远程汇交系统和数据共享平台提供有力支撑，为水资源安全、水环境问题提供科学处理依据。

第三节　农业用水台账制度基本理论研究

一、农业用水台账内涵及效应

农业用水台账是农业用水台账制度建设的基础，以农业用水为主要研究对象，针对水资源本身以及涉及水资源利用的活动进行综合记录，通过资源清单和建立标准化信息平台的形式，系统量化反映农业用水数量、质量、时空分布和水资源利用、节约等动态变化情况，以反映农业生产活动对水资源的影响作用。

农业用水台账制度是农业资源台账制度的一部分，是围绕水资源台账而设立的管理制度总称，包括建立水资源数据和共享中心、水资源监测体系、水资源评价预警和报告制度。

建立农业用水台账制度将为农业用水管理带来“正向＋”的效应。第一，农业用水台账提供了一份农业用水清单。农业用水台账数据清单，包括水资源数量、水资源质量和水资源利用三个指标类别，下设 63 个二级指标，涵盖了分来源、分用途的供水量、用水量、水质情况，分作物用水量，以及农业灌溉面积、灌溉水有效利用系数等指标。将各级各地区的水资源总量、水资源质量、水资源利用情况等进行了确切统计，有利于摸清农业用水底数。第二，农业用水台账提供了农业用水规范化数据监测系统。农业用水台账清单为各级各部门调查的范围、对象提供了口径统一、连贯的标准，有效规范了水资源利用数据监测工作。第三，农业用水台账为水权制度建设和农业水价综合改革提供助推力。掌握区域用水资源数量和质量、水资源评价及水环境预警对区域水权权责明晰、水价综合改革产生重要影响，对水资源资产化管理起到助推效应。第四，有助于提高经济绿色发展水平。农业用水台账制度将协调产业发展，对水资源生态环境和农业用水质量起到监测作用，为实现生态环境质量的整体改善，提高农业绿色发展水平，保护绿水青山带来正向监督效应。

二、典型国家或地区农业用水台账的做法和启示

在全球推行可持续发展理念的大背景下，考虑到自然资源在国民经济中的关键作用，自然资源核算应运而生。自然资源实物核算是自然资源核算体系的基础环节，水资源作为一种重要的自然资源，水资源实物核算出现在国际学者和政府研究中。联合国单独就水资源的核算颁布了水环境经济核算体系(SEEA for Water-2012，简称 SEEAW2012)，它实现了水核算概念和方法的标准化，该体系所提供的概念框架不仅有助于经济和水文信息的组织，还可有助于按照一致方式分析水在经济中的贡献以及经济对水资源的影响。

美国、澳大利亚、加拿大和欧盟等国家和地区也非常重视农业资源的监测管理工作，其中最重要的一部分就是水资源的调查和监测，为农业决策、生产管理等提供水资源信息支撑和科学依据。

1. 美国：国家资源清单调查项目

美国农业用水调查依托于美国国家资源清单调查项目(National Resources Inventory Survey Program，简称 NRI Survey Program)，该项目对美国非联邦用地(包括私人土地、部落、信托土地、州或地方政府持有的土地)的土地利用及土地上的自然资源(包括土壤、水等其他资源)情况、发展趋势进行调查。NRI调查由美国农业部自然资源保护服务局(Natural Resources Conservation Service，简称 NRCS)负责，由爱荷华州立大学调查统计与方法研究中心提供技术支持，美国财政给予经费支持。美国国家资源调查历史悠久，大致经历了三个阶段。第一阶段：1976 年以前，重点调查土壤资源。NRI 的前身是 1956 年实施的旨在研究小流域范围内土地利用和水土保持问题的土壤保持需求清单，并首次采用了统计学的取样方法在全国尺度上搜集自然资源的现场勘测数据。第二阶段：1977—1999 年，国家资源清单调查正式开展，五年一次，分别在 1977 年、1982 年、1987 年、1992 年和 1997 年实施调查，专题调查同步展开。第三阶段是 2000 年至今，开始国家资源清单年度调查，提供了丰富有效的即时信息。不仅记录了包括水资源在内的自然资源变化趋势，也提供了对实施资源保护措施后所获成果的评价。

2. 澳大利亚：多部门统计

澳大利亚统计局、气象局和农业与水资源部均对水资源进行了调查统计工作，但各有侧重。

澳大利亚统计局（ABS）按照环境经济核算制度（SEEA）编制了水核算实物流量和货币投入账户，主要展示的是澳大利亚的水资源实际供给情况及各级州、政府的农业、经济、工业、住户用水情况等。农业用水账户设计了8个子账户，分别是：分地区农业产业水资源消耗量、农业产业水资源消耗量、不同地区耗水量（按水资源类型分类）、不同地区农业用水量（按水来源分类）、不同地区分作物灌溉农业生产总值、不同地区分作物农业耗水量、不同农作物种类水资源消耗量（按水资源类型分类）、不同地区农业灌溉面积（按作物种类分类）。ABS从1993年起开始发布澳大利亚水账户报告，从2008年起发布年度报告，主要包括食物供水和用水，货币供水和用水，供水、排污河排水，农田灌溉用水和土壤水分实验估计等内容（见表10-1）。

表 10-1　澳大利亚水资源账户发布统计

序号	澳大利亚水账户报告
1	Water Account for Australia 1993－94 to 1996－97
2	Water Account, Australia 2000－01
3	Water Account, Australia 2004－05
4	Water Account, Australia 2008－09
5	Water Account, Australia 2009－10
6	Water Account, Australia 2010－11
7	Water Account, Australia 2011－12
8	Water Account, Australia 2012－13
9	Water Account, Australia 2013－14
10	Water Account, Australia 2014－15
11	Water Account, Australia 2015－16

数据来源：澳大利亚统计局 http://www.abs.gov.au/.

澳大利亚气象局（BOM）的水资源数据清单通过专家组草案—外部审查—修订—添加子类别四步骤进行，并且明确规定了水资源数据的格式要求。主要发布的是水资产账户，涵盖了水供给、水资源利用和水质情况等的综合体账户，出台年度水评估报告、国家水账户报告和蓄水系统报告，并通过水资源评估模型评估全国的水资源。此外，澳大利亚气象局对网站大部分内容进行了共享许可,以便政府和科研工作者对水资源状况进行在线查询。

澳大利亚农业与水资源部下属的农业、资源经济与科学局①从国家水事委员会、气象局、水务机构和环境能源部搜集了大量农业资源数据,建立了澳大利亚自然资源数据库②,涵盖土地、水资源、气候、森林等农业自然资源的详细信息。同时,农业和水资源司,根据获取的数据,发布澳大利亚水市场报告,旨在向市场参与者、监管机构、决策者、研究人员和其他有关方面通报澳大利亚的水市场活动。

3. 加拿大:农业用水调查

加拿大通常被认为是一个水资源丰富的国家,境内河流湖泊星罗棋布,淡水资源占全球总量的 20%,人均拥有水资源量位居世界前列。但加拿大的水资源空间分布和人口分布极不平衡,60%的淡水资源分布在北部,而 90%的人口分布却集中在与美国接壤的边界 300km 以内的南部狭长地带。正是由于这种极度不平衡现象,加拿大联邦政府实施多部门水资源管理体制,各部门根据授权承担一定的水资源管理职能,联邦政府负责水资源的综合管理。水资源管理职能主要由环境部、渔业与海洋部、农业部等部门承担。在加拿大,农业部门是耗水大户,每年用水量达 45 亿 m^3,其中约 85%用于灌溉,尤其是在加拿大西部;其余约 15%的农业用水则是用于畜牧业。

加拿大农业用水调查是环境可持续性指标方案的一部分,采用调查问卷的方式,调查的对象是加拿大的灌溉农场,采用横断面分层抽样方法,在全国选取若干个单位样本;调查框架包括了农业普查的部分信息和安大略省用于环境用水的水资源许可清单。2007 年进行了农业用水试点调查,2010 年起每两年实施一次农业用水调查,主要搜集加拿大农场生产季(4 月 1 日至 10 月 31 日)的灌溉用水、灌溉方法和做法以及农业用水来源和水质的资料,并形成农业用水调查报告在国家统计局网站公布。调查估计结果储存在加拿大统计局的社会经济数据库(CANSIM)中。

4. 欧盟:农业生产方法调查

以可持续发展为目标的农业资源监测在欧洲各国广泛开展,法国、德国、意大利等欧盟主要成员国都利用遥感和 GIS 技术开展农业资源监测,服务农业生

---

① 网址:http://www.agriculture.gov.au/abares/.

② 网址:http://data.daff.gov.au/anrdl/php/anrdlSearch.html.

产管理与决策。1988 年开始利用遥感技术监测欧盟各成员国农业资源变化情况。2006 年选取 27 万多个样点，采用实地调查与遥感结合的技术路线，监测欧盟成员国农业资源，调查每 3 年开展一次。最新一次调查在 2015 年，调查了 28 个成员国的 27 万多个样点，获得了丰富的农业资源信息。同时，在欧盟联合研究中心设立数据中心，负责农业资源监测业务实施、数据汇总分析、监测评估报告准备与数据共享服务等。

农业—环境指标(AEIS)将环境问题纳入欧盟各个国家和地区的共同农业政策。水资源数量和质量数据主要来自欧盟统计局(Eurostat)、欧盟联合研究中心(JRC)和欧盟环境署(EEA)。农业用水在欧盟占很大比重，农业用水调查的主要内容是灌溉用水。2010 年，欧盟进行了农业生产方法调查(SAPM)，收集了灌溉方法、作物类型灌溉面积、灌溉水量和水源等数据。欧盟成员国可以自主选择抽样调查或普查，提供用于灌溉的农业保有量的估计数(可以通过模型得到)。

FSS 与 SAPM 联合进行了这次调查。FSS 每隔 3 年或 4 年进行一次抽样，每十年进行一次普查，调查的基本对象是农户。保加利亚、捷克、罗马尼亚、爱沙尼亚、法国、意大利、立陶宛、卢森堡、马耳他、荷兰、奥地利、葡萄牙和斯洛伐克进行了普查，比利时、丹麦、德国、爱尔兰、希腊、西班牙、塞浦路斯、拉脱维亚、匈牙利、波兰、斯洛文尼亚、芬兰、瑞典、挪威、瑞士和克罗地亚进行了抽样调查，虽然各国的样本大小不同，但至少包含了 3% 以上农户的情况，保证了调研的精度。欧盟农业用水统计的特点是以共同立法为基础，成员国提供统一口径的数据，数据具有可比性。

总的来看，世界发达国家普遍将水资源调查工作作为农业资源调查统计工作的重要部分，各国实践亮点值得中国借鉴。一是单独设立调查项目。在大多数发达国家中，农业用水调查依托于资源环境调查或农业资源调查中，能一定程度上避免条块分割带来的协调成本；但水资源调查有独立的资源调查清单，与其他调查项目重合度较低。二是开发数据收集系统。数据收集系统一般配有详细的调查方案、指标说明和系统使用说明，对基层部门业务不够熟练的统计人员非常适用；还有一个好处是，可以保证数据口径的一致性，用户不能随意增减或者篡改调查指标。发达国家都有专门的农业资源数据库，便于查阅信息，更好地服务决策者和研究者。三是建立数据共享机制。发达国家开放大部分农业资源数据库，并且会将获取的数据以信息图、统计表和报告的形式定期公布，提高了数据的共享性，更好地服务决策者和研究者。四是缩短调查周期。发达国家农业用水统计周期有变短的趋势，一年一次或两年一次。一方面是由于调查技术进步和数据收集系统逐渐完善，大大缩短了数据收集时间；另一方面，随着市场化和全球化的深入不断加剧，农业市场分析对数据时效性要求较高，历史数据分析结果一旦与当前情况不符，容易得到有误导性的结果，影响政策的准确度。

三、中国农业用水台账制度建设实践

1. 农业用水台账制度实践

中国涉及农业用水统计的实践可以分为两类：一类是全面调查和分析，主要在农业资源区划调查中体现；另一类是专题调查，即指具体到水利部门的台账制度。

20 世纪 70—80 年代进行了全国性的农业资源调查，农业资源区划委员会为了满足农业发展需要，组织了全国性的农业资源调查，覆盖土地资源、水资源、气候资源、生物资源等（表 10-2），全面摸清了当时中国农业资源底数和分布情况。可惜的是，1985 年以后全国性的调查鲜有进行，且过去的农业资源区划工作，没有明确以台账的形式对农业资源进行统计。

表 10-2　农业资源区划工作中农业资源统计情况

土地资源	重点地区土地资源调查与合理利用研究
	全国性耕地资源利用研究
	农用后备土地资源调查
	第一次土地调查
	第二次土地普查
	全国土地资源数量、质量评价和资源图编制
水资源	全国各地区水资源的综合评价
	全国各地区水资源合理利用和供需平衡研究
	中国水资源及其开发利用调查评价

续表

气候资源	全国气候资源调查
	亚热带东部丘陵山区农业气候资源及其合理利用研究
	热带亚热带西部丘陵山区农业气候资源及其合理利用研究
	农业气候资源评价与高效利用
生物资源	渔业资源调查
	长白山野生经济植物资源调查
	云南及周边地区农业生物资源调查
	农业生物种质资源调查评价研究
生物质能源调查评价与综合利用研究	

注：根据《中国农业资源区划30年》整理。

中国在2010年启动了第一次全国水利普查，首次明确使用台账制度，并出台了《第一次全国水利普查台账建设技术规定》，从台账的建立、组织分工、台账表建立、指标设定和获取、填表说明等方面进行了详细阐述。第一次水利普查对每一个台账的项目设置、调查方案都做了统一规定，共有三个主要台账（图10-1），即灌区取用水量台账表，工业、建筑业与第三产业取用水量台账表和河湖取水口取水量台账表；四个辅助台账，分别是灌区取水辅助台账表、灌区用水辅助台账表、有水表计量用水户辅助台账表和无水表计量取水用户辅助台账表。

总的来看，中国农业用水调查统计工作有悠久传统和实践经验，涵盖了全国层面的调查和针对局部地区的专题调查，推动了调查方法和信息技术的使用，收集了丰富的农业用水数据。

2. 中国农业用水台账制度存在的问题

中国农业用水台账制度在2016年提出并探索建立，从历史经验和目前的实施情况来看，存在以下问题和挑战。

（1）缺乏统一细致的指导方案。目前涉及重要农业资源台账制度建设的文件仅有三个：《中国重要农业资源台账制度建设实施方案》《国家农业可持续发展试验示范区建设方案》《第一次全国水利普查台账建设技术规定》。其中，针对水资源的台账仅有一个。由于农业用水的可再生、流动特性，水资源区域管辖等问题缺乏相关指标的界定和统一设置，缺乏对统计技术的细致规范，从而

全国水利普查
China Census for Water

灌区取用水量台账表
2011 年

表　　号：T 301 表
制定机关：水利部
国务院水利普查办公室
批准机关：国家统计局
批准文号：国统制〔2010〕181号
有效期至：2012年8月

1.灌区名称						2.编码（普查机构填写）		□□□□□□□□□□□□		
3.灌区地址	______省(自治区、直辖市) ______地(区、市、州、盟) ______县(区、市、旗) ______乡(镇)							4.行政区划代码（普查机构填写）	□□□□□□	
月份	5.取水量（万m³）						6.用水量（万m³）			
	5.1渠系引入县内灌区水	5.2当地水库、塘坝水	5.3当地河流湖泊水	5.4地下水	5.5其他水	5.6合计	6.1耕地灌溉用水	6.2非耕地灌溉用水	6.3非农业用水	6.4合计
1										
2										
3										
4										

全国水利普查
China Census for Water

工业、建筑业与第三产业
取用水量台账表
2011年

表　　号：T 302 表
制定机关：水利部
国务院水利普查办公室
批准机关：国家统计局
批准文号：国统制〔2010〕181号
有效期至：2012年8月

1.县区名称	______省(自治区、直辖市)______地(区、市、州、盟)______县(区、市、旗)											2.行政区划代码（普查机构填写）		□□□□□□		
3.单位名称								4.编码（普查机构填写）				□□□□□□□□□□□□□□				
月份	5.自来水利用量（万m³）	6.直接利用水库水量（万m³）		7.直接利用河流湖泊水量（万m³）		8.直接利用地下水量（万m³）		9.利用其他单位的水量（万m³）	10.再生水利用量（万m³）	11.海水淡化利用量（万m³）	12.雨水集蓄利用量（万m³）	13.海水直接利用量（万m³）	14.合计（万m³）		备注	
		6.1取水量	6.2用水量	7.1取水量	7.2用水量	8.1取水量	8.2用水量						14.1取水量	14.2用水量		
1																
2																
3																

全国水利普查
China Census for Water

河湖取水口取水量台账表
2011 年

表　　号：T 401 表
制定机关：水利部
国务院水利普查办公室
批准机关：国家统计局
批准文号：国统制〔2010〕181号
有效期至：2012年8月

1.取水口名称______		2.取水口编码：□□□□□□□□							3.河湖（水库）名称______					
4.取水口所在行政区划 ______县(市、区、旗) ______乡（镇）______行政村														
5.行政区划代码 □□□□□□-□□□-□□□　6.管理单位名称______														
7.取水量确定方法	8.逐月数据													9.年取水量（万m³）
	项目	一月	二月	三月	四月	五月	六月	七月	八月	九月	十月	十一月	十二月	合计
□计量法或断面流量估算法	取水量（万m³）													—
□用电量法	用电量（kW·h）													
		单位用电量的取水量：______m³/kW·h												
□耗油量法	耗油量（L）													
		单位耗油量的取水量：______m³/L												

注：行政区划代码、取水口编码均由普查机构填写，年取水量保留3位小数。

图 10-1　第一次全国水利普查台账主表

会造成台账制度实践过程中的混乱，影响数据调查的准确性，增加数据汇总的难度，阻碍农业用水台账的建立。

(2)基层统计工作落后于国家。主要原因在于，一方面，地方农业用水统计项目的设置比较少且地区间统计指标不统一，或没有重视水资源的分布、利用和保护情况；另一方面，地方统计机构缺乏规范的农业用水数量、质量、利用和保护情况动态观测点和观测网，技术落后，且缺乏连续性，难以提供真实可靠的统计信息。

(3)缺乏常规化调查的制度保障。中国在20世纪80年代进行全国性农业资源调查之后,大多以区域性专题调查的形式进行数据更新工作,但农业用水调查鲜有进行,以致农业用水数据陈旧落后,难以满足现代农业绿色发展的需求。所以,常规化的农业用水调查统计工作非常必要。

第四节 农业用水台账制度框架

一、总体思路

全面贯彻党的十九大报告精神,深入贯彻习近平总书记系列重要讲话精神,认真落实党中央、国务院的决策部署,增强"绿水青山就是金山银山"的意识,坚持节约资源和保护环境的基本国策,树立绿色发展理念和节约集约循环利用农业资源观,以摸清农业用水底数、构建农业用水台账制度为目标,以数据采集、资源监测为基础,建立农业用水监测体系,搭建数据共享平台,开展农业用水科学评价,定期发布国家农业用水报告,形成水资源高效利用、水生态系统稳定、水环境清洁的绿色水安全格局。

二、基本原则

1. 规范标准,分级建设

由农业农村部制定农业用水台账标准(可根据本地区实际细化),统一数据收集口径;设立统一的数据收集汇总系统,确定国家、省、市、县四级数据汇总平台,保证各地数据量级一致、结构统一。为各级政府农业资源监测、评价、宏观决策服务,同时,为国家台账制度建设提供实时农业资源监测数据。

2. 动态更新,科学评价

充分利用国家现有的资源与环境监测体系,采用遥感、大数据、云计算等先进技术,建立健全农业用水存量、质量及其利用动态变化等方面的监测体系,实时更新农业用水变化数据,构建农业用水评价指标体系和数学模型,科学分配和评价水资源。

3. 开放共享，业务化运行

充分利用国家重要农业资源数据平台，建立农业用水数据中心，建立地区间、农业与社会经济活动之间水资源数据共享和交换机制；立足农业、面向各个行业，为涉农水活动提供数据支持服务，充分利用农业用水数据并出具分析评估报告，实现业务化运行。

4. 试点先行，持续推进

坚持试点先行与全面推进相结合，在国家农业可持续发展试验示范区、国家现代农业示范区、国家重要农业资源台账试点开展先行先试，率先建立农业用水台账，摸索总结经验，逐步向全国各省、市、县推进。

三、建设目标

构建数据采集标准化系统和协调机制，搭建农业用水大数据平台，实现数据共享；建立健全农业用水监测体系，实现国家农业用水数据及时更新；制定统一规范的农业用水评价方法，绘制农业用水空间分布变化图；形成一整套水资源台账制度管理办法，服务于农业绿色发展。

到 2020 年，国家、省、市、县四级重要农业用水监测体系基本建立，农业用水底数清晰，农业用水数据中心实现业务化运行，全国农业用水台账制度基本形成。为农业用水合理利用和承载力评价提供数据基础，为农业用水重大项目监管提供手段，为科学研究提供数据支撑，促进农业绿色可持续发展和农业现代化建设。

四、主要任务

1. 建立各级农业用水台账和数据交换共享机制

根据国家重要农业资源台账制度要求，建立农业用水数量、质量、利用数据清单和细致统一的数据格式标准；规范水资源收集平台建设，协调国土、水利、气象、统计等有关部门，建立国家、省、市、县四级农业用水数据中心或远程汇交系统；建立国家农业用水共享大数据库，与其他重要农业资源数据一起，实现农业资源数据共建共享，与全球农业调查分析系统互联互通。

2. 建设农业用水监测体系

充分利用数据共享制度和现代科技手段，建立健全农业用水监测体系。

根据“试点先行，持续推进”的原则，确定国家、省、市、县四级监测点，系统收集农业用水开发利用动态监测数据；结合相关部门的水资源数据和农业用水专题调查，实现对中国水资源供给、使用的动态监测，支撑农业用水数据实时更新。

3. 建立国家重要农业资源台账制度体系

协调国土资源部、水利部、中国气象局、国家统计局等部门，建立农业用水数据采集与共享制度、农业用水台账管理制度、农业用水报告发布制度和农业用水综合评价预警管理制度，制定农业资源数据采集、监测和评价标准规范，全面提升农业用水综合管理能力。

4. 定期发布农业用水评价和报告

研究制定农业用水评价指标体系和数学模型，分析评价水资源利用方式、利用效率以及存在的问题，预测未来水资源变化趋势，定期发布农业用水报告和农业用水承载力预警报告。

农业用水报告：分级编制农业用水报告或专题报告，包括农业用水数量与质量、利用方式、利用效率及其与农业结构调整、农业水价综合改革、高效节水农业等措施的相互影响、水资源安全等内容。

农业用水承载力预警报告：编制全国或区域性的农业用水承载力预警报告，包括区域水资源开发能力、地下水超采、灌溉水有效利用及其与农业绿色可持续发展之间平衡关系的预测、预警提醒和限制性措施建议等内容。

5. 制作农业用水空间分布图

利用县级监测数据，制作水资源现状、利用效率空间分布图，为农业生产、资源环境承载力预警提供数据支撑。

第五节　农业用水台账框架

一、规范农业用水台账

1. 统一农业用水数据清单

农业用水数据清单根据内容的不同分为三个子账户。第一，水资源总量账户，主要包括水资源总量、降水量、地表水资源量、地下水资源量、地表水与地下水重复量等指标。第二，水资源质量账户。水体质量是水资源的重要指标，决定了水资源的价值和功能，为水环境保护和污染源管理及污水治理提供依据，用河流水质达标率来衡量。主要包括评价河流长及Ⅰ类、Ⅱ类、Ⅲ类、Ⅳ类、Ⅴ类、劣Ⅴ类水质百分比指标。第三，水资源利用账户。主要包括农业供用水量、农业灌溉供用水量、农业用水功能区总个数、农业用水功能区达标个数、农村生活污水集中处理村、灌溉面积、水肥一体化耕地面积、农业水价综合改革推广耕地面积、农田灌溉水有效利用系数、大中小型灌区和纯井灌区灌溉水有效利用系数、农业结构调整节水量等指标。详见表10-3

表10-3　农业水资源台账数据清单

指标类别	序号	指示名称	单位
水资源数量	1	多年平均水资源总量	亿 m^3
	2	多年平均地表水资源总量	亿 m^3
	3	多年平均地下水资源总量	亿 m^3
	4	多年平均地表水与地下水资源重复量	亿 m^3
	5	多年平均年产水模数	万 m^3/km^2
	6	水资源总量	亿 m^3
	7	地表水资源量	亿 m^3
	8	地下水资源总量	亿 m^3
	9	地表水与地下水资源重复量	亿 m^3
	10	降水总量	亿 m^3
	11	人均水资源量	亿 m^3

续表

指标类别	序号	指标名称	单位
水资源质量	12	评价河流长	km
	13	Ⅰ类	%
	14	Ⅱ类	%
	15	Ⅲ类	%
	16	Ⅳ类	%
	17	Ⅴ类	%
	18	劣Ⅴ类	%
水资源利用	19	农业用水功能区总个数	个
	20	农业用水功能区达标个数	个
	21	农村生活污水集中处理村	个
	22	村总数	个
	23	灌溉面积总计	千 hm^2
	24	农田有效灌溉面积	千 hm^2
	25	林地有效灌溉面积	千 hm^2
	26	果园有效灌溉面积	千 hm^2
	27	牧草有效灌溉面积	千 hm^2
	28	其他有效灌溉面积	千 hm^2
	29	农田有效实灌面积	千 hm^2
	30	旱涝保收面积	千 hm^2
	31	节水灌溉面积总计	千 hm^2
	32	喷灌面积	千 hm^2
	33	微灌面积	千 hm^2
	34	低压管道面积	千 hm^2
	35	渠道衬砌面积	千 hm^2
	36	其他节水灌溉面积	千 hm^2
	37	水肥一体化耕地面积	千 hm^2
	38	农业水价综合改革推广耕地面积	千 hm^2
	39	农田灌溉水有效利用系数	%
	40	大型灌区灌溉水有效利用系数	%
	41	中型灌区灌溉水有效利用系数	%
	40	小型灌区灌溉水有效利用系数	%
	41	纯井灌区灌溉水有效利用系数	%
	42	农业结构调整节水量	亿 m^3
	43	供水量合计	亿 m^3
	44	地表水	亿 m^3
	45	地下水	亿 m^3

续表

指标类别	序号	指标名称	单位
水资源利用	46	其他	亿 m^3
	47	用水量合计	亿 m^3
	48	农业	亿 m^3
	49	工业	亿 m^3
	50	生活	亿 m^3
	51	生态	亿 m^3
	52	农业灌溉供水量合计	亿 m^3
	53	地表水	亿 m^3
	54	地下水	亿 m^3
	55	其他	亿 m^3
	56	农业灌溉用水量合计	亿 m^3
	57	农田	亿 m^3
	58	林地	亿 m^3
	59	果园	亿 m^3
	60	牧草	亿 m^3
	61	粮食作物用水量	亿 m^3
	62	经济作物用水量	亿 m^3
	63	蔬菜用水量	亿 m^3

注:农业结构调整节水量是指由于农业结构调整产生的节水能力,如小麦调整为玉米,两者用水量的差额就是节水量;农业灌溉用水量又称取水量,指水利工程为农田、林地、果园、牧草灌溉实际用水量;灌溉面积是指当年农、林、牧等灌溉面积的总和。

2. 多渠道农业水资源台账数据获取

农业水资源台账数据来源主要有以下部门。

一是水利部。协调水利部获取的数据包括:基于第二次全国水资源及其开发利用调查评价的一级区、二级区、三级区的降水量、蒸发量、地表水资源量、地下水资源量,水资源总量及其可利用量,地表、地下水水质,污染源调查,开发利用状况及基础底图等数据;基于第一次全国水利普查的全国以县级为基本行政单元的河湖基本情况、农村供水、塘坝窖池、灌溉面积、灌区建设、地下水取水井、经济社会用水情况等数据。

二是县级水利部门。通过建立监测体系,获取全国以县级为基本行政单元的分年度的水资源数量和质量、农业供水和用水量、灌溉面积、节水灌溉面积(滴灌面积、喷灌面积、管灌面积等)和农田灌水量、草地灌溉面积和灌水量等数据。

3. 严格数据格式填写要求

根据“国家重要农业资源台账数据清单(水资源)”的数据要求(包括单位、指标计算方法),省、市、县三级行政单位在远程数据交汇平台填写数据,并保留纸质档,定期存档。

二、农业水资源台账登记制度

1. 规范水资源统计制度

分设水资源台账子账户,由县级水利部门工作人员在各监测点进行水量的观测、水质检测、水利用测算等工作,各台账子账户上填写人员必须签字,时间填写正确。再对数据进行汇总,由水利部门主要负责人审核签字,并逐级上报,各级各部门定期存档,以便核查。

2. 构建水资源台账数据平台

平台包含基础台账数据库、专题台账数据库和成果数据库三个数据库,兼具数据统计和分析功能(图 10-2)。基础台账数据库主要存储基层统计部门上报的一定区域和一定时期内农业水资源的数量、质量和利用情况变化的详细数据。专题台账数据库由水资源主管部门或科研机构负责,从基础数据库和行业部门抽取统计资料,整合基层数据,能够从总体上反映水资源利用效率。成果数据库由主管部门和相关科研机构负责,是基础台账数据库和专题台账数据库整合分析、数据深入挖掘的结果,包括水资源总台账、农业水资源报告、水资源评价预警。台账数据平台向政府和决策部门提供定制报告,实现农业资源台账业务化运行,从而更好地实现农业水资源管理。

三、农业水资源台账管理制度

农业水资源台账管理制度采取分级建设、分级管理方式。制定国家农业水资源台账标准,省级农业部门可参照国家标准并结合本省实际细化省级标准。省、市、县三级行政部门,要按照国家统一标准采集数据、统一规范等要求建立农业水资源台账,确保农业资源数据指标部门间、区域间口径一致。省、市、县三级农业行政部门都要建立农业水资源台账,并将统计数据和文件定期存档,保证台账材料的完整性、可追溯性。

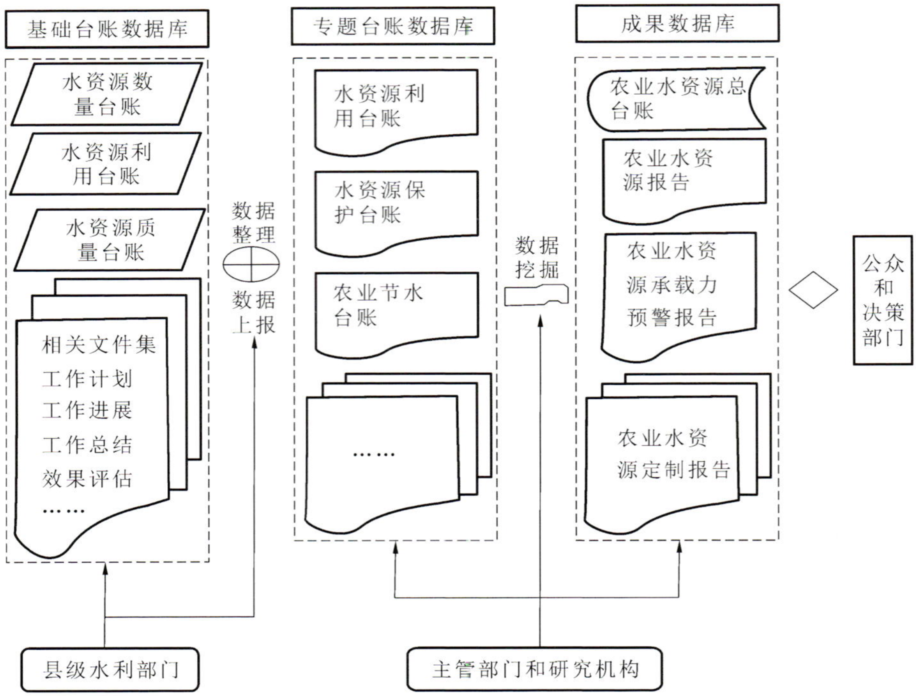

图 10-2　农业水资源台账数据平台架构

第六节　农业水资源台账制度建设建议

在反思过去中国农业水资源统计、台账制度建设实践，借鉴国外农业水资源调查的基础上，提出以下建议。

(1)进一步细化水资源调查方案，设计统一的台账账户，制定统一的操作规范。从台账的操作层面，认真规划、细致设计，拿出一个切实可行的操作方案。主要负责部门牵头，确定水资源台账统计指标，设计统一的台账账户，解释测量指标的含义，制定统一的操作规范。组化的程度应当达标，业务不熟练的统计人员对照调查方案的操作步骤和规程仍能独立完成统计工作。这样做的好处是确保了统计规范和统计口径的一致性，降低数据整合难度。

(2)优化部门职能和分工，降低部门协调成本，提高运行效率和数据共享度。要明确农业水资源台账制度主管部门与执行部门、县级水利数据统计部门之间的分工,避免相互推诿或重复统计。农业部门与水利、气象等部门之间的分工也要明确,把农业水资源统计工作的主动性交到农业部门手里。

(3)开发数据收集系统,整合先进水资源自动化监测技术,确保强有力的技术支撑。中国农业水资源调查工作已经有了很多可借鉴的基础,把数据汇总系统与过去建立的农业资源动态信息系统结合起来,避免重复建设,提高历史资源的使用效率。农业水资源台账要不断提高技术水平,综合运用信息管理、自动监测、精确控制、网络通信等现代技术,提高基层水资源台账制度建设和数据统计效率。

(4)设计样本抽样和数据收集方式,探索水资源台账常规化运行方案,提高数据时效性。探索更加灵活的样本抽样和数据收集方式,借鉴国外经验,可以把全国划分为多个调查试验点,利用抽样方法选择有代表性的子样本作为调查对象,每年抽查样本资源分布和使用情况。再配合更便携的调查技术,降低调查成本,建立起台账的常规化运行方案,缩短调查周期,提高数据更新频率。

第十一章　农业水价综合改革

本章在界定农业水价综合改革内涵的基础上，比较两次农业水价综合改革的异同，分析农业水价综合改革进展情况，并对农业水价综合改革进行评价，研究农业水价综合改革精准补贴，提出了持续推进农业水价综合改革建议。

第一节　农业水价综合改革内涵及任务

一、农业水价综合改革内涵与意义

中国从 2008 年就开始进行农业水价综合改革，至今已有十年时间。但何谓农业水价综合改革，学术界尚没有给出明确定义。结合农业水价综合改革内容，笔者认为，农业水价综合改革是通过采取工程、管理、财政、技术、结构调整等系列综合措施改革农业水价，保障农田水利工程良性运行，提高农业用水效率的行为。农业水价综合改革有两个核心，一是保障农田水利工程可持续运行以充分发挥效益；二是提高农业用水的利用率和利用效率。

在中国，农业水价改革一直持续进行，至今到了农业水价综合改革这一更高阶段，说明人们对农业水价的认识逐步深化，也说明农业水价综合改革有其必要性和重要性。

(1)农业水价综合改革是保障农田水利工程良性运行的重要措施。长期以来，中国农业水价低于农田水利工程运行成本，从整体上来看，大约只到运行成本的 40%，农田水利工程亏本运行，缺乏资金进行维护。

尽管近年来国家对农田水利工程维护提供了一定补助，但这些补助和大量的资金需求相比仍是杯水车薪，农田水利工程带病运行状况普遍存在。开展农业水价综合改革是改善农田水利工程健康状况的重要途径，也是增加农民收入、解决“三农”问题的重要手段，更是维护国家粮食安全的“稳定器”。

(2)农业水价综合改革是提高农业用水效率的迫切需要。农业是中国的用水大户，2014 年农业用水占总用水量的 63%，与此同时，中国农业用水效率和先进国家相比还有一定差距，2014 年中国农业用水灌溉利用系数只有 0.53，比发达国家低 20%～30%。农业节水潜力巨大。

提高农业用水效率具有多重战略意义。一方面，中国相当一部分地区生态问题是由农业用水过量引起的，减少农业用水将有利于保护和修复生态。另一方面，提高农业用水效率，有利于解决工业和城市生活用水问题。随着中国城镇化进程加快，工业用水和城市生活用水需求增大，在用水总量控制的条件下，通过产业内部结构调整相互调剂水量成为一种必然，农业用水效率的提升可以实现农业用水“农转非”，进一步提升水资源的利用效益。

(3)农业水价综合改革是农业水价改革顺利推进的基础保障。农业水价改革不仅仅是调整农业水价那么简单，它涉及农田水利工程建设、农民用水负担、农业用水权合理配置、农田水利工程管理、农业种植结构调整、农业收益等，是牵一发动全身的复杂系统工程，需要在系统设计前提下整体协调推进，才能取得相应成果。农业水价综合改革是保障农业水价改革成功的重要基础保障，没有综合手段，农业水价改革难以达到预期成果。

二、农业水价综合改革目标及内容

1. 农业水价综合改革目标

用 10 年左右时间，建立健全合理反映供水成本、有利于节水和农田水利体制机制创新、与投融资体制相适应的农业水价形成机制；农业用水价格总体达到运行维护成本水平，农业用水总量控制和定额管理普遍实行，可持续的精准补贴和节水奖励机制基本建立，先进适用的农业节水技术措施普遍应用，农业种植结构实现优化调整，促进农业用水方式由粗放式向集约化转变。农田水利工程设施完善的地区要加快推进改革，通过 3～5 年努力率先实现改革目标。

2. 农业水价综合改革内容

(1)完善供水计量设施。加快供水计量体系建设，新建、改扩建工程要同步建设计量设施;尚未配备计量设施的已建工程要抓紧改造。严重缺水地区和地下水超采地区要限期配套完善。大中型灌区骨干工程全部实现斗口及以下计量供水;小型灌区和末级渠系根据管理需要细化计量单元;使用地下水灌溉的要计量到井,有条件的地方要计量到户。

(2)建立农业水权制度。以县级行政区域用水总量控制指标为基础,按照灌溉用水定额,逐步把指标细化分解到农村集体经济组织、农民用水合作组织、农户等用水主体,落实到具体水源,明确水权,实行总量控制。鼓励用户转让节水量,政府或其授权的水行政主管部门、灌区管理单位可予以回购;在满足区域内农业用水的前提下,推行节水量跨区域、跨行业转让。

(3)提高农业供水效率和效益。加强供给侧结构性改革,加快完善大、中、小、微并举的农田水利工程体系。做好工程维修养护,保障工程良性运行。强化供水计划管理和调度,提高管理单位运行效率,强化监督检查,加强成本控制,建立管理科学、精简高效、服务到位的运行机制,保障合理的灌溉用水需求,有效降低供水成本。加强水费征收与使用管理,建立中央财政农田水利资金投入激励机制,重点向农业水价综合改革积极性高、工作有成效的地区倾斜。

(4)加强农业用水需求管理。在稳定粮食产量和产能的基础上,因地制宜调整优化种植结构。适度调减存在地表水过度利用、地下水严重超采等问题的水资源短缺地区高耗水作物面积。选育推广需水少的耐旱节水作物,建立作物生育阶段与天然降水相匹配的农业种植结构与种植制度。大力推广管灌、滴灌等节水技术,集成发展水肥一体化、水肥药一体化技术,积极推广农机农艺相结合的深松整地、覆盖保墒等措施,提升天然降水利用效率。开展节水农业试验示范和技术培训,提高农民科学用水技术水平。

(5)探索创新终端用水管理方式。鼓励发展农民用水自治、专业化服务、水管单位管理和用户参与等多种形式的终端用水管理模式。支持农民用水合作组织规范组建、创新发展,并充分发挥其在供水工程建设管理、用水管理、水费计收等方面的作用。推进小型水利工程管理体制改革,明晰农田水利设施产权,颁发产权证书,将使用权、管理权移交给农民用水合作组织、农村集体经济组织、受益农户及新型农业经营主体,明确管护责任。通过政府和社会资本合作(PPP)模式、政府购买服务等方式,鼓励社会资本参与农田水利工程建设和管护。

(6)分级制定农业水价。农业水价按照价格管理权限实行分级管理。大中型灌区骨干工程农业水价原则上实行政府定价，具备条件的可由供需双方在平等自愿的基础上，按照有利于促进节水、保障工程良性运行和农业生产发展的原则协商定价；大中型灌区末级渠系和小型灌区农业水价，可实行政府定价，也可实行协商定价，具体方式由各地自行确定。加强政府定价成本监审，充分利用节水改造腾出空间，综合考虑供水成本、水资源稀缺程度以及用户承受能力等，合理制定供水工程各环节水价并适时调整。供水价格原则上应达到或逐步提高到运行维护成本水平；确有困难的地区要尽量提高并采取综合措施保障工程良性运行。水资源紧缺、用户承受能力强的地区，农业水价可提高到完全成本水平。

(7)探索实行分类水价。区别粮食作物、经济作物、养殖业等用水类型，在终端用水环节探索实行分类水价。统筹考虑用水量、生产效益、区域农业发展政策等，合理确定各类用水价格，用水量大或附加值高的经济作物和养殖业用水价格可高于其他用水类型。地下水超采区要采取有效措施，使地下水用水成本高于当地地表水，促进地下水采补平衡和生态改善。合理制订地下水资源费(税)征收标准，严格控制地下水超采。

(8)逐步推行分档水价。实行农业用水定额管理，逐步实行超定额累进加价制度，合理确定阶梯和加价幅度，促进农业节水。因地制宜探索实行两部制水价和季节水价制度，用水量年际变化较大的地区，可实行基本水价和计量水价相结合的两部制水价；用水量受季节影响较大的地区，可实行丰枯季节水价。

(9)建立农业用水精准补贴机制。在完善水价形成机制的基础上，建立与节水成效、调价幅度、财力状况相匹配的农业用水精准补贴机制。补贴标准根据定额内用水成本与运行维护成本的差额确定，重点补贴种粮农民定额内用水。补贴的对象、方式、环节、标准、程序以及资金使用管理等，由各地自行确定。

(10)建立节水奖励机制。逐步建立易于操作、用户普遍接受的农业用水节水奖励机制。根据节水量对采取节水措施、调整种植结构节水的规模经营主体、农民用水合作组织和农户给予奖励，提高用户主动节水的意识和积极性。

第二节　农业水价综合改革进展

一、两次农业水价综合改革比较

2014 年我国在 2007 年农业水价改革的基础上，进一步调整政策，积极推进改革进程。现就 2007 年和 2014 年两次农业水价综合改革的目标、主要任务、范围、资金及评价方法进行对比，见表 11-1。

表 11-1　农业水价综合改革发展对比表

时间	试点目标	主要任务	范围	资金	评价方法
2007 年	①建立末级渠系改造奖补机制，建设完善水利工程设施；②建立农业水费财政补贴机制，规范灌水的末级渠系水价；③推进农业用水管理体制改革，促进灌区工程良性运行	①农业用水户协会规范化建设；②末级渠系节水技术改造；③末级渠系水价改革	全国13个粮食主产区和其他4个主要产粮省	中央财政安排农田水利建设专项资金 30 亿元。其中，末级渠系改造资金 9 亿元，试点项目资金 3.375 亿元	六项指标：粮食安全、农民经济效益、水资源指标、水价改革指标、协会运行指标、社会效益指标
2014 年	①实行用水总量控制和定额管理；②全面实行终端计量供水；③建立精准补贴机制和节水奖励机制；④完善农业水价政策	①明晰农业初始水权；②建立合理的农业水价形成机制；③建立农业用水精准补贴机制和节水奖励机制	27 个省 80 个试点县	财政部从中央统筹土地出让收益中安排 8 亿元试点资金	在原有基础上进一步扩展，综合研究节水、经济、生态及社会绩效，推进改革发展

由上表可知，2014 年农业水价综合改革是在 2007 年改革政策的基础上不断完善发展起来的，后者是前者的延伸。新一轮改革在原有改革基础上有所创新发展，主要体现在以下几点：第一，同 2007 年相比，2014 年的改革目标更加务实，实行终端计量供水，量化改革绩效；明确资金来源，完善奖励机制，积极鼓励社会资金投入，建立明确奖励扶持机制，促进灌区节水发展。第二，主要任务也由原来的农民用水户协会规范化建设，末级渠系节水技术改造，发展为建立合理的农业水价形成机制，改变原有农业水价长期过低，管护效率低下的问题；此

外，将明晰水权，实现水权转移作为此轮改革的重点，促进水市场发展。第三，改革范围从宽泛发展为更加具体，具有代表性。此轮改革，选择具有代表性的全国 27 个省 80 个试点县，涵盖从东到西，不同灌溉条件下的不同灌区，从而保证改革具有科学性、可推广性。第四，评价方法也更加全面化，与时俱进。

二、农业水价综合改革总体进展

《国务院办公厅关于推进农业水价综合改革的意见》下发以后，各地积极展开部署和落实工作。从总体情况来看，农业水价综合改革虽然困难较大，但推进工作比较顺利。首先，领导机构相对完善，19 个省（市、区）成立了以省政府分管领导为组长的领导小组，11 个省份建立了联席会议制度，对农业水价综合改革整体推进奠定了领导基础。其次，做好顶层设计，各地结合自己的实际制定了农业水价综合改革实施方案，目前除西藏自治区外，30 个省（市、区）已全部印发了改革实施方案，顶层设计基本完成。第三，抓落实卓有成效，各地克服种种困难，将农业水价综合改革作为一项重要工作，层层抓落实，如湖北省 124 个县和灌区都已启动改革，72 个县（市、区）和 2 个灌区推进改革的区域覆盖农田灌溉面积 1325 万亩，占目标改革任务 4313 万亩的 30%。

三、农业水价综合改革基础取得明显进展

1. 计量设施逐步完善

计量设施是节水的基础性设施，各地在农业水价综合改革过程中重视计量设施建设，并且因地制宜地提出自己特色的计量方法。如河北省结合小型农田水利重点县和地下水超采区综合治理项目，按照“一井一表、一户一卡”要求，安装计量设施 7.27 万套，因地制宜提出了“以电折水”的计量方式，2017 年安排资金约 1 亿元，用于 118 个水价改革县购买以电折水计量设备。上海积极探索以电折水方式，完善计量设施，以电折水是以电取水可行的计量方式之一。

2. 建立农业水权制度情况

建立合理的农业水权制度是农业水价综合改革的重点工作，农业水权的建立有利于节约用水。如甘肃已有 62 个县（区）明确了农业用水水权总量，其中有 23 个县（区）将农业水权划分到村或农民用水合作组织，有 7 个县（区）已明确至用水户；已明晰水权的县（区）中，有 12 个已建立了县级水权交易平台。

3. 健全农业水价形成机制

形成合理的水价形成机制是水价综合改革的重点工作之一，各地在制定水价形成机制、成本监审方面都做了卓有成效的工作。陕西省制定了《陕西省大中型灌区农业水费收缴管理办法》，为推进农业水价综合改革打下了较好的制度基础。陕西省已完成了13个大型灌区成本监审工作，省物价局拟定了“省属大型灌区水价调整方案”，计划从2018年冬灌开始实施。河南省实施改革的地区粮食作物、经济作物平均水价分别为0.23元/m^3、0.77元/m^3，均较改革前提高40%以上，基本达到全成本水平。甘肃省2016年底全省农业平均执行水价达到0.159元/m^3，占农业工程供水平均运行成本0.198元/m^3的80.3%，占供水全成本0.265元/m^3的60%，比2010年增加了0.038元/m^3，增长31.4%。

4. 推行分档水价制度和探索分类水价

北京全市统一执行超限额加收水资源费制度，加收标准为粮食作物0.08元/m^3、其余作物为0.16元/m^3。甘肃省河西5市整体推进全市水价改革，建立了分类水价和超定额累进加价制度；河北省在渠灌区内，实行水权额度（166m^3/亩）内每立方米收取0.29元，超额度每立方米加收0.1元，低于定额（215m^3/亩）每立方米奖励0.2元。

四、建立农业用水奖补机制有新进展

各省在实施方案中明确了精准补贴和节水奖励的总体原则。河北省率先在省级层面出台《农业水价改革及奖补办法》，明确了财政补贴资金来源、补贴对象等，按照“超用受罚、节水奖励、取之于水、用之于水”的原则实施奖补，奖补资金主要来源于地下水超采区综合治理等财政资金及水价提高部分。2014—2017年，河北省累计拨付农业用水财政奖补资金5.45亿元，其中2014—2016年奖补资金4.96亿元已全部拨付至相应的县级用水户协会。

第三节　农业水价综合改革评价

一、农业水价综合改革成效

2008年，水利部组织实施农业水价综合改革试点，到2013年累计投入

18.8 亿元(其中中央财政资金 8.6 亿元),在 27 个省的 150 多个县开展农业水价综合改革试点(示范),建设示范区面积 350 多万亩,取得了显著成绩。

据中国灌溉排水发展中心统计,2013 年试点(示范区)农业用水灌溉效率显著提高,灌溉周期平均缩短 5 天左右;节水效益明显,亩均节水 $109m^3$;农民用水成本降低,农户水费支出平均每亩减少 10 元,取得了“六省两增”的良好效果,即省水、省地、省钱、省工、省时、省肥,增产和增收。

2014 年,国家四部委推进的农业水价综合改革试点在全国 27 个省(自治区、直辖市)的 80 个县展开,核心试点区面积共 202 万亩,总投资 11.9 亿元。试点区(县)取得了明显成效,主要表现在:一是农业用水效率明显提升,试点区每亩平均节水 $110m^3$;二是增效明显,试点区灌水时间平均缩短 4 天左右,农业灌溉劳动时间减少,实现了节时、节劳、增效的目标;三是初步建立了农田水利工程良性运行机制,包括农业水价形成机制、精准补贴机制、节水奖励机制和农田水利工程管护机制;四是初步形成了可行的农业水价综合改革模式,试点区(县)结合自身实际,探索操作性强的农业水价综合改革方案,让农业水价综合改革落地生根;五是催生了国务院办公厅印发的《关于推进农业水价综合改革的意见》(下简称《意见》),该文件是在总结试点经验的基础上推出的,指导全国农业水价综合改革,是目前最高层次的农业水价综合改革指导意见,必将对中国农业水价综合改革产生积极推动作用。

二、农业水价综合改革面临挑战

1. 认识障碍

中国部分地区对农业水价综合改革认识不到位。中国南北地区水资源禀赋差异较大,南方地区水资源相对丰富,北方地区水资源短缺。南方地区灌溉大部分属于补充灌溉,对农业水价综合改革迫切性不强烈,特别是部分地区已经取消了农业水费,由地方财政负担,在水资源相对丰富地区开展农业水价综合改革面临着不小的阻力。总体来看,北方地区由于缺水,开展农业水价综合改革的积极性高于南方。

2. 资金障碍

农业水价综合改革需要资金支撑,在试点期间,每个试点县投资 1500 万元左右,试点面积 2 万亩。由此可见,农业水价综合改革需要大量资金作为后盾,没有资金投入，农业水价综合改革难以推进。2014年农业水价综合改革核心试点区面积共202万亩，总投资11.9亿元，北方地区试点县试点面积2万亩左右，投资1500万元左右，目前全面推广农业水价综合改革缺乏这么大的投资力度支撑，这成为《意见》全面实施的首要障碍。

3. 由点到面推广经验可复制性不高

尽管农业水价综合改革试点取得了一定的经验，但这些经验都是点的经验，由点推到面还有很多工作要做，特别是当时试点地区点的选择都具有一定的优势，如建立在2007年农业水价改革试点基础上，基础设施条件较好，群众积极性高，有一定的经验，农业水价综合改革全面推开后基础条件发生不同程度的变化，其经验的可复制性受到挑战。

4. 工程配套障碍

中国灌区完整工程配套率不高，大型灌区工程配套节水相对较好，小型灌区配套较差，特别是农田水利工程"最后一千米"问题远未解决。

5. 基层组织障碍

虽然灌区都不同程度地建立了农业用水合作组织，但这些组织还不能完全适应农业水价综合改革的要求，农民"等、靠、要"思想普遍存在，基层组织缺乏人、财、物资源，农民参与农业水价综合改革的积极性有待进一步提高。

第四节　农业水价综合改革精准补贴

一、农业水价综合改革精准补贴内涵

1. 精准补贴内涵

精准，顾名思义就是精确、准确。

补贴，是指政府、组织或者个人为了实现某种目的向另一政府、组织或者个人提供资金支持。补贴的作用通常有两个，一是解决资金受助者资金的不足，为其弥补亏损，鼓励受助者继续从事相关的活动；二是激励作用，受助者在从事相关活动时能受到相关的补贴而获益，可以激发其热情，成为其活动的动力。

精准补贴就是将政府、组织或者个人提供的资金精准地发放到另一政府、

组织或者个人。它是针对补贴中存在粗放发放而言的，粗放补贴就是不规范，不该补贴的也得到了补贴，该补贴的没有得到补贴或者补贴不足，补贴缺乏准确性，补贴的作用没有得到发挥，甚至起到负面影响。

近年来精准补贴一词广泛应用，与“精准扶贫”有密切关系。精准扶贫是指针对不同贫困区域环境、不同贫困农户状况，运用科学有效程序对扶贫对象实施精确识别、精确帮扶、精确管理的治贫方式。2013 年 11 月，习近平总书记到湖南湘西考察时首次做出了“实事求是、因地制宜、分类指导、精准扶贫”的重要指示，后来习近平总书记也多次在多场合强调“精准扶贫”。“精准＋”被广泛应用。在补贴领域，精准补贴也得到了大家的认可。2014 年中央一号文件提出：在有条件的地方开展按实际粮食播种面积或产量对生产者补贴试点，提高补贴精准性、指向性。中央一号文件实质提出了农业补贴的精准性问题。

2. 农业水价综合改革精准补贴

农业水价综合改革精准补贴是指在农业综合水价改革过程中，对用水户、用水组织或者供水管理单位提供的精准经济补贴，补贴的目的是减轻补贴对象经济负担，让其积极参与并在农业水价综合改革过程中发挥积极作用，促进农业节水，让农业水价综合改革得以顺利进行。

农业水价综合改革精准补贴具有以下三个特点。

(1)精准性。要将补贴精准地发放到用水组织、用水户或者供水管理部门。针对农业水价综合改革的实际，精准地确定补贴对象，将补贴发放给最需要补贴的环节，避免补贴的盲目性和无效性。

(2)保护性。农业水价综合改革精准补贴具有保护性，主要体现在两个方面，一是保护用水户或供水户积极参与农业水价综合改革，不挫伤其积极性；二是保障其经济利益不受损失，从经济的角度让其产生动力投身到农业水价综合改革之中，并为之做出自己的贡献。

(3)节水性。节水是农业水价综合改革的最终目的。农业水价综合改革精准补贴是农业水价综合改革的重要内容之一，和其他措施一道共同促进农业节水的实现。

二、农业水价精准补贴模式

总结农业水价综合改革过程中精准补贴模式，对寻求优化的农业水价精准补贴具有重要的参考价值。纵观试点县,采取的农业水价精准补贴的主要模式如下。

1. "一提一补"模式

"一提一补"模式最初诞生于 2005 年,经过摸索之后,2008 年以后逐渐被认识。2008 年水利部开展全国节水型社会建设试点,河北省衡水市桃城区被列为试点区,"一提一补"水价改革制度得到进一步运用和完善,通过价格杠杆推动农业用水,激发用水户节水积极性。

"一提一补"模式就是"提价+补贴"模式,"提价"就是提高用水的价格,"补贴"即政府给予一定补贴。补贴按耕地面积与农户进行核算,高于平均用水水平的农户受罚,低于平均用水水平的农户受奖。

如桃城区河沿镇国家庄村,以地下水为灌溉水源,当地实行农用电价代替水价进行水费核算制度。具体方法是将全村机井农业灌溉用电由原综合电价每度电 0.7 元提高到每度电 1 元,提高幅度为 42%,然后由政府按该村的用电量每度电补贴 0.1 元。以每度电提高的 0.3 元和政府补贴的 0.1 元共计 0.4 元作为节水调节资金,按照全村耕地面积平均发放,节水调节资金每年分时段计算、公示和发放。地表水用电不提价。此模式在试点中取得了良好的效果,首先提升了用水户的节水意识,节水成为群众经常议论的话题,调动了用水户节水的积极性。其次,节水效果也明显,从用电情况看,全村农业用电由 2009 年的 68100 千瓦时,下降到 2011 年的 60933 千瓦时,下降了 12%,亩均用电量由 2009 年的 68 千瓦时下降到 2011 年的 61 千瓦时,下降了 10%。年机井农业取水量也由 2009 年的 136200m^3 下降到 2011 年的 121866m^3,每年少开采地下深层淡水 14334m^3。

此模式能否发挥作用取决于农民获益的多少,如果补贴额度没有调动用户的积极性,或者惩罚力度不足以让用水户高度重视,就难以取得积极的节水效果。此外,种植结构的变化,特别是经济作物如蔬菜、瓜果等效益较好,对节水的积极性也有影响。此模式能持续地发挥效益,关键是处理好"提"和"补"的关系,让其发挥节水的效果。

2. 供水成本补贴模式

由于执行水价和运行维护成本有一定的差距,采取补贴的方式弥补这部分差距,或者国有供水成本全部由政府补贴,此模式可以称为成本补贴模式。如湖南长沙县桐人桥灌区国有水利工程供水成本为 0.584 元/m³，末级渠系为 0.0472元/m³，其中国有水利工程供水成本由县级财政全额补贴，并由桐人桥水库管理所负责维护，核定水价时不计入国有水利工程供水成本，农民用水户只承担末级渠系成本，水费收入全部用于支渠以下农田水利工程维护和节水奖励。云南省陆良县采取执行水价尚未达到工程运行成本时，差额部分由政府向供水单位和用水专业合作社进行补贴。山西大荔县调整执行水价为 0.74 元/m³，仍不能覆盖运行维护成本 1.14 元/m³，其差距 0.058 元/m³ 由政府进行补贴。

3. 种粮农户补贴模式

粮食安全是国家安全的重要组成部分，农业水价综合改革对此也非常重视，在精准补贴时也特别考虑到这一点，对种植粮食作物的农户给予一定的补贴。如甘肃省高台县按照粮食作物占总耕地面积的比例给予补贴，粮食作物占总耕地面积在 20%～30%的，每亩补贴 5 元；30%～50%的每亩补贴 10 元；超过 50%的，超过部分按照 10 元+(粮食种植面积－50%×耕地面积)/耕地面积×20 补贴。湖南长沙的做法是，农业灌溉水费由原来的按亩收费改为按计量收费，用水总量控制在用水定额内给予补贴。以水稻种植为例，灌区对确定的基本水权，将国有水利工程供水成本水价 0.644 元/m³ 免除。

4. 农民负担零增加模式

该模式总体原则就是不增加农民的负担，水价提升后，多出的负担由政府全额补贴。江苏宿迁进行了农业水价综合改革，全成本基本水价为 0.084 元/m³，全成本计量水价为 0.034 元/m³。为了不增加农民的负担，实施精准补贴，补贴的标准是农民水价改革后负担零增加，2015 年和 2016 年年度节水补贴为 28.7 万元和 67.2 万元，亩均达到 13.7 元和 16 元。

5. 采用电价补贴方式

电价补贴，一般是用电的灌区，包括井灌区和提水灌区。如山西对大中型泵站灌溉采取电价水价补贴政策，补贴标准根据定额内用水成本与运行维护成本的差额以及年度实际灌溉结果确定。原则上省级资金主要补贴供水工程单位，市、县级资金重点补贴种粮农民定额内用水灌区。山西河津市、清徐县为鼓励使用地表水，限制开采地下水，确定泵站灌溉最高水价，对使用地表水的泵站给予电价补贴。

三、农业水价综合改革精准补贴现状分析

1. 精准补贴规模分布

78个试点县中，有72个试点县制定出精准补贴政策，63个试点县落实了补贴资金，补贴资金达11311万元。试点县精准补贴资金落实情况见表11-2。

表11-2 试点县精准补贴资金落实规模

资金规模(万元)	统计县数(个)	比例(%)		案例县
		占试点县	占落实县	
≤30	29	37.18	46.03	武清区、岳阳县、民勤县
30～50(含)	17	21.79	26.98	高邮市、宿豫区、民乐县
50～100(含)	5	6.41	7.94	盘山县、宁化县、凉州区
>100	11	14.10	17.46	房山区、白城市、高台县

从表11-2可以看出，虽然试点县都落实了精准补贴，但补贴资金的额度存在很大差异，46.03%落实县资金规模小于30万元，大于100万元的只有11个县，只占落实县数的17.46%。从总体情况来看，精准补贴的数额与县的经济发展水平有很大关系。

2. 精准补贴来源分析

精准补贴的来源是影响精准补贴能否可持续供给的重要因素。表11-3给出了试点落实县精准补贴的来源。

表11-3 试点县精准补贴资金来源

资金来源	县数	占落实县比例(%)	占试点县比例(%)	案例县
财政	44	70.99	56.41	
水费收入	13	20.99	16.67	
土地出让收益、采矿权出让收益、水权转让收入、发电收入、社会捐赠等	5	8.06	6.41	杭锦旗、盘山县、灵宝市、浏阳市、南部县
合计	62	100.00	100.00	

从表 11-3 可以看出，农业水价综合改革精准补贴来源于财政、水费收入、土地出让收益、采矿权出让收益、水权转让收入、发电收入、社会捐赠等多方面，但财政资金占大多数，占落实县的 70.99%，其次为水费收入，占 20.99%，土地出让收益等仅占 8.06%。财政补贴来源资金与财政状况有关，如果财政不紧张，此资金可以得到保障，如果财政特别紧张，此资金难以得到落实。当然，如果将其列入政府的财政预算，相对能得到保障。

试点结束后，各省区先后出台了推进农业水价综合改革的实施意见，对精准补贴的来源做了原则性规定。表 11-4 是部分省区对精准补贴资金的方案。

表 11-4　部分省区农业水价综合改革精准补贴资金来源

序号	省份	文件名称	资金来源
1	河北省	河北省人民政府办公厅关于推进农业水价综合改革的实施意见（冀政办字〔2016〕51号）	统筹各级财政安排的水管单位公益性人员基本支出和工程公益性部分维修养护经费，农业灌排工程运行管理费，农田水利工程设施维修养护补助，调水费用补助，收缴的加价水费，上级补助的专项资金以及社会捐助等
2	山西省	山西省人民政府办公厅关于推进农业水价综合改革的实施意见（晋政办发〔2016〕147号）	统筹财政安排的水管单位公益性人员基本支出和工程公益性部分维修养护经费、农业灌排工程运行管理费、农田水利工程设施维修养护补助、调水费用补助、高扬程抽水电费补贴、有关农业奖补资金等
3	黑龙江省	黑龙江省人民政府办公厅关于推进农业水价综合改革的实施意见（黑政办发〔2016〕58号）	统筹本级财政安排的水管单位公益性人员基本支出和工程公益性部分维修养护经费、农业灌排工程运行管理费、农田水利工程设施维修养护补助、调水费用补助、高扬程抽水电费补贴、有关农业奖补资金等
4	吉林省	吉林省人民政府办公厅关于推进农业水价综合改革的实施意见（吉政办发〔2016〕42号）	在积极争取国家各项资金政策的同时，要统筹财政安排的水利工程管理单位公益性人员基本支出和工程公益性部分维修养护经费、农业灌排工程运行管理费、农田水利工程设施维修养护补助、调水费用补助、有关农业奖补资金等
5	辽宁省	辽宁省推进农业水价综合改革方案	统筹财政安排的水管单位公益性人员基本支出和工程公益性部分维修养护经费、农业灌排工程运行管理费、农田水利工程设施维修养护补助等奖补资金

续表

序号	省份	文件名称	资金来源
6	安徽省	安徽省人民政府办公厅关于印发安徽省推进农业水价综合改革实施方案的通知(皖政办发〔2016〕23号)	统筹财政安排的水管单位公益性人员基本支出和工程公益性部分维修养护经费、农业灌排工程运行管理费、农田水利工程设施维修养护补助、有关农业奖补资金、回购节水量销售资金等
7	福建省	福建省人民政府办公厅关于印发福建省推进农业水价综合改革实施意见的通知(闽政办发〔2016〕127号)	各地要统筹各级财政安排的水管单位公益性维修养护经费、农业灌排工程运行管理费、农田水利工程设施维修养护经费、农业水价综合改革经费、上级补助的其他有关专项资金以及社会捐助等资金
8	湖北省	湖北省人民政府办公厅关于印发湖北省农业水价综合改革实施方案的通知(鄂政办发〔2016〕60号)	统筹各级财政安排的水管单位公益性人员基本支出和工程公益性部分维修养护经费、农业灌排工程运行管理费、农田水利工程设施维修养护补助、调水费用补助、高扬程抽水电费补贴和有关农业奖补资金、节能减排资金、部门预算资金等
9	云南省	云南省人民政府办公厅关于加快推进农业水价综合改革的实施意见(云政办发〔2016〕81号)	可在中央和省财政安排的公益性水利工程维修养护经费、农田水利工程设施维修养护经费、水资源费、有关农业奖补资金等经费中整合资金,统筹用于农业水价综合改革精准补贴和节水奖励

国务院办公厅《关于推进农业水价综合改革的意见》(国办发〔2016〕2号)对精准补贴有个原则性规定:统筹财政安排的水管单位公益性人员基本支出和工程公益性部分维修养护经费、农业灌排工程运行管理费、农田水利工程设施维修养护补助、调水费用补助、高扬程抽水电费补贴、有关农业奖补资金等,落实精准补贴和节水奖励资金来源。从上表可以看出,各省区对农业水价综合改革精准补贴的原则性规定基本与国办发〔2016〕2号文件类似,只是个别省区根据自己的情况略做修改。如安徽省,沿用了“统筹财政安排的水管单位公益性人员基本支出和工程公益性部分维修养护经费、农业灌排工程运行管理费、农田水利工程设施维修养护补助,有关农业奖补资金”,增加了“回购节水量销售资金等”。云南省沿用了“公益性水利工程维修养护经费、农田水利工程设施维修养护经费、有关农业奖补资金等经费”,增加了“水资源费”渠道。

客观地说，农业水价综合改革精准补贴全面落实还存在一定困难。尽管国务院办公厅《关于推进农业水价综合改革的意见》对精准补贴资金来源有个原则性的规定，但在实际操作过程中还有一定的困难。统筹安排的水管单位公益性人员基本支出和工程公益性部分维修养护经费等各种费用，在实际工作中已经安排妥当，并且很紧张，很难再拿出一部分资金进行统筹，并且即使能进行部分统筹，其统筹的资金数量也很难满足精准补贴的大量需求。各省区参照《关于推进农业水价综合改革的意见》筹集精准补贴资金，同样也面临着上述存在的问题。筹集足额的精准补贴资金是精准补贴能够实施的关键。

3. 精准补贴对象

农业水价综合改革精准补贴对象是谁，这是精准补贴中非常重要的问题。表 11-5 给出了试点县精准补贴对象统计。

表 11-5　精准补贴对象统计

补贴对象	补贴数量（个）	比例（%）		补贴资金（万元）	案例县
		占试点县	占落实县		
农民用水合作组织	36	46.15	58.06	5692.1	房山区、民勤县、当阳市等
农户	28	35.90	45.16	2215.5	杭锦旗、民权县、民勤县等
灌区管理单位	16	20.51	25.81	1007.8	房山区、陆良县、高台县等
新型农业经营主体	2	2.56	3.23	1400.0	灵宝市、沂源县

注：统计数量超过落实县数 62 个，因为一些试点县补贴对象并非唯一，如房山区既补贴农民用水合作组织、农户，也补贴括灌区。

从表 11-5 可以看出，农业水价综合改革精准补贴对象包括农民用水合作组织、农户、灌区管理单位、新型农业经营主体。新型农业经营主体所占比例最小，只占 3.23%；农民用水合作组织最多，占 58.06%；其次是农户，占 45.16%。整体来看，补贴对象以农民用水合作组织和农户为主，合计占 64 个县。

改革试点后，各省区出台了农业水价综合改革实施方案，表 11-6 是部分省区农业水价综合改革实施方案对补贴对象相关的规范。

表 11-6　部分省区农业水价综合改革补贴对象

序号	省份	文件名称	补贴对象
1	河北省	河北省人民政府办公厅关于推进农业水价综合改革的实施意见(冀政办字〔2016〕51号)	重点补贴种粮农民定额内用水
2	山西省	山西省人民政府办公厅关于推进农业水价综合改革的实施意见(晋政办发〔2016〕147号)	原则上省级资金主要补贴供水工程单位,市、县级资金重点补贴种粮农民定额内用水
3	黑龙江省	黑龙江省人民政府办公厅关于推进农业水价综合改革的实施意见(黑政办发〔2016〕58号)	重点补贴种粮农民定额内用水。具体补贴对象、方式、环节、标准、程序以及资金使用管理等,由各地自行确定
4	吉林省	吉林省人民政府办公厅关于推进农业水价综合改革的实施意见(吉政办发〔2016〕42号)	补贴对象为灌区管理单位或用水户,补贴方式、环节、程序以及资金使用管理等由各地自行确定
5	辽宁省	辽宁省推进农业水价综合改革方案	补贴的对象、方式、环节、标准、程序以及资金使用管理等,由各地自行确定
6	安徽省	安徽省人民政府办公厅关于印发安徽省推进农业水价综合改革实施方案的通知(皖政办〔2016〕23号)	具体补贴办法及资金使用管理等,由各地自行确定
7	福建省	福建省人民政府办公厅关于印发福建省推进农业水价综合改革实施意见的通知(闽政办〔2016〕127号)	具体补贴办法由各市、县(区)制定
8	湖北省	湖北省人民政府办公厅关于印发湖北省农业水价综合改革实施方案的通知(鄂政办发〔2016〕60号)	补贴对象为采取节水措施的农民用水合作组织、种粮用水户(或会员)、规模经营主体等用水主体。各地应根据本地的具体情况,在确保补贴效果和资金安全的前提下,自行确定补贴的程序、对象、方式、环节、标准以及资金使用管理等
9	云南省	云南省人民政府办公厅关于加快推进农业水价综合改革的实施意见(云政办发〔2016〕31号)	按照"谁用水、补贴谁"的原则,科学确定补贴对象、方式、环节、标准和程序。补贴对象为农民用水合作组织、新型农业经营主体、农户等用水主体,重点补贴种粮农民定额内用水

从表 11-6 可以看出，补贴对象究竟补贴给谁最合适，大部分省区没有最终确定，大部分省区采取“由各市、县（区）制定”来规范，体现了权力下放，县市可以根据具体情况因地制宜地确定。

精准补贴对象究竟补贴给谁，需要考虑以下四个因素，包括精准补贴的目的是什么，精准补贴的最终目的是让农业水价综合改革能顺利地开展下去，让农业水价能维持水利工程正常运转；用水户不受损，让用水户在农业水价综合改革过程中经济上不受损失，提升其支持农业水价综合改革的积极性；可操作性，补贴给谁，要考虑其可操作性，特别是简单易行，同时具有可追溯性；尊重群众意愿，可以补贴给用水合作组织，也可以补贴给用水户的情况下，征求群众意见，最后通过民主协商确定补贴对象。

4. 农业精准补贴标准

国务院办公厅《关于推进农业水价综合改革的意见》（国办发〔2016〕2号）提出建立农业用水精准补贴机制。在完善水价形成机制的基础上，建立与节水成效、调价幅度、财力状况相匹配的农业用水精准补贴机制。补贴标准根据定额内用水成本与运行维护成本的差额确定，重点补贴种粮农民定额内用水。补贴的对象、方式、环节、标准、程序以及资金使用管理等，由各地自行确定。表 11-7 是内蒙古、山西省试点区县精准补贴标准。

表 11-7　内蒙古、山西省试点区县精准补贴标准

地区		补贴对象	补贴标准（元/亩）
内蒙古	五原县	农户	7
	杭锦旗	农户	滴灌 25，畦田 8
	敖汉旗	无	无
	乌兰浩特市	农户	4.06
山西	清徐县	灌区管理单位	工程运行维护经费
	河津市	灌区管理单位	工程运行维护经费

表 11-7 表明，各试点县精准补贴标准不同，仅在杭锦旗，因灌溉方式不一样，补贴标准也有差异，滴灌精准补贴标准为 25 元/亩，畦田灌溉补贴标准为 8 元/亩，滴灌是畦田的 3.13 倍。

青海省贵德县农业用水精准补贴的对象为地表水定额灌溉的种植粮食作物（包括小麦、玉米、青稞、蚕豆、豌豆、马铃薯）和油料作物（包括油菜、胡麻）的节水农户，包括家庭农场、种粮大户等新型农业经营组织。其中，中型灌区末级渠系补贴标准为0.025元/m^3，小型灌区补贴标准为0.019元/m^3，超定额部分不享受政府补贴。种植经济作物（包括蔬菜、瓜果、花卉、果品）和利用地下水灌溉的暂不予补贴。

试点结束后，各省区先后制定了农业用水综合改革实施方案，表11-8是部分省区精准补贴标准。

表11-8　部分省区农业水价综合补贴标准

序号	省份	文件名称	精准补贴标准
1	河北省	河北省人民政府办公厅关于推进农业水价综合改革的实施意见（冀政办字〔2016〕51号）	重点补贴种粮农民定额内用水，补贴标准根据定额内用水价格与运行维护成本的差额确定
2	山西省	山西省人民政府办公厅关于推进农业水价综合改革的实施意见（晋政办发〔2016〕147号）	根据定额内用水成本与运行维护成本的差额以及年度实际灌溉结果确定
3	黑龙江省	黑龙江省人民政府办公厅关于推进农业水价综合改革的实施意见（黑政办发〔2016〕58号）	补贴标准根据定额内用水成本与运行维护成本的差额确定，重点补贴种粮农民定额内用水
4	吉林省	吉林省人民政府办公厅关于推进农业水价综合改革的实施意见（吉政办发〔2016〕42号）	补贴标准根据定额内用水成本与运行维护成本的差额确定，统筹考虑农业水价调整、农民承受能力，重点补贴种粮农民定额内用水
5	辽宁省	辽宁省推进农业水价综合改革方案	补贴标准根据定额内用水成本与运行维护成本的差额确定
6	安徽省	安徽省人民政府办公厅关于印发安徽省推进农业水价综合改革实施方案的通知（皖政办发〔2016〕23号）	重点补贴种粮农民、养殖场（户）定额内用水，超定额用水部分不予补贴。核定的运行维护成本水价或完全成本水价低于省政府规定的用水户承担的每亩水价上限的不予补贴，超过上限标准的予以补贴
7	福建省	福建省人民政府办公厅关于印发福建省推进农业水价综合改革实施意见的通知（闽政办发〔2016〕127号）	补贴标准原则上按照定额内用水成本与运行维护成本的差额确定，主要用于农田水利工程运行维护

续表

序号	省份	文件名称	精准补贴标准
8	湖北省	湖北省人民政府办公厅关于印发湖北省农业水价综合改革实施方案的通知(鄂政办发〔2016〕60号)	补贴标准根据定额内用水成本与运行维护成本的差额确定,重点补贴种粮农民定额内用水。补贴对象为采取节水措施的农民用水合作组织、种粮用水户(或会员)、规模经营主体等用水主体
9	云南省	云南省人民政府办公厅关于加快推进农业水价综合改革的实施意见(云政办发〔2016〕81号)	补贴标准根据定额内用水成本与运行维护成本之间的差额确定,确保总体上不增加农户定额内用水负担,保障农民合理用水权益

从表11-8可以看出,各省区基本依据国务院办公厅《关于推进农业水价综合改革的意见》补贴标准确定的,即"根据定额内用水成本与运行维护成本的差额确定,重点补贴种粮农民定额内用水"。其目的是既能让水价达到运行维护成本,同时不让用水户增加用水负担,配合定额,促进用水户积极节水。

农业水价综合改革精准补贴的标准确定与农业水价综合改革补贴的目的是紧紧地联系在一起,其目的是不增加用水户的经济负担。基于此,农业水价综合改革精准补贴可以用下述公式来计算。

$$AS = P_0Q_0 - P_1Q_1 \tag{11-1}$$

式中,AS 为精准补贴数量,单位为元/亩;P_0 为农业水价综合改革前水价,单位为元/m^3,P_1 为农业水价综合改革后水价,单位为元/m^3;Q_0 为农业水价综合改革前每亩用水量,单位为 m^3/亩;Q_1 为农业水价综合改革后每亩用水量,单位为 m^3/亩。值得注意的是,Q_1 为定额内用水量,如果是超定额,需要扣除超定额部分水量。

5. 节水奖励

国务院办公厅《关于推进农业水价综合改革的意见》提出建立节水奖励机制:逐步建立易于操作、用户普遍接受的农业用水节水奖励机制。根据节水量对采取节水措施、调整种植结构节水的规模经营主体、农民用水合作组织和农户给予奖励,提高用户主动节水的意识和积极性。表11-9是部分省区农业水价综合改革节水奖励。

表 11-9　部分省区农业水价综合改革节水奖励

序号	省份	文件名称	节水奖励
1	河北省	河北省人民政府办公厅关于推进农业水价综合改革的实施意见(冀政办字〔2016〕51号)	在充分考虑可持续性和绩效考核的基础上,根据节水量对实施节水的规模经营主体、农民用水合作组织和农户给予奖励。农田水利资金投入重点向农业水价综合改革积极性高、工作有成效的地区倾斜
2	山西省	山西省人民政府办公厅关于推进农业水价综合改革的实施意见(晋政办发〔2016〕147号)	对农业灌溉节水进行奖励,鼓励农业供水单位和用水户以量计收、节约用水。确定农业用水定额,根据节水量对组织规范、服务到位,积极推广应用工程节水、农艺节水、调整优化种植结构等实现农业节水的用水主体予以奖励。节水量按照用户定额内实际用水量与定额水权的差额确定
3	黑龙江省	黑龙江省人民政府办公厅关于推进农业水价综合改革的实施意见(黑政办发〔2016〕58号)	逐步建立易于操作、用户普遍接受的农业用水节水奖励机制。根据节水量对采取节水措施、调整种植结构节水的规模经营主体、农民用水合作组织和农户给予奖励,提高用户主动节水的意识和积极性
4	吉林省	吉林省人民政府办公厅关于推进农业水价综合改革的实施意见(吉政办发〔2016〕42号)	逐步建立易于操作、用户普遍接受的农业用水节水奖励机制。根据节水量对采取节水措施、调整种植结构节水的规模经营主体、农村集体经济组织、农民用水合作组织和农户给予奖励,提高用户主动节水的意识和积极性
5	辽宁省	辽宁省推进农业水价综合改革方案(辽政办发〔2016〕70号)	逐步建立易于操作、用户普遍接受的农业用水节水奖励机制。根据节水量对采取节水措施、调整种植结构节水的规模经营主体、农民用水合作组织和农户给予奖励,提高用户主动节水的意识和积极性

续表

序号	省份	文件名称	节水奖励
6	安徽省	安徽省人民政府办公厅关于印发安徽省推进农业水价综合改革实施方案的通知（皖政办发〔2016〕23号）	逐步建立易于操作、用户普遍接受的农业用水节水奖励机制。根据节水量对采取节水措施、调整种植结构节水的规模经营主体、农民用水合作组织、农户和养殖场（户）给予奖励，提高用户主动节水的意识和积极性。节水量按照用户定额内实际用水量与定额水权的差额确定。奖励标准由各地根据实际自行确定，奖励对象为用水户，奖励方式可由政府或其授权的水行政主管部门、灌区管理单位采取回购节水量的形式予以奖励
7	福建省	福建省人民政府办公厅关于印发福建省推进农业水价综合改革实施意见的通知（闽政办发〔2016〕127号）	各地要对采取节水措施、调整种植结构节水的农村集体经济组织、农民用水合作组织、新型农业经营主体等用水计量主体单位根据节水量给予奖励，以提高用户主动节水的意识和积极性，具体奖励办法由各市、县（区）制定。省级对农业节水成效好的市、县（区）给予补助
8	湖北省	湖北省人民政府办公厅关于印发湖北省农业水价综合改革实施方案的通知（鄂政办发〔2016〕60号）	在农业灌溉用水总量控制和定额管理的基础上，建立与节水成效、财力状况相匹配，易于操作、用户普遍接受的农业用水节水奖励机制。根据节水量对采取节水措施、调整种植结构节水的规模经营主体、农民用水合作组织和农户给予奖励，提高用户主动节水的意识和积极性。节水奖励的标准各地自行确定
9	云南省	云南省人民政府办公厅关于加快推进农业水价综合改革的实施意见（云政办发〔2016〕81号）	县级水行政主管部门应会同同级财政、发展改革、农业部门，建立健全易于操作、用水主体普遍接受的农业用水节水奖励机制，奖励标准由各地结合地方财力确定。要根据节水量对采取节水措施、调整种植结构节水的规模经营主体、农民用水合作组织和农户给予奖励，提高用水主体主动节水的意识和积极性

四、农业水价综合改革精准补贴规模估算

1. 估算方法

根据试点县实际投入精准补贴的总额，推算到全国。具体做法如下：统计试点县精准补贴的资金额和试点面积，计算单位面积精准补贴资金，再结合全国有效灌溉面积确定全国额度。具体公式如下：

补贴规模＝单位面积补贴额度×补贴面积

单位面积补贴额度＝试点县精准补贴资金额/试点耕地面积

2. 精准补贴规模估算

根据上述公式，可以推算全国精准补贴的规模。

据统计，国家四部委推进的农业水价综合改革试点在全国 27 个省（自治区、直辖市）的 80 个县展开（实际展开的是 78 个县，有两个县退出），核心试点区面积共 202 万亩，平均每个县试点面积 2.6 万亩。在 78 个试点县中，有 63 个试点县落实了补贴资金，补贴资金达 11311 万元，据此推算每亩需要补贴 69.1 元。2015 年年底，全国灌溉面积 72061 千 hm^2，耕地灌溉面积 65873 千 hm^2。按此比例进行推算，全国农业水价综合改革精准补贴为 747 亿元/年，其中耕地农业水价综合改革精准补贴为 683 亿元/年。

为了形象地表述这个数字，表 11-10 是 2006—2014 年国家农业补贴资金规模，从中我们可以理解其数量含义。

表 11-10 2006—2014 年国家农业补贴资金规模(单位:亿元)

项目	2006	2007	2008	2009	2010	2011	2012	2013	2014
粮食直补	142	151	151	151	151	151	151	151	151
良种补贴	41.5	65.7	123.5	154.8	186	245	372	199	214.45
农机补贴	6	20	40	130	145	175	215	217.5	170
农资直补	12.5	276	716	795	795	835	835	1071	1071
合计	202	512.7	1030.5	1230.8	1277	1406	1573	1638.5	1606.45

以 2014 年为例，耕地农业水价综合改革精准补贴相当于粮食直补的 4.5 倍，良种补贴的 3.2 倍，农机补贴的 4.0 倍，农资直补的 0.64 倍，相当于国家农业补贴资金规模的 18.9%。这是一笔很大的补贴数额。如果在现有耕地面积下全面展开农业水价综合改革精准补贴，财政还难以负担。

五、农业水价综合改革精准补贴建议

1. 出台农业水价综合改革精准补贴文件

农业水价综合改革精准补贴如何补，目前没有统一的规定，需要做统一的规范，尽快出台农业水价综合改革精准补贴管理办法，对精准补贴范围、对象、标准、资金筹集、补贴方式进行原则性规定，指导农业水价综合改革精准补贴。

2. 建立农业水价综合改革精准补贴机制

在总结试点的基础上，建立农业水价综合改革精准补贴机制，该机制与农民承受能力、节水成效、地方财力相匹配，同时考虑操作成本便于操作，补贴方式用户能接受，资金来源有保障。

第五节　持续推进农业水价综合改革的建议

持续推进农业水价综合改革，争取获得比较理想的改革成果是我们今后一个时期努力奋斗的目标。为了更好地持续推进农业水价综合改革，现提出 5 条建议。

(1)地方政府做好农业水价综合改革推进的顶层设计工作。《意见》提出了总体要求、如何夯实农业水价改革基础、怎么建立健全农业水价形成机制以及一些具体保障措施，具有宏观指导性。地方政府在实际操作时需要结合自身实际情况，制订具体的实施方案。该方案即是地方政府农业水价综合改革的顶层设计，应系统、全面地从可操作性等角度综合设计，是地方农业水价综合改革的“操作手册”。

(2)因地制宜推进农业水价综合改革。中国地域辽阔，各地水情、地情、民情等差异较大，农业水价综合改革一定要密切联系当地实际，避免“一刀切”。农业水价综合改革的核心是保障农田水利工程可持续运行和农业用水效率的提升，只要不违背脱离《意见》指导精神，可行的模式都允许存在，充分尊重和发挥地方政府、农民用水合作组织和农业用水户的积极性和创造性。

(3)切实增加投入。农业水价综合改革需要资金投入支持，没有资金支撑，农田水利节水工程就无法开工，量水设施就无法建设，节水奖励和精准补贴机制就难以落地。农业水价综合改革试点经验是在大量资金投入条件下取得的，其推广也要有相应基础设施作为配套条件。国家和地方政府应继续在农业水价综合改革地区给予资金补贴。

(4)结合重点工程推进农业水价综合改革，将重大农田水利基础设施与农业水价综合改革有机结合。农业水价综合改革要与国家大中型灌区节水改造、高效节水灌溉工程、高标准农田建设等重大工程整体推进。

(5)充分调动农民积极性，农民是农业用水最重要的利益相关者。在农业水价综合改革中，农民是直接参与者和最终受益者。充分调动他们的积极性，让他们出谋划策积极参与农业水价综合改革，是关乎改革成败的大事。

在农业水价综合改革过程中，要切实保障农民利益不受损害。农民只有获得实实在在的好处，才能持续推进农业水价综合改革。

第十二章　中国农业用水安全保障战略

本章提出中国农业用水安全战略目标、中国农业用水安全战略内容和中国农业用水战略实现路径。

第一节　中国农业用水安全战略目标

一、中国现有政策目标

1. 水利改革发展“十三五”规划目标

“十三五”期间，中国专门发布了《水利改革发展“十三五”规划》，有关农业用水的主要目标如下。

到2020年，基本建成与经济社会发展要求相适应的防洪抗旱减灾体系、水资源合理配置和高效利用体系、水资源保护和河湖健康保障体系、有利于水利科学发展的制度体系，水利基础设施网络进一步完善，水治理体系和水治理能力现代化建设取得重大进展，国家水安全保障综合能力显著增强。健全防汛抗旱指挥调度体系。全国洪涝灾害和干旱灾害年均直接经济损失占同期GDP的比重分别控制在0.6%和0.8%以内。全国年供用水总量控制在6700亿m^3以内。农田灌溉水有效利用系数提高到0.55以上，大型灌区和重点中型灌区农业灌溉用水计量率达到70%以上。

2. 国家农业节水纲要目标

国务院办公厅2012年发布了《国家农业节水纲要(2012—2020年)》，其发展目标是到2020年，在全国初步建立农业生产布局与水土资源条件相匹配、农业用水规模与用水效率相协调、工程措施与非工程措施相结合的农业节水体系。基本完成大型灌区、重点中型灌区续建配套与节水改造和大中型灌排泵站更新改造，小型农田水利重点县建设基本覆盖农业大县；全国农田有效灌溉面积达到10亿亩，新增节水灌溉工程面积3亿亩，其中新增高效节水灌溉工程面积1.5亿亩以上；全国农业用水量基本稳定，农田灌溉水有效利用系数达到0.55以上；全国旱作节水农业技术推广面积达到5亿亩以上，高效用水技术覆盖率达到50%以上。

3. 全国农业可持续发展规划

2015年，农业部、国家发展改革委、科技部、财政部、国土资源部、环境保护部、水利部、国家林业局8部门联合发布了《全国农业可持续发展规划（2015—2030年）》，提出了农业用水目标。

确立水资源开发利用控制红线，到2020年和2030年全国农业灌溉用水量分别保持在3720亿 m^3 和3730亿 m^3。确立用水效率控制红线，到2020年和2030年农田灌溉水有效利用系数分别达到0.55和0.6以上。推进地表水过度利用和地下水超采区综合治理，适度退减灌溉面积。推广节水灌溉。分区域规模化推进高效节水灌溉，加快农业高效节水体系建设，到2020年和2030年，农田有效灌溉率分别达到55%和57%，节水灌溉率分别达到64%和75%。发展节水农业，加大粮食主产区、严重缺水区和生态脆弱地区的节水灌溉工程建设力度，推广渠道防渗、管道输水、喷灌、微灌等节水灌溉技术，完善灌溉用水计量设施，到2020年发展高效节水灌溉面积2.88亿亩。加强现有大中型灌区骨干工程续建配套节水改造，强化小型农田水利工程建设和大中型灌区田间工程配套，增强农业抗旱能力和综合生产能力。积极推行农艺节水保墒技术，改进耕作方式，调整种植结构，推广抗旱品种。发展雨养农业。在半干旱、半湿润偏旱区建设农田集雨、集雨窖等设施，推广地膜覆盖技术，开展粮草轮作、带状种植，推进种养结合。优化农作物种植结构，改良耕作制度，扩大优质耐旱高产品种种植面积，严格限制高耗水农作物种植面积，鼓励种植耗水少、附加值高的农作物。在水土流失易发地区，扩大保护性耕作面积。

上述三个国家目标，为农业水安全目标的制订奠定了基础。除了《全国农业可持续发展规划》提出了到2020年和2030年全国农业灌溉用水量分别保持在 3720 亿 m^3 和 3730 亿 m^3 之外，其他几个规划都没有明确提出农业水安全的数量指标。

二、未来农业水安全目标指导思想

2017 年 10 月 18 日至 10 月 24 日在北京召开的中国共产党第十九次全国代表大会，提出了新时代社会主要矛盾及奋斗目标，保障解决社会主要矛盾和实现奋斗目标的水资源支撑就是未来水资源发展的指导思想。

1. 中国社会的主要矛盾

中国特色社会主义进入新时代，中国社会主要矛盾已经转化为人民日益增长的美好生活需要和不平衡不充分的发展之间的矛盾。中国稳定解决了十几亿人的温饱问题，总体上实现小康，不久将全面建成小康社会，人民美好生活需要日益广泛，不仅对物质文化生活提出了更高要求，而且在民主、法治、公平、正义、安全、环境等方面的要求日益增长。同时，中国社会生产力水平总体上显著提高，社会生产能力在很多方面进入世界前列，更加突出的问题是发展不平衡不充分，这已经成为满足人民日益增长的美好生活需要的主要制约因素。

2. 中国奋斗目标

从十九大到二十大，是“两个一百年”奋斗目标的历史交汇期。我们既要全面建成小康社会，实现第一个百年奋斗目标，又要乘势而上开启全面建设社会主义现代化国家的新征程，向第二个百年奋斗目标进军。

综合分析国际国内形势和中国发展条件，从 2020 年到 21 世纪中叶可以分两个阶段来安排。

第一个阶段，从 2020 年到 2035 年，在全面建成小康社会的基础上，再奋斗 15 年，基本实现社会主义现代化。到那时，中国经济实力、科技实力将大幅跃升，跻身创新型国家前列；人民平等参与、平等发展权利得到充分保障，法治国家、法治政府、法治社会基本建成，各方面制度更加完善，国家治理体系和治理能力现代化基本实现；社会文明程度达到新的高度，国家文化软实力显著增强，中华文化影响更加广泛深入；人民生活更为宽裕，中等收入群体比例明显提高，城乡区域发展差距和居民生活水平差距显著缩小，基本公共服务均等化基本实现，全体人民共同富裕迈出坚实步伐；现代社会治理格局基本形成，社会充满活力又和谐有序；生态环境根本好转，美丽中国目标基本实现。

第二个阶段，从 2035 年到 21 世纪中叶，在基本实现现代化的基础上，再奋斗 15 年，把中国建成富强民主文明和谐美丽的社会主义现代化强国。到那时，中国物质文明、政治文明、精神文明、社会文明、生态文明将全面提升，实现国家治理体系和治理能力现代化，成为综合国力和国际影响力领先的国家，全体人民共同富裕基本实现，中国人民将享有更加幸福安康的生活，中华民族将以更加昂扬的姿态屹立于世界民族之林。

三、未来农业水安全目标

根据未来农业水安全目标指导思想，未来农业水安全总体目标是为解决人民日益增长的美好生活需要和不平衡不充分的发展之间的矛盾，为实现中国社会制定的发展目标提供农业用水保障。

根据中国制定的阶段性目标，中国农业用水安全分为近期、中期和远期目标。

1. 近期目标（2017—2020 年）

为全面建成小康社会提供农业用水保障，2021 年为中国共产党成立一百年，这是中国第一个百年目标。

2. 中期目标（2020—2035 年）

为基本实现社会主义现代化提供农业用水保障，在完成中国共产党第一个百年目标基础上，向第二个百年目标前进，再奋斗 15 年，基本实现社会主义现代化。农业用水要为其提供充分的保障，具体包括保障国家安全的农副产品农业用水需求，保障农业生态环境根本好转的农业用水需求来支撑美丽中国目标基本实现，保障提升农村区域发展农业用水需求。

3. 远期目标（2035—2050 年）

为把中国建成富强民主文明和谐美丽的社会主义现代化强国提供农业用水安全保障，这是中国共产党提出的第二个百年目标，即中华人民共和国成立一百年（2049 年）目标。此时与农业用水有关的成果包括物质文明、生态文明将全面提升，全体人民共同富裕基本实现，中国人民将享有更加幸福安康的生活。农业用水目标就是保障此成果实现的农业用水需求。

第二节　中国农业用水安全战略内容

中国农业用水安全总体战略：大力提升中国农业用水利用率和利用效率，以最少的农业用水提供最大的价值和服务，满足中国制定的社会阶段性目标的农业用水安全底线。具体战略包括“三提”，即：提高灌溉用水利用率和利用效率，提升降水利用率和利用效率，提升非常规水资源利用率和利用效率以及保障农业用水水质安全。

一、提高灌溉用水利用率和利用效率

提高灌溉用水利用率主要通过灌溉水利用系数来表征。灌溉水利用系数是指在一次灌水期间被农作物利用的净水量与水源渠首处总引进水量的比值，它是衡量灌区从水源引水到田间作物吸收利用水的过程中水利用程度的一个重要指标，也是集中反映灌溉工程质量、灌溉技术水平和灌溉用水管理的一项综合指标，是评价农业用水利用、指导节水灌溉和大中型灌区续建配套及节水改造健康发展的重要参考。中国已经制定了灌溉水利用系数的规划，2011 年中央一号文件提出到 2020 年农田灌溉水有效利用系数提高到 0.55 以上，《全国水资源综合规划》提出到 2030 年农田灌溉水有效利用系数提高到 0.6 以上。

灌溉用水利用效率是指单位农业用水产生的价值和服务。这里的服务包括难以用价值来衡量的生态效益、社会效益；价值主要是指经济效益，不一定用钱来衡量，可以用数量来衡量，在现实中，通常用水分生产率来表征。水分生产率通常指单位水资源量在一定的作物品种和耕作栽培条件下所获得的产量。水分生产率指标虽然形象直观，但获得比较困难，同时也丢掉了农业用水服务价值的评估，从整体上降低了灌溉用水利用效率。

二、提升降水利用率和利用效率

降水是指空气中的水汽冷凝并降落到地表的现象，中国气象局地面观测规范规定，降水是从空中降落到地面上的水汽凝结物，如雨、雪、霰雹和雨凇等。

降水是农业重要资源，它是地表水、地下水的来源。无论是水田还是旱地，降水的充分利用是非常必要的。旱地农业也称为旱作农业，是主要依靠天然降水维持农业生产的一种雨养农业，没有降水就没有农业，充分利用降水是旱地持续发展的唯一出路。水田尽管有灌溉水源做保证，但充分利用降水可以有效地减少灌溉水源的取用，对于水源紧缺地区更具有重要意义。

降水利用率就是降水利用量与降水总量的比值，它是衡量降水利用程度的重要指标。无论是旱地还是水田都将充分提升降水利用率作为一个重要方向，这是解决中国农业水安全的重要途径。

降水利用效率是指单位降水产生的价值和服务。只利用了降水，这是农业生产的第一目标，更重要的目标是让利用的降水产生更大的价值和服务，这对农业用水安全更重要。

三、提升非常规水资源利用率和利用效率

非常规水资源是指除传统意义上的地表水、地下水的(常规)水资源之外水源的总称，主要有降水、再生水(经过处理的污水)、海水、空中水、矿井水、苦咸水等。它们的充分利用可以减少常规水资源的利用，可以有效增加供水、减少排污、提高用水效率、实现水资源循环利用，在一定程度上有效缓解缺水地区水资源短缺、减轻常规水资源开发利用压力、改善水生态环境，是实现用水总量控制、落实最严格水资源管理制度、建设生态文明的重要途径之一，具有重要的战略意义。

非常规水资源利用率是指非常规水资源利用量和可利用量的比值。总体来看，中国非常规水资源利用率由于受法规政策、统一配置、关键设备、资金投入、监管等诸多限制，利用率还很低，大幅度提升非常规水资源利用率迫在眉睫。

非常规水资源利用效率是指单位非常规水资源产生的价值和服务，尽可能少用非常规水资源产生更大的价值和更好的服务是我们追求的目标。目前我们的任务是在提升非常规水资源利用率的同时，提升非常规水资源利用效率。

再生水和海淡水设施、设备生产率较低；从技术发展水平看，中国再生水和海淡水制水工艺与国外差距不大，甚至在某些方面还要优于国外，但水处理设备在精细化、成套化、自动化方面与国外有较大差距。

四、保障农业用水水质安全

农业用水不仅要保障数量安全，质量安全也非常重要。农业用水水质安全就是农业用水的质量能够满足农产品质量要求，至少达到生产无公害农产品质量要求。

提出农业用水水质安全具有重要的理论与现实意义。首先中国水资源短缺，农业用水被挤压成为不争事实，常规优质的水源难以满足农业用水需求，非常规水资源用于农业生产成为一种必然。其次，在实践层次上，污水灌溉并不是特例，有相当一部分地区农业水源来源于受一定污染的水，污水灌溉虽然暂时解决了农业部分用水问题，部分甚至增加了土壤肥力和农作物产量，由于其含有一定的污染物，在污染土壤的同时，也影响农产品的质量。

农业用水用途多样，不同的农业用水其质量要求有差异，其标准也有差异，如农田灌溉用水适用的《农田灌溉水质标准》(GB5084—2005)规定了农田灌溉水质要求、监测和分析方法。该标准控制项目共计 27 项，其中农田灌溉用水水质基本控制项目 16 项，选择性控制项目 11 项。适用于全国以地表水、地下水和处理后的养殖业废水及以农产品为原料加工的工业废水作为水源的农田灌溉用水，不适用医药、生物制品、化学试剂、农药、石油炼制、焦化和有机化工处理后的废水。

保障农业用水水质达到相应的标准，是维护食品安全的需要，也是农业用水战略重要组成部分。

第三节　中国农业用水战略实现路径

一、提升降水利用率和利用效率途径

无论是旱地还是水田，提升降水用水率和利用效率是今后的必经之路。笔者认为，提高降水利用率和利用效率，需要以下途径。

1. 战略上高度重视

从国家战略高度重视降水利用率和利用效率，将提升降水利用率和利用效

率途径作为一件大事来抓，落实到水资源高效利用工作中。做好顶层设计，做好新时代以提升降水利用率和利用效率为中心的规划，明确指导思想、战略定位、实现的目标和技术实现途径，提出可操作的保障措施，并且将规划在实践中贯彻实施。

2. 推广和研发适宜的技术

技术的适宜性对提升降水利用率和利用效率具有制约作用。那些在理论上能大幅提升降水利用率和利用效率的技术，如果在实践层次上不具备经济可行、操作简便、经济效率高、可持续性强等特性，是很难“落地生根”的。从目前提升降水利用率和利用效率技术来看，基本分为以下几种措施：加深耕层、培肥地力，即将耕层加深，结合有机肥施用，改善土壤结构，减少水的蒸散，提升降水的利用率和利用效率；耕耙蓄水，通过深耕蓄墒、耙耱保墒和中耕镇压提升降水利用率和利用效率，深耕就是在原耕层的基础上适当增加耕层深度，耙耱主要是减少水分损失，中耕能有效地切断土壤中的毛管水，减少土壤水分蒸发；提高作物秸秆覆盖率，通过覆盖减少农田水分蒸发，此效果比较明显；品种节水，耐寒品种一般根系发达，分蘖力强，成穗率高，叶片窄，能充分利用降水；实行化学调控，抑制农田蒸发，通过土壤改良剂来增加土壤不稳性团粒结构，增加孔隙度，提高土壤保水能力，如中国农科院气象所和河南省科学院研制的黄腐酸等；地表水地下水联合调度，在雨季到来之前，腾出地下库容，充分储蓄降水到地下，尽可能将降水留下，避免流失，中国山东省淄博市桓台县在此方面有丰富的调控经验。这些技术还需要因地制宜地选用，同时需要研发新的技术，达到上述适宜技术标准。

二、提升非常规水资源利用途径

农业提升非常规水资源利用，需要做好以下几项工作。首先是做好顶层设计，对非常规水资源利用进行顶层设计，提升对非常规水资源的利用意识，将其放在水资源统一配置中加以考虑，做好非常规水资源利用规划，对非常规水资源利用规划编制、统一水资源配置、管网及设施建设等做出顶层设计。其次，建立好非常规水资源利用长效机制，充分发挥市场的调节作用，发挥政府调控作用，市场和政府相互协调相互促进，政府找好自己的定位，把对非常规水资源利用工程的财政投资转变为对利用量和利用效果的财政补贴，实行以利用量和水生态改善的最终效果为依据的支付方式，建立以节水设备设施长期运营、维护、服务为盈利模式的长效机制等。最后，建立非常规水资源价格体系，对非常规水资源利用价格进行调控，用经济杠杆促进非常规水资源利用。

三、大力推进农业水价综合改革

农业是用水大户，有一定的节水潜力可挖。长期以来，中国农田水利基础设施薄弱，运行维护经费不足，农业用水管理不到位，农业水价形成机制不健全，价格水平总体偏低，不能有效反映水资源稀缺程度和生态环境成本，价格杠杆对促进节水的作用未得到有效发挥，不仅造成农业用水方式粗放，而且难以保障农田水利工程良性运行。为建立健全农业水价形成机制，促进农业节水和农业可持续发展，推进农业水价综合改革，改革的目的就是提升农业用水利益效率。国务院办公厅《关于推进农业水价综合改革的意见》，其目标是：用 10 年左右时间，建立健全合理反映供水成本、有利于节水和农田水利体制机制创新、与投融资体制相适应的农业水价形成机制；农业用水价格总体达到运行维护成本水平，农业用水总量控制和定额管理普遍实行，可持续的精准补贴和节水奖励机制基本建立，先进适用的农业节水技术措施普遍应用，农业种植结构实现优化调整，促进农业用水方式由粗放式向集约化转变。农田水利工程设施完善的地区要加快推进改革，通过 3～5 年努力率先实现改革目标。具体措施包括：完善供水计量设施，建立农业水权制度，提高农业供水效率和效益，加强农业用水需求管理，探索创新终端用水管理方式，分级制定农业水价，探索实行分类水价，逐步推行分档水价，建立农业用水精准补贴机制，建立节水奖励机制，多渠道筹集精准补贴和节水奖励资金等。

试点表明，农业水价综合改革所采取的措施是综合的，效果是明显的。但在推广过程中还存在认识、资金等方面的问题，努力解决这方面的问题，因地制宜地大力推进农业水价综合改革是提升农业用水利益率和利用效率的大方向。

四、强化水资源最严格管理

2012 年 12 月 15 日，国务院发布了《关于实行最严格水资源管理制度的意见》，提出了最严格水资源管理的主要目标：确立水资源开发利用控制红线，到 2030 年全国用水总量控制在 7000 亿 m^3 以内；确立用水效率控制红线，到 2030

年用水效率达到或接近世界先进水平,万元工业增加值用水量(以2000年不变价计,下同)降低到40m^3以下,农田灌溉水有效利用系数提高到0.6以上;确立水功能区限制纳污红线,到2030年主要污染物入河湖总量控制在水功能区纳污能力范围之内,水功能区水质达标率提高到95%以上。为实现上述目标,到2020年,全国用水总量力争控制在6700亿m^3以内;万元工业增加值用水量降低到65m^3以下,农田灌溉水有效利用系数提高到0.55以上;重要江河湖泊水功能区水质达标率提高到80%以上,城镇供水水源地水质全面达标。

2016年12月中共中央办公厅、国务院办公厅印发了《关于全面推行河长制的意见》,提出的指导思想是:紧紧围绕统筹推进"五位一体"总体布局和协调推进"四个全面"战略布局,牢固树立新发展理念,认真落实党中央、国务院决策部署,坚持节水优先、空间均衡、系统治理、两手发力,以保护水资源、防治水污染、改善水环境、修复水生态为主要任务,在全国江河湖泊全面推行河长制,构建责任明确、协调有序、监管严格、保护有力的河湖管理保护机制,为维护河湖健康生命、实现河湖功能永续利用提供制度保障。

将这两个意见落到实处,强化水资源管理,对于中国农业用水安全的保障具有重要的支撑意义。

参考文献

[1]艾尔肯·买买提依明.农田水利节水灌溉存在的问题及解决措施分析[J].黑龙江水利科技,2016,44(8):136-138.

[2]鲍越鼎,刘晃,唐琳,等.水产养殖用水估价模型研究[J].渔业现代化,2008.(5):59-62+70.

[3]蔡燕,王会肖,王红瑞,等.黄河流域水足迹研究[J].北京师范大学学报(自然科学版),2009,45(Z1):616-620.

[4]曹建廷,李原园,张文胜,等.农畜产品虚拟水研究的背景、方法及意义[J].水科学进展,2004,15(6):829-834.

[5]钞锦龙,张化,李颖,等.渤海湾滨海盐渍土地区农业灌溉用水可能途径探究[J].灌溉排水学报,2014,33(3):141-144.

[6]陈浩.中国稻作生态系统多功能价值评估[D].长沙:湖南农业大学,2013.

[7]陈洁,许长新.洪水资源化利用的经济学分析[J].生态经济,2005.(10):74-75+82.

[8]陈丽莎,陈志良,肖举强.不同农业用地对土壤中氮影响的研究进展[J].环境污染与防治,2010,32(12):85-87+93.

[9]陈丽新,孙才志.中国农产品虚拟水流动格局的形成机理与维持机制研究[J].中国软科学,2010(11):44-53.

[10]程国栋.虚拟水:中国水资源安全战略的新思路[J].中国科学院院刊,2003,18(4):260-265.

[11]陈绍金.水安全概念辨析[J].中国水利.2004(17):13-15.

[12]曹红霞,粟晓玲,康绍忠,等.关中地区气候变化对主要作物需水量影响的研究[J].灌溉排水学报.2008(4):6-9.

[13]程炳岩，钱晓燕．近50年河南干旱过程频率时空分布特征[J]．河南气象，1999(1)：24.

[14]仇俊德．对建设集雨灌溉工程的认识和思考[J]．中国水利，2009(16)：64-65.

[15]崔键，马友华，赵艳萍，等．农业面源污染的特性及防治对策[J]．中国农学通报，2006(1)：335-340.

[16]崔亚楠．虚拟水理论与北京地区用水结构分析[J]．北京水务，2005(4)：33-35.

[17]成建国，杨小柳，魏传江，等．论水安全[J]．中国水利．2004(1)：21-23

[18]曹红霞，康绍忠，何华．蒸发和灌水频率对土壤水分分布影响的研究[J]．农业工程学报，2003，19(6)：1-4.

[19]成建国．水资源规划与水政水务管理实务全书(下)[M]．北京：中国环境科学出版社，2001.

[20]丁一汇，任国玉，赵宗慈，等．中国气候变化的检测及预估[J]．沙漠与绿洲气象，2007，1(1)：1-10.

[21]段春青，刘昌明，陈晓楠，等．区域水资源承载力概念及研究方法的探讨[J]．地理学报．2010，65（1）：82-90.

[22]范菲菲，范成五，秦松．贵州农业土壤氮素流失对环境的影响及防治对策[J]．环境污染与防治，2012，34(7)：106-110.

[23]范群芳．农业用水和生活用水效率研究与探讨[C]//．中国工程院土木、水利和建筑工程学部、中国水利学会．2007重大水利水电科技前沿院士论坛暨首届中国水利博士论坛论文集[C]．中国工程院土木、水利和建筑工程学部、中国水利学会：，2007.

[24]冯保清．我国不同尺度灌溉用水效率评价与管理研究[D]．北京：中国水利水电科学研究院，2013.

[25]范英英，刘永，郭怀成．北京市水资源供需平衡趋势预测及分析[J]．安全与环境通报．2006(1)：116-120.

[26]高晓容，王春乙，张继权，等．近50年东北玉米生育阶段需水量及旱涝时空变化[J]．农业工程学报，2012(12)：101-109.

[27]高雪梅．中国农业节水灌溉现状、发展趋势及存在问题[J]．天津农业科学，

2012,18(1):54-56.

[28]韩雪.我国主要农产品虚拟水流动格局形成机理与维持机制[D].大连:辽宁师范大学,2013.

[29]郝福华.汾河水库流域水土保持治理减沙与径流变化分析[J].水利水电技术,2009,40(5):61-63.

[30]胡伟.农田与水域生态系统服务功能的经济价值变化研究[J].安徽农业科学,2009,37(2):780-782.

[31]黄冠华.再生水农业灌溉安全的有关问题研究[J].中国农业科技导报,2007(1):26-35.

[32]黄晓荣,裴源生,梁川.宁夏虚拟水贸易计算的投入产出方法[J].水科学进展,2005,16(4):564-568.

[33]黄占斌,程积民,赵世伟,等.半干旱地区集雨利用模式及其评价[J].农业工程学报,2004,20(2):301-304.

[34]黄占斌,山仑,张岁岐,等.雨水利用与水土保持和农业持续发展[J].水土保持通报,1997(1):54-56.

[35]黄晚华,杨晓光,李茂松,等.基于标准化降水指数的中国南方季节性干旱近58年演变特征[J].农业工程学报,2010,26(7):50-59.

[36]黄家龙.贵州省干旱灾害时空分布及其变化趋势的初步分析[J].贵州气象,1996,20(6):14-18.

[37]韩宇平,阮本清.区域水安全评价指标体系初步研究[J].环境科学学报,2003(2):267-272

[38]黄占斌,程积民,赵世伟,等.半干旱地区集雨利用模式及其评价[J].农业工程学报,2004,20(2):301-304.

[39]金菊良,魏一鸣,付强,等.计算层次分析法中排序权值的加速遗传算法[J].系统工程理论与实践,2002,22(11):39-43.

[40]贾立忠,王颖慧,王建中.我国农业水资源利用与节水农业发展对策研究[J].东方企业文化,2010(4):199.

[41]贾绍凤,姜文来,沈大军.水资源经济学[M].北京:中国水利水电出版社,2006.

[42]江敏.培育和谐创业社会文化的几点思考[J].党史文苑,2006(10):63-64.

[43]姜东晖,胡继连.对水资源“农转非”现象的经济学分析[J].中国农业资源与区划,2008(3):21-26.

[44]姜文来.21世纪中国水资源安全战略研究[J].中国水利,2000(8).

[45]姜文来.水资源价值论[M].北京:科学出版社,1998.

[46]姜文来,唐曲,雷波.水资源管理学导论[M].北京:化学工业出版社,2005.

[47]姜文来.图说中国水情[M].北京:中国水利水电出版社,2013.

[48]姜文来,王建.利水型社会[M].北京:中国水利水电出版社,2012.

[49]姜文来,杨瑞珍.资源资产论[M].北京:科学出版社,2000.

[50]姜文来,袁军.湿地[M].北京:气象出版社,2004.

[51]姜文来.“藏粮于水”是确保国家粮食安全的关键[J].中国农业信息,2012(14).

[52]姜文来.建立农业用水红线制度,确保国家粮食安全[OL].人民网.http://theory.people.com.cn/GB/40537/17462281.html.

[53]姜文来.水资源探秘[M].北京:中国水利水电出版社,2009.

[54]姜文来.水知识读本(高中版)[M].北京:科学普及出版社,2008.

[55]姜文来.水知识读本(教师版)[M].北京:科学普及出版社,2008.

[56]姜文来.绿色水利:水资源与环境新论[M].北京:中国水利水电出版社,2009.

[57]姜文来.水利绿色发展[M].北京:中国水利水电出版社,2017.

[58]姜文来.中国水利与环境评论[M].北京:中国水利水电出版社,2016.

[59]蒋冲,王飞,穆兴民,等.近52年渭河流域气候变化及极端干湿事件演变特征分析[J].灌溉排水学报.2012,31(4):32-36.

[60]金菊良,张礼兵,魏一鸣.基于遗传算法的理想区间法在洪水灾情评价中的应用[J].地理科学.2004(5):586-590.

[61]柯兵,柳文华,段光明,等.虚拟水在解决农业生产和粮食安全问题中的作用研究[J].环境科学,2004,25(2):32-36.

[62]孔祥才.畜禽养殖污染的经济分析及防控政策研究[D].长春吉林农业大学,2017.

[63]李浩鑫,邵东国,尹希,等.基于主成分分析和Copula函数的灌溉用水效率评价方法[J].农业工程学报,2015,31(11):96-102.

[64]李娟.汾河水库水质调查与对策思考[J].图书情报导刊,2010,20(7):177-178.

[65]李娜.关于农业灌溉用水计量方法的探讨[J].水科学与工程技术,2014(6):69-71.

[66]李军.超采地下水:地面沉降罪魁祸首?[N].中国环境报,2016-07-14(008).

[67]梁吉义.解决黄河断流的生态系统论[J].系统辩证学学报,2001(1):52-57.

[68]林源,马骥,秦富.中国畜禽粪便资源结构分布及发展展望[J].中国农学通报,2012,28(32):1-5.

[69]林之光,彭开秀,焦仪珍.我国降水时数时空分布[J].地理学报,1983(4):382-396.

[70]刘宝勤,封志明,姚治君.虚拟水研究的理论、方法及其主要进展[J].资源科学,2006,28(1):120-127.

[71]刘翠善.地表水资源开发利用程度、限度和潜力分析[D].南京:南京水利科学研究院,2007.

[72]刘静静.江汉平原湖泊面源污染效应及调控机制研究[D].荆州:长江大学,2012.

[73]刘侃,栾胜基.主动保育:农业环境保护的生态文明出路[J].生态经济,2010(12):148-150+184.

[74]刘梅,许新宜,王红瑞,等.基于虚拟水理论的河北省水足迹时空差异分析[J].自然资源学报,2012,27(6):1022-1034.

[75]刘义生,汪德尚,姚自鸣.浅析当前农业污染现状与解决途径[J].安徽农学通报,2014,20(15):17-19.

[76]刘云蕾.山东省农业发展的水资源支持能力研究[D].泰安:山东农业大学,2014.

[77]刘征,胡山鹰,陈定江,等.中国磷资源产业中磷元素循环的投入产出分析[J].清华大学学报(自然科学版),2006,46(6):847-850.

[78]柳文华,赵景柱,邓红兵,等.水一粮食贸易:虚拟水研究进展[J].中国人口、资源与环境,2005,15(3):1232-1235.

[79]龙爱华,徐中民,张志强,等.甘肃省2000年水资源足迹的初步估算[J].资

源科学,2005,27(3):123-129.

[80]龙爱华,徐中民,张志强.虚拟水理论方法与西北4省(区)虚拟水实证研究[J].地球科学进展,2004,19(4):577-584.

[81]罗其友.中国农业功能区划研究[M].北京:中国农业出版社,2010.

[82]吕凯,王树恩,L V KAI,等.中国农业产业绿色化前景的一个重要而现实的问题:从中国农业用水质量标准的角度谈起[J].中国农机化学报,2008(6):76-78.

[83]刘晓英,林而达.气候变化对华北地区主要作物需水量的影响[J].水利学报.2004(2):77-82.

[84]陆慧.发展中国家的粮食安全评价指标体系建立[J].对外经贸实务.2008(3):35-38.

[85]李茂松,李森.中国近50年旱灾灾情分析[J].中国农业气象,2003,24(1):7-10.

[86]李剑锋,张强,白云岗,等.新疆地区最大连续降水事件时空变化特征[J].地理学报.2012,67(3):312-320.

[87]柳长顺,陈献,刘昌明,等.虚拟水交易:解决中国水资源短缺与粮食安全的一种选择[J].资源科学.2005(2):10-15

[88]刘伟.天津市农业水资源可持续利用研究[D].天津:天津大学,2008.

[89]刘占宝,魏晓妹,张艳妮,等.基于系统动力学的北方大型灌区生态环境需水量研究[J].干旱地区农业研究.2010,28(1):21-26.

[90]刘布春,梅旭荣,李玉中,等.农业水资源安全的定义及其内涵和外延[J].中国农业科学,2006,39(5):947-951.

[91]栾胜基,洪阳.中国二十一世纪的水安全问题[J].中国环境管理,1998(4):4-7.

[92]宁金花,申双和.气候变化对中国水资源的影响[J].安徽农业科学,2008,36(4):1580-1583.

[93]马静,汪党献,HOEKSTRA A Y.虚拟水贸易在中国粮食安全问题中的应用[J].水科学进展,2006,17(1):102-107.

[94]马超,许长新,田贵良.农产品贸易中虚拟水流的驱动因素研究[J].中国人口·资源与环境,2012,22(1):155-160.

[95]马超,许长新,田贵良.中国农产品国际贸易中的虚拟水流动分析[J].资源科学,2011,33(4):729-735.

[96]马静,汪党献,HOEKSTRA A. Y.虚拟水贸易与跨流域调水[J].中国水利,2004(13):37-39.

[97]马静,汪党献,来海亮,等.中国区域水足迹的估算[J].资源科学,2005,27(5):96-100.

[98]满苏尔·沙比提,胡江玲.塔里木河流域水量变化对生态环境影响分析[J].干旱区资源与环境,2007(10):83-87.

[99]马柱国,黄刚,甘文强,等.近代中国北方干湿变化趋势的多时段特征[J].大气科学,2005,29(5):671-681.

[100]孟凡杰.秦皇岛市海岸带地下水资源的合理开采利用[J].海洋地质动态,2004(12):22-25+38.

[101]潘彬,韩美,倪娟.黄河下游近50年径流量变化特征及影响因素[J].水土保持研究,2017,24(1):122-127.

[102]乔丽,宫辉力,赵文吉,等.再生水农业灌溉的研究[J].北京水利,2005,(4):13-15+60.

[103]乔瑞琪.我国海洋渔业生态安全评价体系实证研究[D].湛江:广东海洋大学,2015.

[104]秦丽杰,邱红,陶国芳.粮食贸易与水资源安全[J].世界地理研究,2006,15(1):44-49.

[105]任国玉,郭军,徐铭志,等.近50年中国地面气候变化基本特征[J].气象学报,2005(6):942-956.

[106]日宇,李乐雷.节水灌溉新技术应用现状与进展研究[J].中国农业信息,2017(18):77-78.

[107]沈百鑫.比较法视野下的水法立法目的——我国水法与欧盟《水框架指令》及德国《水平衡管理法》[J].水利发展研究,2014,14(3):27-35+39.

[108]沈善敏,殷秀岩,宇万太,等.农业生态系统养分循环再利用作物产量增益的地理分异[J].应用生态学报,1998,9(4):379-385.

[109]石建省,郭娇,孙彦敏,等.京津冀德平原区深层水开采与地面沉降关系空间分析[J].地质论评,2006(6):804-809.

[110]石梓涵.农业污染现状与影响分析[J].现代农业科技,2011(11):262-263.

[111]宋颖.汾河水库及其上游水质状况及治理保护对策研究[J].山西水利科技,2007(1):25-27.

[112]孙才志,陈丽新.中国虚拟水及虚拟水战略研究[J].水利经济,2010,28(2):1-4.

[113]孙才志,刘玉玉,陈丽新,等.中国粮食贸易中的虚拟水流动格局与成因分析:兼论“虚拟水战略”在中国的适用性[J].中国软科学,2010(7):36-44.

[114]孙平,田永中,王冰,等.水田生态系统空间格局演变规律与服务价值评估[J].中国水土保持,2010(12):43-45.

[115]孙天合,赵凯.农业灌溉用水效率评价国内外研究综述[J].节水灌溉,2012(6):67-71.

[116]史培军,王静爱,谢云,等.最近15年来中国气候变化、农业自然灾害与粮食生产的初步研究[J].自然资源学报.1997,12(3):2-8.

[117]王红瑞,董艳艳,王军红,等.北京市农作物虚拟水含量分布[J].环境科学,2007,28(11):2432-2437.

[118]王红瑞,董艳艳,王军红,等.关于虚拟水与虚拟水贸易的讨论[J].北京师范大学学报(自然科学版),2006,42(6):633-638.

[119]王红瑞,刘昌明,毛广全,等.水资源短缺对北京农业的不利影响分析与对策[J].自然资源学报,2004,19(2):160-169.

[120]王红瑞,王军红.中国畜产品的虚拟水含量[J].环境科学,2006,27(4):609-615.

[121]王红瑞,王岩,王军红,等.北京农业虚拟水结构变化及贸易研究[J].环境科学,2007,28(12):215-222.

[122]王辉.我国微咸水灌溉研究进展[J].节水灌溉,2016(6):59-63.

[123]王会肖,蔡燕,王海龙,等.再生水农业利用现状及其研究进展[J].南水北调与水利科技,2009,7(4):98-100+108.

[124]王金霞,黄季焜.机电井地下水灌溉系统分析及其技术效率:河北省机电井地下水灌溉系统的实证研究[J].水科学进展,2002(2):259-264.

[125]王树谦,梁灵君.浅析ET与农作物产品虚拟水之间的关系[J].水科学与工程技术,2005(6):26-29.

[126]王西琴,李力.西辽河断流问题及解决对策[J].干旱区资源与环境,2007(6):79-83.

[127]王喜,谭军利.中国微咸水灌溉的实践与启示[J].节水灌溉,2016(7):56-59.

[128]王晓宇.汾河水库及其上游饮用水功能区农业面源污染及治理保护[J].中国水土保持,2010(6):55-57.

[129]王旭,孙兆军,杨军,等.几种节水灌溉新技术应用现状与研究进展[J].节水灌溉,2016(10):109-112+116.

[130]王岩,王红瑞.北京市的水资源与产业结构优化[M].北京:中国环境科学出版社,2007.

[131]王永增.农业节水灌溉与盐碱地治理的关系[C]//.中国水利学会、新疆水利厅、新疆水利学会.人水和谐及新疆水资源可持续利用——中国科协2005学术年会论文集.2005:4.

[132]王玉宝,吴普特,赵西宁,等.我国农业用水结构演变态势分析[J].中国生态农业学报,2010,18(2):399-404.

[133]王喆,王红瑞,来海亮,等.北京市虚拟水战略环境影响评价[J].水利经济,2010,28(2):5-11.

[134]王志春,吴承东,王春云,等.农业节约安全用水技术研究[J].大麦与谷类科学,2014(2):44-45.

[135]王小军,张建云,王国庆,等.气候变化与农业用水安全[J].中国农村水利水电.2012(2):23-25.

[136]王文举,崔鹏,刘敏,等.近50年湖北省多时间尺度干旱演变特征[J].中国农学通报.2012,28(29):279-284.

[137]王建生.水资源可利用量、开发利用潜力与承载能力[C]// 水资源及水环境承载能力学术研讨会.2002.

[138]王小军,张建云,王国庆,等.气候变化与农业用水安全[J].中国农村水利水电,2012(2):23-25.

[139]王晓宇.汾河水库及其上游饮用水功能区农业面源污染及治理保护[J].中国水土保持,2010(6):55-57.

[140]王新华,张志强,龙爱华,等.虚拟水研究综述[J].中国农村水利水电,

2005(1):27-30.

[141]温荣平.河北省地下水超采及造成的危害和治理[J].水利科技与经济,2015,21(12):10-12.

[142]项学敏,周笑白,周集体.工业产品虚拟水含量计算方法研究[J].大连理工大学学报,2006,46(2):179-184.

[143]谢涛,康彩霞,唐文魁,等.中国农业非点源污染现状及控制措施[J].广西师范学院学报(自然科学版),2010,27(4):69-73.

[144]徐凤琴.有效降水量浅析[J].气象水文海洋仪器,2009(01):96-100.

[145]徐进,罗尖,耿清蔚.加强太湖流域农业用水计量的思考[J].中国水利,2016(1):39-41.

[146]徐伟朴,陈同斌,刘俊良,等.规模化畜禽养殖对环境的污染及防治策略[J].环境科学,2004,25(s1):105-108.

[147]徐中民,龙爱华,张志强.虚拟水的理论方法及在甘肃省的应用[J].地理学报,2003,58(6):861-869.

[148]许永德,张彦明.松原灌区盐碱地改良灌溉洗盐定额试验研究[J].吉林水利,2013(6):1-3.

[149]熊黑钢,付金花,王凯龙.基于熵权法的新疆奇台绿洲水资源承载力评价研究[J].中国生态农业学报.2012,20(10):1382-1387.

[150]严晓玲,刘茂祥,陈维哲,等.三江平原的虚拟水战略与经济的分析[J].现代化农业,2006(2):8-10.

[151]杨晨."污水"灌溉在农业生产中的SWOT分析[J].北京农业,2014(12).

[152]杨培岭.土壤与水资源学基础[M].北京:中国水利水电出版社,2005.

[153]杨雪梅.江苏省农田生态系统服务功能价值评估[D].南京:南京农业大学,2011.

[154]姚慧娥,徐科雷.新《水法》的进步与不足[J].华东政法学院学报,2003(3):44-48.

[155]姚蓝.动植物虚拟水分析及虚拟水贸易[D].哈尔滨:哈尔滨理工大学,2006.

[156]姚素梅,吴大付.非常规水资源农业利用的若干问题研究[J].水资源与水工程学报,2008,19(4):24-27.

[157]叶正伟.我国农业水资源安全与农村水利调整战略探讨[J].农村经济,2003(10):3-5.

[158]姚玉璧,肖国举,王润元,等.近50年来西北半干旱区气候变化特征[J].干旱区地理.2009,32(2):159-165.

[159]叶正伟.我国农业水资源安全与农村水利调整战略探讨[J].农村经济,2003(10):3-5.

[160]张钡.我国再生水农业利用的前景展望[J].河北农业大学学报(农林教育版),2003(4):54-56.

[161]张伯宇.近50年台湾东部台风强降雨事件的强度与频率变化特征[J].地理科学进展,2012,31(1):46-55.

[162]张建国,赵兴安.水土保持措施对汾河水库泥沙淤积的影响[J].黄河水利职业技术学院学报,2010,22(4):4-6.

[163]张蕾.中国虚拟水和水足迹区域差异研究[D].大连:辽宁师范大学,2009.

[164]张丽娟,王金霞,黄季焜,等.地下水市场的发育及影响因素:北方地区的实证研究[J].华南农业大学学报(社会科学版),2005(3):1-6.

[165]张宁馨.农业污染现状与影响浅析[J].农技服务,2015,32(12):228.

[166]张艳红,苗慧英,高巍,等.虚拟水理论指导下的农业用水安全建议[J].南水北调与水利科技,2010,8(4):122-125.

[167]张燕.水产养殖环境的污染及其控制对策[J].农业与技术,2017,37(2):149.

[168]张志杰,杨树青,史海滨,等.内蒙古河套灌区灌溉入渗对地下水的补给规律及补给系数[J].农业工程学报,2011,27(3):61-66.

[169]张志忠,武强,魏学勇.西北干旱区水资源开发与生态环境问题[J].地质灾害与环境保护,2001,(03):12-14+28.

[170]中华人民共和国水利部编.中国水利统计年鉴[M].北京:中国水利水电出版社,2013.

[171]钟华平,耿雷华.虚拟水与水安全[J].中国水利,2004(5):22-23+5.

[172]周孚明.黄土高原小流域水土资源高效开发利用途径[J].甘肃水利水电技术,2005(1):96-97+99.

[173]周克.计量水价与灌溉节水量的关系研究[J].安徽农业科学,2008(26):

11579-11595.

[174]朱泽.国际农产品贸易自由化与我国农业政策的应对[J].战略与管理，1998(1):24-26.

[175]张养才,何维勋，李世奎.中国农业气象灾害概论[M].北京：气象出版社.1991.

[176]翟禄新,冯起.基于SPI的西北地区气候干湿变化[J].自然资源学报，2011,26(5):847-857.

[177]张强.华北地区干旱指数的确定及其应用[J].灾害学，1998,13(4):34-38.

[178]张建云，王国庆.气候变化对水文水资源影响研究[M].北京：科学出版社，2007.

[179]张鑫，王纪科，周建召.关中平原区地下水资源承载力现状及提高承载力的途径[J].地下水，2001，23 (2):36，75.

[180]周维博.河西走廊灌溉农业发展的水资源承载能力分析[J].自然资源学报.2002，17 (5) :564-570.

[181]张巧显，欧阳志云，王如松，等.中国水安全系统模拟及对策比较研究[J].水科学进展，2002，13 (5) :569-577.

[182]张建国,赵兴安.水土保持措施对汾河水库泥沙淤积的影响[J].黄河水利职业技术学院学报,2010,22(4):4-6.

[183]周安康,严宝文,魏晓妹.宝鸡峡灌区农业水资源安全评价研究[J].西北农林科技大学学报(自然科学版),2011,39(3):203-210.

[184]A. K. CHAPAGAIN, A. Y. HOEKSTRA. The water needed to have the Dutch drink tea[J]. Value of Water Research Report Series No. 15,2003,8.

[185]ABU-SHARAR T M, AL-KARABLIEH E K, HADDADIN M J. Role of virtual water in optimizing water resources management in Jordan[J]. Water resources management,2012,26(14):3977-3993.

[186]ALLAN J A, OLMSTED J C. Politics, economics and (virtual) water: a discursive analysis of water policies in the Middle East and North Africa

[M]//Food, Agriculture, and Economic Policy in the Middle East and North Africa. Emerald Group Publishing Limited, 2003: 53-78.

[187] ALLAN J A. 'Virtual water': a long term solution for water short Middle Eastern economies? [M]. London: School of Oriental and African Studies, University of London, 1997.

[188] ALLAN J A. Virtual water-problemshed solutions for water scarce watersheds: consequences of economic and political invisibility[C]//th Stockholm Water Symposium, August. 2003: 11-14.

[189] ALLAN J A. Virtual water-the water, food, and trade nexus. Useful concept or misleading metaphor? [J]. Water international, 2003, 28(1): 106-113.

[190] ABU-SHARAR T M, AL-KARABLIEH E K, HADDADIN M J. Role of virtual water in optimizing water resources management in Jordan[J]. Water resources management, 2012, 26(14): 3977-3993.

[191] ANTHONY TURTON, HEAD. Getting Back to Basics: The Hydrological Cycle Revisited From AVirtual WaterPerspective[EBOL]. http://www. siwi. org waterweek2003 Workshop%207%20Oral(28). htm, 2005-09-05.

[192] ANGUS DE, WATTS PJ. 1984. Evapotranspiration: How good isthe Bowen ratio method[J]. Agricultural Water Management, 8: 133-150.

[193] BATES B C, KUNDZEWICZ Z, WU S, et al. Climate Change and Water: Technical Paper of the Intergovernmental Panel on Climate Change[M]. Intergovernmental Panel on Climate Change, 2008.

[194] BETTS R A, COX P M, LEE S E, et al. Contrasting physiological and structural vegetation feedbacks in climate change simulations [J]. Nature, 1997, 387(6635): 796-799.

[195] CHAPAGAIN A K, HOEKSTRA A Y, SAVENIJE H H G, et al. The water footprint of cotton consumption: An assessment of the impact of worldwide consumption of cotton products on the water resources in the cotton producing countries [J]. Ecological economics, 2006, 60 (1):

186-203.

[196]CHAPAGAIN A K,HOEKSTRA A Y. The water needed to have the Dutch drink tea[M]. Unesco-IHE,2003.

[197]DENNIS WICHELNS. The policy relevance of virtual water can be enhanced by considering comparative advantages[J]. Agricultural Water Management,2004,66(1):49-63.

[198]DOUGLAS E M,VOGEL R M,KROLL C N. Trends in floods and low flows in the United States:impact of spatial correlation[J]. Journal of Hydrology,2000,240(1):90-105.

[199]DöLL P. Impact of climate change and variability on irrigation requirements: a global perspective[J]. Climatic Change, 2002,54(3): 269-293.

[200]EL FADEL M,MAROUN,R. The concept of 'virtual water' and its applicability in Lebanon[J]. 2003.

[201]EL SADEK A. Virtual water trade as a solution for water scarcity in Egypt[J]. Water Resources Management,2010,24(11):2437-2448.

[202]EL-SERAFY S. The agricultural sector in the context of Egypt's structural adjustment program[J]. Sustainable Agriculture in Egypt. Lynne Rienner Publishers,London,1993.

[203]EL-SADEK A. Virtual water trade as a solution for water scarcity in Egypt[J]. Water Resources Management, 2010, 24(11): 2437-2448.

[204]FREDERICK K D, MAJOR D C, STAKHIV E Z. Water Resources Planning Principles and Evaluation Criteria for Climate Change: Summary and Conclusions[J]. Climatic Change, 1997,37(1):291-313.

[205]FAN Y Y,LIU Y,GUO H C,et al. The effects of Water Resources Policies on Water Resources Carrying Capacity in Beijing City[J]. Resources Science,2005,27(5):113-119.

[206]GREENAWAY D,HASSAN R,REED G V. An empirical analysis of comparative advantage in Egyptian agriculture[J]. Applied Economics, 1994,26(6):649-657.

[207] GUAN D, HUBACEK K. Assessment of regional trade and virtual water flows in China[J]. Ecological economics, 2007, 61(1): 159-170.

[208] GEDNEY N, COX P M, BETTS R A, et al. Detection of a direct carbon dioxide effect in continental river runoff records[J]. Nature, 2006, 439(7078): 835-838.

[209] HOEKSTRA A Y, CHAPAGAIN A K. Water footprints of nations. Value of Water Research Report, Series No. 16[J]. 2004.

[210] HAMED K H, RAMACHANDRA RAO A. A modified Mann-Kendall trend test for autocorrelated data[J]. Journal of Hydrology, 1998, 204(1): 182-196.

[211] HAMED K H. Trend detection in hydrologic data: The Mann - Kendall trend test under the scaling hypothesis[J]. Journal of Hydrology, 2008, 349(3): 350-363.

[212] HOEKSTRA A Y, CHAPAGAIN A K. Water footprints of nations: water use by people as a function of their consumption pattern[M]// Integrated assessment of water resources and global change. Springer Netherlands, 2006: 35-48.

[213] HOEKSTRA A Y, HUNG P Q. A Quantification of Virtual Water Flows Between Nations in Relation to International Crop Trade[J]. Value of Water Research Report Series 11, 2002.

[214] HOEKSTRA A Y, HUNG P Q. Globalisation of water resources: international virtual water flows in relation to crop trade[J]. Global environmental change, 2005, 15(1): 45-56.

[215] HOEKSTRA A Y. Virtual water: An introduction[C]//Virtual water trade: Proceedings of the international expert meeting on virtual water trade. Value of water research report series (11). 2003: 13-23.

[216] HOEKSTRA, A. Y. Virtual Water Trade: Proceedings of the International Expert Meeting on Virtual Water Trade. 2003.

[217] HONGRUI W, XINGHAN L, YANYAN D, et al. Analysis of China's water security and virtual water trade[J]. Chinese Journal of Population

Resources and Environment,2006,4(4):18-23.

[218] HERRINGTON P. Climate change and the demand for water[M]. London: HMSO, 1996.

[219] HARRIS J M. Carrying capacity in agriculture:Globe and regional issue [J]. Ecological Economics,1999, 129(3):443-461.

[220] IPCC. Climate change 2007: The AR4 Synthesis Report [R]. Geneva: Intergovernmental Panel On Climate Change,2007.

[221] IPCC. Climate change 2007: Working Group I Report " The Physical Science Basis" [R]. 2007.

[222] J. A. ALLAN. Virtual Water—the Water, Food, and Trade Nexus. Useful Concept or Misleading Metaphor? [J]. Water International, 2003,28(1): 106-113. [223] JAYAKRISHNAN R, SRINIVASAN R, ARNOLD,JG,et al. Hydrologic modeling of sondu riverbasin in Kenya using SWAT[J]. American Society of Agricultural Engineers, St Jose Ph,USA:2000,(3): 7010-7018.

[224] KARL T R,KNIGHT R W,EASTERLING D R,et al. Indices of climate change for the United States[J]. Bulletin of the American Meteorological Society,1996,77(2):279-292.

[225] KUMAR M D, SINGH O P. Virtual water in global food and water policy making: is there a need for rethinking? [J]. Water Resources Management,2005,19(6):759-789.

[226] KUMAR M D, SINGH O P. Virtual water in global food and water policy making: is there a need for rethinking? [J]. Water Resources Management, 2005, 19(6): 759-789.

[227] KERGOAT L, LAFONT S, DOUVILLE H, et al. Impact of doubled CO2 on global-scale leaf area index and evapotranspiration: conflicting stomatal conductance and LAI responses[J]. Journal of Geophysical Research, 2002,107(24):4808.

[228] LMA C L. Commentary:"Vitual water and occma' Razor by Stephen Merreu and" virual water-the water, food and trade Nexus: useful

concept or misleading metaphor by pony al.an[J]. Water International, 28(1):11-13.

[229]MERRETT S. Virtual water and the Kyoto consensus: A water forum contribution[J]. Water International, 2003, 28(4):540-542.

[230]MCCABE JR G J, WOLOCK D M. Sensitivity of Irrigation Demand in a Humid-temperate reagion to Hypothetical Climatic Change[J]. Journal of the American Water Resources Association, 1992, 28(3):535-543.

[231]MOLDEN , SAKTHIVADIVFL A . Water according to assess use and productivity of water[J]. Water Resources Development, 1999, 15(1/2): 55-71 .

[232] O P SINGH, AMRITA SHARMA, RAHUL SINGH, TUSHAAR SHAH. Virtual Water Trade in Dairy Economy Irrigation Water Productivity in Gujarat. Economic and Political Weekly, 2004, 7: 3492-3497.

[233] PETRA D, STEFAN S. 2002. Global modeling of irrigation water requirements. Water Resources Research, 38: 1-8. Raoudha Mougou, Mohsen Mansour, Ana Iglesias. Climate change and agricultural vulnerability: a case study of rain-fed wheat in Kairouan, Central Tunisia. Reg Environ Change (2011) 11:S137 - S142.

[234] QADIR M, BOERS T M, SCHUBERT S, et al. Agricultural water management in water-starved countries: challenges and opportunities[J]. Agricultural water management, 2003, 62(3):165-185.

[235]ROGERS P P, LYDON P. Water in the Arab world: perspectives and prognoses[C]//Conference on Water in the Arab World, Harvard University (USA), 1993. Division of Applied Sciences, Harvard Univ. , 1994.

[236]ROSON R, SARTORI M. Water scarcity and virtual water trade in the Mediterranean[J]. 2010.

[237]ROSON R, SARTORI M. Water scarcity and virtual water trade in the Mediterranean[J]. 2010.

[238] RINGIUS L, DOWNING T, HULME M, et al. Climate change in Africa: Issues and challenges in agriculture and water for sustainable development[R]. Center for International Climate and Environmental Research, 1996.

[239] ROSENZWEIG C, TUBIELLO F N, GOLDBERG R, et al. Increased crop damage in the US from excess precipitation under climate change [J]. Global Environmental Change, 2002,12(3):197-202.

[240] RIJIBERMAN. Different approaches to assessment of design and management of sustainable urban water system[J]. Environment Impact Assessment Review, 2001, 129 (3) :333-345.

[241] SINGH O P, SHAH T. Virtual Water Trade in Dairy Economy: Irrigation Water Productivity in Gujarat [J]. Economic & Political Weekly, 2004, 39(31):3492-3497.

[242] STOOKSBURY D E, IDSO C D, HUBBARD K G. The effects of data gaps on the calculated monthly mean maximum and minimum temperatures in the continental United States: A spatial and temporal study[J]. Journal of Climate, 1999, 12(5):1524-1533.

[243] TOPUNOVA I V, PRIKHOD' KO V E, SOKOLOVA T A. The effect of irrigation on the content and mineralogical composition of clays in chernozems of Rostov oblast (Bagaevsko-Sadkovskaya Irrigation System)[J]. Moscow University Soil Science Bulletin, 2010, 65(1):1-8.

[244] TURTON A R. A strategic decision-makers guide to virtual water[J]. Workshop Virtual Water in Southern Africa, 2000.

[245] TONY ALLAN. Productive efficiency and allocative efficiency: why better water management may not solve the problem[J]. Agricultural Water Management, 1999, 18(40):71-75.

[246] TYTECA D. On the measurement of the environmental performance of firms: A literature review and a productive efficiency perspective[J]. Journal of Environmental Management, 1996. 46

[247] TOPUNOVA I V, PRIKHOD' KO V E, SOKOLOVA T A. The effect of

irrigation on the content and mineralogical composition of clays in chernozems of Rostov oblast (Bagaevsko-Sadkovskaya Irrigation System)[J]. Moscow University Soil Science Bulletin,2010,65(1):1-8.

[248] VANHAM D. An assessment of the virtual water balance for agricultural products in EU river basins[J]. Water Resources and Industry,2013,1:49-59.

[249] VöRöSMARTY C J, GREEN P, SALISBURY J, et al. Global Water Resources: Vulnerability from Climate Change and Population Growth [J]. Science,2000,289(5477):284-288.

[250] VON STORCH H, NAVARRA A. Analysis of climate variability: applications of statistical techniques[M]. Berlin: Springer-Verlag, 1995.

[251] WANG Y B, WU P T, B. A. ENGEL, et al. Comparison of volumetric and stress-weighted water footprint of grain products in China[J]. Ecological Indicators,2015,48:324-333.

[252] WICHELNS D. The policy relevance of virtual water can be enhanced by considering comparative advantages [J]. Agricultural Water Management,2004,66(1):49-63.

[253] WICHELNS D. The role of 'virtual water' in efforts to achieve food security and other national goals, with an example from Egypt[J]. Agricultural water management,2001,49(2):131-151.

[254] YANG H, ZEHNDER A J B. Water scarcity and food import: A case study for southern Mediterranean countries[J]. World development, 2002,30(8):1413-1430.

[255] YANG H, ZEHNDER A J B. Water scarcity and food import: A case study for southern Mediterranean countries[J]. World development, 2002, 30(8): 1413-1430

[256] ZIMMER D, RENAULT D. Virtual water in food production and global trade: Review of methodological issues and preliminary results[C]// Virtual water trade: Proceedings of the International Expert Meeting on Virtual Water Trade, Value of Water Research Report Series, 2003, 12

(1):1-19.

[257] ZENG YAN, QIU XINFA, LIU CHANGMING, JIANG AIJUN. Distributed modeling of direct solar radiation on rugged terrain of the Yellow River Basin[J]. Journal of Geographical Sciences, 2005, 60(4): 680-688.

[258]ZALIDIS G,STAMATIDAIS S,TAKAVAKOGLOU,V,et al. Im Pacts of agrlculutarl practices on soil and Water quality in the Mediterranean reagion and proposed assessment methodology [J]. Agriculture Ecosysetms&Enviormnent. 2002,88(2):137-146.